LEÇONS
DE
TRIGONOMÉTRIE

OUVRAGES DES MÊMES AUTEURS

BRIOT ET BOUQUET.

Leçons de Géométrie analytique. 7ᵉ édition. 1 fort vol. in-8°, broché. . . . . 7 fr. 50

Compléments de Géométrie analytique, leçons faites par M. Briot à l'École normale supérieure et rédigées par les élèves. 1 vol. in-8°, broché . . . . 5 »»

Théorie des fonctions doublement périodiques et en particulier des fonctions elliptiques. 1 vol. in-8° . . . 6 »»

BRIOT

Éléments d'Arithmétique. 9ᵉ édition. 1 vol. in-8°, broché . 2 50

Leçons nouvelles d'Arithmétique. 5ᵉ édition. 1 vol. in-8°, broché . . . . 4 »»

Essais sur la théorie mathématique de la lumière . . . 4 »»

LEÇONS DE TRIGONOMÉTRIE

CONFORMES AUX PROGRAMMES DE L'ENSEIGNEMENT
SCIENTIFIQUE DES LYCÉES

PAR MM.

BRIOT ET BOUQUET

Professeurs à la Faculté des sciences

SEPTIEME ÉDITION

PARIS
LIBRAIRIE CH. DELAGRAVE
58, RUE DES ÉCOLES, 58

1877

Tout exemplaire de cet ouvrage non revêtu de notre griffe sera réputé contrefait.

LEÇONS
DE
TRIGONOMÉTRIE

LIVRE I.
ÉTUDE DES FONCTIONS CIRCULAIRES.

CHAPITRE I.
Définition des fonctions circulaires.

1. — Deux quantités qui varient simultanément, de manière que la variation de l'une entraîne la variation de l'autre, sont dites *fonctions* l'une de l'autre. Ainsi la surface d'un cercle croît avec le rayon, c'est une fonction du rayon ; l'espace que parcourt un corps en tombant est une fonction du temps ; réciproquement, le temps est une fonction de l'espace parcouru. La force élastique maximum de la vapeur d'eau pour une température donnée augmente avec la température ; c'est une fonction de la température.

On considère ordinairement l'une des deux quantités comme variant d'une manière arbitraire, on l'appelle *variable indépendante* ; l'autre, dont la variation est déterminée par celle de la première, est la fonction proprement dite.

Lorsque la relation qui existe entre les variables peut être exprimée par une équation qui ne renferme que les signes des opérations arithmétiques : addition, soustraction, multiplication, division, élévation à une puissance donnée, extraction d'une racine de degré connu, la fonction est dite *algébrique*. On n'a d'abord étudié que les fonctions de cette nature. Plus tard on a introduit dans les mathématiques des fonctions telles que la relation qui existe entre la fonction et la variable indépendante n'est pas susceptible d'être exprimée par les signes d'opérations simples que nous venons de rappeler; on leur a donné le nom de *fonctions transcendantes*. Le *logarithme* d'un nombre est une fonction transcendante de ce nombre. Telles sont aussi les *fonctions circulaires,* dont l'étude si importante est l'objet de la *trigonométrie*.

ARCS POSITIFS, ARCS NÉGATIFS.

2. — Soit un cercle (fig. 1) dont on prendra le rayon pour unité de longueur; concevons qu'un mobile parte d'un point fixe A, et se meuve sur la circonférence dans un sens ou dans l'autre.

Pour distinguer ces deux cas, nous regarderons l'arc décrit comme positif, si le mobile se meut dans un sens déterminé, par exemple dans le sens ABA', comme négatif si le mobile se meut dans le sens contraire. Désignons par la lettre x l'arc décrit par le mobile à partir du point A, et affecté du signe $+$ dans le premier cas, du signe $-$ dans le second cas.

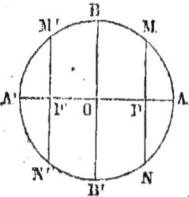

Fig. 1.

Le mobile peut se mouvoir indéfiniment dans l'un ou l'autre sens; il décrit une première circonférence ABA'B'A, x croît de 0 à 2π; continuant son mouvement, il décrit la circonférence une seconde, une troisième fois..., et x croît de 2π à 4π, de 4π à 6π... Si le mobile marche en sens inverse, il décrit une première circonférence AB'A'BA, x varie de 0 à -2π; puis une seconde, une troisième..., et l'arc x varie de -2π à -4π, de -4π à -6π... De la sorte x varie, d'une part de 0 à $+\infty$, d'autre part de 0 à $-\infty$.

DÉFINITION DES FONCTIONS CIRCULAIRES.

SINUS.

3. — Considérons le mobile dans une position quelconque, et du point qu'il occupe abaissons une perpendiculaire sur le diamètre A'A mené par le point de départ. Il se présente deux cas : le mobile se trouve, soit sur la demi-circonférence ABA', par exemple en M ou en M', soit sur la **demi-circonférence** AB'A', par exemple en N ou en N'. La longueur de la perpendiculaire, affectée du signe $+$ dans le premier cas, du signe $-$ dans le second cas, s'appelle le *sinus* de l'arc parcouru. Ainsi le sinus de l'arc AM est $+$ MP ; celui de l'arc AA'N' est $-$ N'P'. On désigne le sinus par la notation *sin*, abréviation de sinus.

On remarque que la perpendiculaire MP, sinus de l'arc AM, est la moitié de la corde MPN, qui sous-tend l'arc double MAN.

Quand le mobile marche de A en B, c'est-à-dire quand x varie de 0 à $\frac{\pi}{2}$, le sinus croît de 0 à 1, et alors il atteint sa valeur la plus grande, son maximum. Quand le mobile marche de B en A', c'est-à-dire quand x croît de $\frac{\pi}{2}$ à π, le sinus décroît de 1 à 0. Le mobile dépasse ensuite le point A' et marche de A' en B', x croît de π à $\frac{3\pi}{2}$; le sinus, devenu négatif, décroît de 0 à -1, et alors il atteint sa valeur la plus petite, son minimum. Quand le mobile marche de B' en A, c'est-à-dire quand x croît de $\frac{3\pi}{2}$ à 2π, le sinus croît de -1 à 0 et revient à sa valeur initiale zéro. Le mobile a décrit la circonférence entière ; il la décrit une seconde, une troisième fois...; et le sinus reprend les mêmes valeurs, quand le mobile repasse par les mêmes points de la circonférence. Donnons maintenant à x des valeurs négatives ; si l'on fait croître x de -2π à 0, ou de -4π à -2π, ou de -6π à -4π..., le mobile décrira la circonférence ABA'B', et les mêmes valeurs du sinus se reproduiront encore.

LIVRE I, CHAPITRE I.

On dit qu'une fonction est *périodique*, quand elle reprend la même valeur, lorsqu'on augmente la variable d'une quantité déterminée ω; cette quantité s'appelle l'amplitude de la période, ou simplement la période. Une fonction périodique est complétement déterminée, lorsqu'on connaît les valeurs qu'elle prend pour les diverses valeurs de la variable dans l'intervalle d'une période, par exemple de 0 à ω. Il résulte de ce qui précède que le *sinus est une fonction périodique de l'arc; l'amplitude de la période est* 2π. Si l'on augmente ou si l'on diminue l'arc d'un nombre quelconque de circonférences, le sinus ne change pas; on a donc la relation

$$\sin(2k\pi + x) = \sin x,$$

dans laquelle k désigne un nombre entier quelconque, positif ou négatif.

La valeur du sinus reste comprise entre -1 et $+1$, et il est à remarquer que, dans chaque période, le sinus passe deux fois par la même valeur. Ainsi de 0 à $\frac{\pi}{2}$, le sinus croît de 0 à $+1$; de $\frac{\pi}{2}$ à π, il décroît de $+1$ à 0; de π à $\frac{3\pi}{2}$, le sinus décroît de 0 à -1; de $\frac{3\pi}{2}$ à 2π, il croît de -1 à 0. Il y a exception pour la valeur maximum $+1$, et pour la valeur minimum -1; le sinus ne passe qu'une fois par chacune d'elles.

TANGENTE.

4. — Par le point de départ A menons une tangente indéfinie T'T (fig. 2) et considérons la portion de cette droite comprise entre le point A et le prolongement du rayon mené du centre à la position du mobile. Il se présente deux cas : le rayon prolongé coupe la droite indéfinie, soit en T du côté ABA', ce qui arrive lorsque le mobile est en M ou en N', soit en T' de l'autre côté, ce qui arrive lorsque le mobile est en M' ou en N. Cette portion de

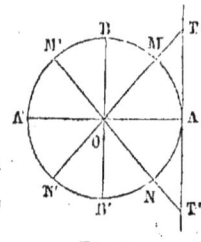

Fig. 2.

DÉFINITION DES FONCTIONS CIRCULAIRES.

droite, affectée du signe $+$ dans le premier cas, du signe $-$ dans le second cas, s'appelle la *tangente* de l'arc parcouru. Ainsi la tangente de l'arc AM est $+$ AT ; celle de l'arc AM′ est $-$ AT′. On désigne la tangente par *tang*, abréviation du mot tangente.

Quand x croît de 0 à $\frac{\pi}{2}$, la tangente croît à partir de 0, de manière à devenir plus grande que toute quantité donnée, ce qu'on exprime en disant que la tangente varie de zéro à l'infini ; quand le mobile passe en B, la tangente saute brusquement de $+\infty$ à $-\infty$; quand x croît ensuite de $\frac{\pi}{2}$ à π, la tangente est négative et croît de $-\infty$ à 0. Supposons maintenant que le mobile parcoure la seconde moitié A′B′A de la circonférence, c'est-à-dire que x croisse de π à 2π ; on observe que pour deux arcs terminés en deux points diamétralement opposés, tels que M et N′, ou M′ et N, la tangente a la même valeur ; en général quand on ajoute à l'arc une demi-circonférence, la tangente reprend la même valeur. *La tangente est donc une fonction périodique de l'arc et la période est* π, ce qu'on exprime par la relation

$$\tang(k\pi + x) = \tang x,$$

dans laquelle k désigne un nombre entier quelconque, positif ou négatif.

La tangente prend toutes les valeurs possibles, positives ou négatives, et dans chaque période elle ne passe qu'une fois par la même valeur. Ainsi l'arc variant de 0 à $\frac{\pi}{2}$, la tangente passe par toutes les valeurs positives de 0 à $+\infty$; l'arc variant de $\frac{\pi}{2}$ à π, la tangente passe par toutes les valeurs négatives de $-\infty$ à 0. Au delà commence une nouvelle période.

SÉCANTE.

5. — Sur la droite indéfinie qui va du centre à la position du mobile, considérons la longueur comprise entre le centre et la droite TT' (fig. 2). Deux cas se présentent : cette longueur est placée, ou suivant la direction même du rayon, ce qui arrive lorsque le mobile est en M ou en N, ou suivant la direction opposée, ce qui arrive lorsque le mobile est en M' ou en N'. Cette longueur OT ou OT', affectée du signe $+$ dans le premier cas, du signe $-$ dans le second cas, s'appelle la *sécante* de l'arc parcouru. Ainsi

$$\text{séc AM} = + \text{OT}, \quad \text{séc AM}' = - \text{OT}', \quad \text{séc AN}' = - \text{OT},$$
$$\text{séc AN} = + \text{OT}'.$$

On désigne la sécante par la notation *séc*, abréviation du mot sécante.

Quand x croît de 0 à $\frac{\pi}{2}$, la sécante croît de $+1$ à $+\infty$. Quand le mobile passe en B, la sécante saute brusquement de $+\infty$ à $-\infty$. Quand x croît de $\frac{\pi}{2}$ à π, la sécante croît de $-\infty$ à -1 ; x variant de π à $\frac{3\pi}{2}$, la sécante décroît de -1 à $-\infty$; en B', elle saute brusquement de $-\infty$ à $+\infty$; x variant de $\frac{3\pi}{2}$ à 2π, la sécante décroît de $+\infty$ à $+1$. Mêmes variations de 2π à 4π, de 4π à 6π, de -2π à 0.... Ainsi *la sécante est une fonction périodique de l'arc et 2π est la période*, ce qu'on exprime par la formule

$$\text{séc}(2k\pi + x) = \text{séc } x.$$

Dans chaque période, la fonction prend deux séries de valeurs allant, l'une de $+1$ à $+\infty$, l'autre de -1 à $-\infty$. La sécante prend donc toutes les valeurs, excepté celles qui sont comprises entre -1 et $+1$, et elle passe deux fois par chacune d'elles.

DÉFINITION DES FONCTIONS CIRCULAIRES.

FONCTIONS COMPLÉMENTAIRES.

6. — On dit que deux arcs sont *complémentaires*, lorsque la somme de ces deux arcs est égale à un quart de circonférence, c'est-à-dire à $\frac{\pi}{2}$; le complément de l'arc x est $\frac{\pi}{2} - x$. Quand l'arc est plus petit que $\frac{\pi}{2}$, son complément est positif; mais quand l'arc est plus grand que $\frac{\pi}{2}$, son complément est négatif. Ainsi le complément de l'arc AM (fig. 3) est $+$ BM; le complément de l'arc AM' est $-$ BM'.

On appelle *cosinus, cotangente, cosécante* d'un arc, le sinus, la tangente, ou la sécante de l'arc complémentaire.

Imaginons qu'un second mobile parte du point B et décrive un arc que l'on regardera comme positif si le mobile se meut

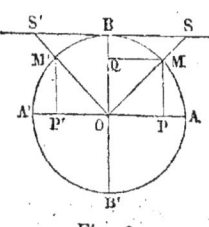

Fig. 3.

dans le sens BAB'A', comme négatif si le mobile se meut en sens contraire ; on voit que si deux mobiles, partis, l'un de A, l'autre de B, ont parcouru des arcs complémentaires, ils arriveront au même point de la circonférence. Il en résulte que le cosinus d'un arc est égal à la perpendiculaire MQ abaissée de la position du mobile sur la droite BB', perpendiculaire affectée du signe $+$ si le mobile est sur la demi-circonférence BAB', du signe $-$ si le mobile est sur la demi-circonférence BA'B'; ou, ce qui est la même chose, le cosinus est égal à la distance OP ou OP' du centre au pied du sinus, distance affectée du signe $+$ si elle est comptée sur OA, du signe $-$ si elle est comptée sur OA'.

Ceci permet de suivre aisément sur la figure les variations du cosinus : quand x croît de 0 à $\frac{\pi}{2}$, le cosinus décroît de $+1$ à 0; x variant de $\frac{\pi}{2}$ à π, le cosinus devient négatif et décroît de 0 à -1; quand x varie de π à $\frac{3\pi}{2}$, le cosinus croît de -1

à 0; enfin, quand x varie de $\dfrac{3\pi}{2}$ à 2π, le cosinus redevient positif et croît de 0 à $+1$. Mêmes variations de 2π à 4π, etc.

Ainsi le cosinus est une fonction périodique de l'arc, ayant 2π pour période. Cette propriété résulte d'ailleurs immédiatement de la définition ; quand l'arc x varie de 2π, l'arc $\dfrac{\pi}{2} - x$ varie aussi de 2π, et par conséquent $cos\,x$ ou $sin\left(\dfrac{\pi}{2} - x\right)$ reprend la même valeur.

Menons au point B une tangente indéfinie S'S au cercle, la portion BS ou BS' de cette droite déterminée par le prolongement du rayon mobile, et affectée du signe $+$ ou du signe $-$ suivant qu'elle est comptée sur BS ou sur BS', est la *cotangente* de l'arc x. Quand x varie de 0 à $\dfrac{\pi}{2}$, la cotangente décroît de $+\infty$ à 0 ; x dépassant $\dfrac{\pi}{2}$ et variant de $\dfrac{\pi}{2}$ à π, la cotangente devient négative, et décroît de 0 à $-\infty$. Quand on ajoute π à un arc, on passe d'un point M au point diamétralement opposé M' (fig. 4), et la cotangente reprend la même valeur. Ainsi la cotangente est une fonction périodique de l'arc, et la période est π.

De même, la *cosécante* est la longueur OS, affectée du signe $+$, quand elle est placée suivant la direction même du rayon, du signe $-$ quand elle est placée en sens contraire. Quand x varie de 0 à $\dfrac{\pi}{2}$, la cosécante décroît de $+\infty$ à $+1$; x variant de $\dfrac{\pi}{2}$ à π, la cosécante croît au contraire de $+1$ à $+\infty$; quand x dépasse π, la cosécante saute brusquement de $+\infty$ à $-\infty$; elle croît ensuite de $-\infty$ à -1, pour décroître enfin de -1 à $-\infty$; la fonction est périodique et la période est 2π, comme celle de la sécante.

FORMULES DIVERSES.

7. — Si l'on augmente ou si l'on diminue un arc d'une demi-

DÉFINITION DES FONCTIONS CIRCULAIRES.

circonférence, on passe d'un point M au point diamétralement opposé M' (fig. 4). Les deux fonctions tangente et cotangente,

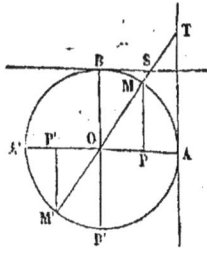

Fig. 4.

qui admettent la période π, ne changent pas; mais les quatre autres fonctions, sinus, cosinus, sécante et cosécante, dont la période est 2π, changent de signe en conservant la même valeur numérique. Ainsi, dans la figure, le sinus du premier arc est $+$ MP, celui du second $-$ M'P'; le cosinus du premier arc est $+$ OP, celui du second $-$ OP'; la sécante du premier

arc est $+$ OT, celle du second $-$ OT ; la cosécante du premier arc est $+$ OS, celle du second $-$ OS. On a donc

$$\sin(\pi + x) = -\sin x,$$
$$\cos(\pi + x) = -\cos x,$$
$$\sec(\pi + x) = -\sec x,$$
$$\cosec(\pi + x) = -\cosec x.$$

8. — Quand on change le signe d'un arc, on passe d'un point

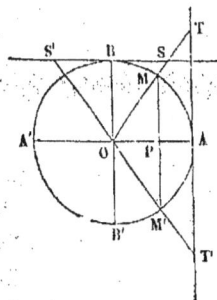

Fig. 5.

M à un autre point M', symétrique du premier, par rapport au diamètre AA' (fig. 5). On voit que deux arcs égaux et de signes contraires ont même cosinus OP, et que les sécantes OT et OT' sont aussi égales et de même signe. Mais le sinus, la tangente, la cotangente et la cosécante changent de signe, tout en conservant la même valeur numérique. On a donc

$$\cos(-x) = \cos x,$$
$$\sec(-x) = \sec x,$$
$$\sin(-x) = -\sin x,$$
$$\tang(-x) = -\tang x,$$
$$\cot(-x) = -\cot x,$$
$$\cosec(-x) = -\cosec x.$$

Lorsqu'une fonction ne change pas quand on change le signe de la variable, on dit que la fonction est *paire*, par analogie avec les polynômes entiers qui ne renferment que des puissances paires de x. Si la fonction change de signe en conservant la même valeur numérique, on dit qu'elle est *impaire*. Le cosinus et la sécante sont des fonctions paires ; le sinus, la tangente, la cotangente et la cosécante sont des fonctions impaires.

9. — Des formules précédentes on déduit celles-ci :

$$\sin\left(\frac{\pi}{2} + x\right) = \cos(-x) = \cos x,$$

$$\cos\left(\frac{\pi}{2} + x\right) = \sin(-x) = -\sin x,$$

$$\tang\left(\frac{\pi}{2} + x\right) = \cot(-x) = -\cot x,$$

$$\cot\left(\frac{\pi}{2} + x\right) = \tang(-x) = -\tang x,$$

$$\séc\left(\frac{\pi}{2} + x\right) = \coséc(-x) = -\coséc x,$$

$$\coséc\left(\frac{\pi}{2} + x\right) = \séc(-x) = \séc x.$$

A l'aide de ces formules, on exprime les fonctions circulaires d'un arc donné au moyen des fonctions circulaires d'un arc compris entre 0 et $\frac{\pi}{2}$.

10. — On dit que deux arcs sont *supplémentaires*, quand leur somme est égale à une demi-circonférence, ou à π. Il est aisé de voir que les extrémités de deux arcs supplémentaires sont situées sur une parallèle MM' au diamètre AA' (fig. 6). En effet, les deux arcs supplémentaires x et $\pi - x$ ont pour compléments $\frac{\pi}{2} - x$ et $-\frac{\pi}{2} + x$; ces deux compléments sont des arcs égaux et de signes contraires comptés à partir du point B ; leurs extrémités M et M' sont donc situées sur une perpendiculaire MM' au diamètre BB', et par conséquent sur une parallèle à AA'.

DÉFINITION DES FONCTIONS CIRCULAIRES.

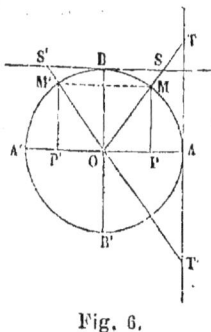

Fig. 6.

Les sinus MP et M'P' des deux arcs supplémentaires A'M et AM' sont égaux et de même signe, et de même les cosécantes OS et OS'. Les cosinus $+$OP et $-$OP' sont égaux et de signes contraires ; et il en est de même des tangentes, des sécantes et des cotangentes. On a donc :

$$\sin (\pi - x) = \sin x,$$
$$\cos (\pi - x) = -\cos x,$$
$$\tang (\pi - x) = -\tang x,$$
$$\cot (\pi - x) = -\cot x,$$
$$\séc (\pi - x) = -\séc x,$$
$$\coséc (\pi - x) = \coséc x.$$

Au reste, ces formules peuvent être déduites facilement de celles qui ont été établies aux n°⁵ 7 et 8. On a, en effet,

$$\sin (\pi - x) = -\sin (-x) = \sin x,$$
$$\cos (\pi - x) = -\cos (-x) = -\cos x.$$

FONCTIONS CIRCULAIRES INVERSES.

11. — Nous avons considéré jusqu'ici les lignes trigonométriques comme des fonctions de l'arc; à un arc donné correspond une valeur de chacune des lignes trigonométriques, et une seule. Inversement, on peut regarder l'arc comme fonction d'une ligne trigonométrique ; mais à une même valeur de la ligne trigonométrique correspondent une infinité d'arcs.

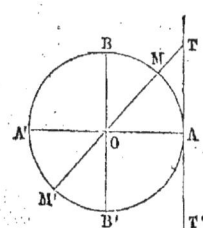

Fig. 7.

Considérons d'abord la fonction inverse $y =$ arc tang x. La tangente x est la variable indépendante, l'arc correspondant est la fonction. Donnons à x une valeur quelconque AT (fig. 7), et par le point T menons le diamètre TMM'; tous les arcs qui, partant du point A, aboutissent en M ou en M', et ceux-là seulement, admettent la tangente donnée ; si l'on appelle α l'un de ces arcs, tous les autres seront compris dans la formule $k\pi + \alpha$ (k étant un nombre entier quelconque positif ou négatif).

Ainsi, à une valeur AT de la variable x correspondent une infinité de valeurs $k\pi + \alpha$ de la fonction y.

Par ce qui précède, la fonction

$$y = \text{arc tang } x$$

n'est pas suffisamment définie ; elle aura un sens précis, si l'on donne la valeur y_0 de l'arc pour une valeur particulière x_0 de la variable, et si, faisant ensuite varier x d'une manière continue à partir de x_0, on prend pour y l'arc qui varie d'une manière continue à partir de y_0. Par exemple, si l'on suppose que l'arc est nul en même temps que la tangente, la fonction y variera de 0 à $\dfrac{\pi}{2}$, quand x variera de 0 à $+\infty$, et de 0 à $-\dfrac{\pi}{2}$, quand x variera de 0 à $-\infty$.

12. — Considérons maintenant la fonction $y = \text{arc sin } x$. A la distance x menons une parallèle au diamètre AA', du côté du point B ou du point B', suivant que x a le signe $+$ ou le signe $-$ (fig. 8) ; si la valeur donnée à x est comprise entre -1 et $+1$, cette parallèle coupera la circonférence en deux points M et M'; tous les arcs qui aboutissent en M ou en M', et ceux-là seulement, admettent le sinus donné.

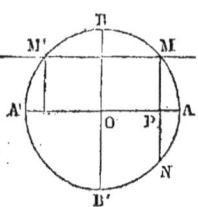

Fig. 8.

Appelons α l'un de ces arcs, $\pi - \alpha$ sera un autre de ces arcs ; si le premier aboutit en M, le second aboutira en M', et inversement ; tous les arcs qui aboutissent au même point que le premier sont compris dans la formule $2k\pi + \alpha$; tous ceux qui aboutissent au même point que le second sont compris dans la formule $2k\pi + \pi - \alpha$, ou $(2k+1)\pi - \alpha$.

Si l'on donnait à x la valeur $+1$ ou la valeur -1, les deux points M et M' se confondraient en B ou en B' et les deux formules se réduiraient en une seule $2k\pi + \dfrac{\pi}{2}$ ou $2k\pi - \dfrac{\pi}{2}$.

Afin de préciser le sens de la fonction $y = \text{arc sin } x$, on peut, comme précédemment, donner la valeur de la fonction qui correspond à une valeur particulière de la variable, et suppo-

DÉFINITION DES FONCTIONS CIRCULAIRES.

ser que y varie ensuite d'une manière continue avec x. Par exemple, si l'arc y s'annule en même temps que le sinus x, quand x variera de 0 à 1, y variera de 0 à $\frac{\pi}{2}$, et quand x variera de 0 à -1, y variera de 0 à $-\frac{\pi}{2}$.

Si, après avoir fait croître la variable x de 0 à 1, on la fait ensuite diminuer de 1 à 0, il y a incertitude dans la marche de la fonction; la fonction y a augmenté d'abord de 0 à $\frac{\pi}{2}$; elle peut ensuite, tout en restant continue, augmenter de $\frac{\pi}{2}$ à π, ou diminuer de $\frac{\pi}{2}$ à 0.

Appelons α et α_1 deux arcs qui ont le même sinus; on aura $\alpha_1 = 2k\pi + \alpha$, ou $\alpha_1 = (2k+1)\pi - \alpha$; on en déduit $\alpha_1 - \alpha = 2k\pi$, ou $\alpha_1 + \alpha = (2k+1)\pi$. Ainsi, pour que deux arcs aient le même sinus, il est nécessaire et il suffit que leur différence soit égale à un multiple pair de π, ou leur somme à un multiple impair de π.

13. — La fonction $y = $ arc cos x présente des circonstances analogues. Portons le cosinus donné à partir du centre O sur OA ou sur OA', suivant son signe, et par l'extrémité P élevons une perpendiculaire sur le diamètre; cette perpendiculaire coupera la circonférence en deux points M et N; tous les arcs qui aboutissent en M ou en N, et ceux-là seulement, admettent le cosinus donné. Si l'on désigne par α l'un d'eux, tous ces arcs seront compris dans la formule $2k\pi \pm \alpha$. Pour que deux arcs aient le même cosinus, il est nécessaire et il suffit que leur somme ou leur différence soit un multiple de 2π.

Pour préciser le sens de la fonction, il faut, comme précédemment, donner la valeur de la fonction pour une valeur particulière de la variable, et supposer que la fonction varie ensuite d'une manière continue.

14. — Examinons enfin la fonction $y = $ arc séc x. Du centre O avec un rayon égal à la valeur absolue de x décrivons une circonférence, elle coupera la droite indéfinie T'T en deux

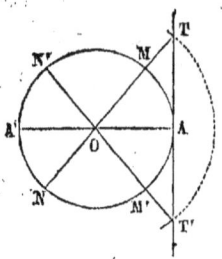

Fig. 9.

points T et T' (fig. 9); menons les diamètres qui passent par ces deux points ; si la sécante donnée a le signe $+$, on prendra les arcs qui aboutissent en M ou en M'; si elle a le signe $-$, ceux qui aboutissent en N ou en N'. Dans tous les cas, si l'on désigne par α l'un de ces arcs, ils seront tous compris dans la formule $2k\pi \pm \alpha$.

MESURE DES ANGLES.

15. — Étant donné un angle AOB (fig. 10), si du sommet comme centre, avec un rayon arbitraire, on décrit une circonférence, on sait que le rapport de l'arc AB au rayon OA est constant pour un même angle; on sait également que ce rapport varie proportionnellement à l'angle; car, si le rayon est le même, les angles sont proportionnels aux arcs.

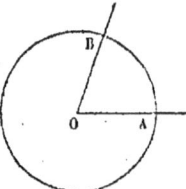

Fig. 10.

On peut donc prendre ce rapport pour la mesure de l'angle. Ceci revient à prendre pour unité d'angle l'angle auquel correspond un arc égal au rayon. Désignons par r et s les nombres qui expriment la longueur du rayon OA et celle de l'arc AB, la mesure de l'angle AOB sera $\omega = \dfrac{s}{r}$. Si l'on mesure l'arc en prenant pour unité le rayon, la mesure de l'arc sera celle de l'angle. Imaginons que l'angle croisse de zéro à un angle droit; la mesure de l'angle variera de 0 à $\dfrac{\pi}{2}$, c'est-à-dire de 0 à 1,5707...

Les fonctions circulaires, telles que nous les avons définies, sont les nombres qui mesurent les lignes trigonométriques, quand on prend le rayon pour unité, en d'autres termes ce sont les rapports de ces lignes au rayon. Un angle AOB étant exprimé par le même nombre que l'arc AB compris entre ses côtés, quand on adopte les unités que nous venons d'indiquer, on emploiera indifféremment les locutions : sinus de l'angle AOB ou sinus de l'arc AB.

DÉFINITION DES FONCTIONS CIRCULAIRES.

16. — Les instruments propres à la mesure des angles se composent en général d'un limbe circulaire et de deux alidades mobiles autour du centre. Comme on ne peut tracer qu'un nombre limité de divisions sur le limbe, il est naturel de les prendre équidistantes. Au lieu de désigner les arcs par leurs longueurs mesurées au moyen du rayon pris pour unité, ainsi que nous l'avons dit, on a trouvé plus commode de les exprimer en parties aliquotes de la circonférence. Pour cela on a partagé la circonférence en 360 parties égales que l'on nomme degrés, chaque degré a été subdivisé en 60 minutes, chaque minute en 60 secondes; les arcs plus petits qu'une seconde s'expriment par des fractions décimales de la seconde. Un arc de 23 degrés 45 minutes 18 secondes et 75 centièmes de seconde s'écrit $23°45'18'',75$.

Dans cette manière de procéder, on peut concevoir que l'unité d'angle est l'angle qui correspond à un degré de la circonférence, et que cette unité a été subdivisée en 60 parties égales, et chacune de ces parties en 60 parties égales; les angles s'expriment ainsi par des nombres complexes, comme cela avait lieu pour toutes les espèces de grandeurs, dans les anciennes mesures. Il est facile de comparer les deux modes de mesure; la demi-circonférence contenant 648000 secondes, la longueur de l'arc d'une seconde est $\dfrac{\pi}{648000}$; l'arc qui a une longueur égale à l'unité contient donc $\dfrac{648000}{\pi}$ secondes, c'est-à-dire 206264,81 secondes, ou $57°17'44'',81$.

Lors de la réforme du système des poids et mesures, on a voulu mettre la division de la circonférence en harmonie avec le système décimal, et l'on a partagé le quadrant en 100 grades, le grade en 100 minutes, la minute en 100 secondes. L'angle de 37 grades, 85 minutes, 64 secondes s'écrit simplement $37°,8564$. Quand un angle est exprimé dans l'un des systèmes, il est facile d'avoir son expression dans l'autre système. Quoique la nouvelle division de la circonférence offre de grands avantages en abrégeant les calculs, l'ancienne est encore aujourd'hui d'un usage général.

CHAPITRE II.

Des Projections.

17. — Soient dans un plan une droite ou *axe* fixe X'X, et différents points A, B, C,... (fig. 11). Si de ces points on abaisse des perpendiculaires sur la droite X'X, les pieds A', B', C',... de ces perpendiculaires sont les *projections* des points A, B, C,... sur l'axe X'X.

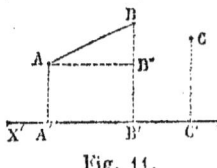

Fig. 11.

Cette définition s'étend au cas où les points A, B, C,... sont situés d'une manière quelconque dans l'espace ; si de ces points on mène des plans ou plus simplement des droites perpendiculaires sur l'axe X'X, les pieds A', B', C',... de ces perpendiculaires seront les projections des points A, B, C,... sur l'axe X'X.

La droite AB a pour projection la portion A'B' de l'axe comprise entre les projections de ses extrémités.

18. — Considérons une ligne brisée ABCDE (fig. 12) allant du point A au point E, la droite AE, qui va du point de départ A au point d'arrivée E, est ce qu'on appelle la *résultante* de la ligne brisée.

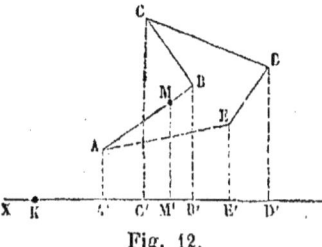

Fig. 12.

Lorsqu'on projette sur un axe X'X les côtés d'une ligne brisée, il convient de donner des signes aux projections des différents côtés. Imaginons qu'un mobile M parcoure la ligne brisée dans un sens convenu, par exemple en allant du point A au point E, et projetons ce mobile sur l'axe en M'. Le point M', projection du point M, se mouvra sur l'axe X'X, pendant que le mobile M décrira la ligne brisée.

Tant que le mobile M reste sur l'un des côtés de la ligne brisée, il est évident que le mobile M' marche sur l'axe dans le même sens; mais le sens du mouvement du point M' peut changer, quand le point M passe d'un côté à un autre. On convient d'affecter du signe $+$ les longueurs décrites par le point M' dans un certain sens, par exemple dans le sens X'X, et du signe $-$ les longueurs parcourues en sens inverse. Ce sont ces longueurs, affectées chacune du signe convenable, qu'on appelle projections des côtés de la ligne brisée sur l'axe.

Il est bon de remarquer que le signe de chaque projection dépend, premièrement, du sens suivant lequel le mobile M parcourt la ligne brisée, ce mobile pouvant aller de A en E, ou de E en A; secondement, du sens suivant lequel on est convenu que doit marcher le mobile M' sur l'axe, pour que la projection soit positive; cette direction sur l'axe est ce qu'on appelle la direction des projections positives.

19. — Théorème. *La somme des projections des côtés d'une ligne brisée sur un axe quelconque est égale à la projection de sa résultante sur le même axe.*

Supposons, comme nous l'avons dit, qu'un mobile M suive la ligne brisée ABCDE, pour aller du point A au point E (fig. 12), et soit X'X la direction choisie sur l'axe comme direction des projections positives.

Prenons sur l'axe vers la gauche un point K situé à une distance arbitraire k du point A', mais assez grande pour que le mobile M' reste toujours à sa droite, et proposons-nous d'évaluer à chaque instant la distance du mobile M' à ce point fixe K. Au moment du départ, le mobile M' est en A', à la distance k du point K; il parcourt ensuite sur l'axe diverses longueurs A'B', B'C', C'D', D'E', dans un sens ou dans l'autre. Quand le point M' parcourt une longueur de gauche à droite, il s'éloigne du point K et sa distance au point K augmente d'une quantité égale à cette longueur; quand le point M' se meut de droite à gauche, il se rapproche au contraire du point K, et sa distance à ce point diminue d'une quantité égale à la longueur parcourue. Si donc on représente par a', b', c', d' les projections des différents côtés de la ligne brisée, c'est-à-dire les longueurs décrites sur l'axe par le point M', affectées chacune du signe $+$ ou du signe $-$, suivant que la longueur est parcourue de gauche à droite ou en sens contraire, la distance finale du mobile au point K sera exprimée par la formule

$$k + a' + b' + c' + d'.$$

Imaginons maintenant que le mobile M aille du point A au point E par le chemin rectiligne ou la résultante AE ; si l'on désigne par l' la projection de cette résultante, d'après le raisonnement précédent, la distance finale du mobile M' au point K sera exprimée aussi par $k + l'$. On aura donc

$$k + a' + b' + c' + d' = k + l';$$

si l'on retranche la quantité k de part et d'autre, il vient

$$a' + b' + c' + d' = l'.$$

20. — REMARQUES. Si l'on considère différentes lignes brisées allant d'un point à un autre, la somme des projections des côtés de chacune de ces lignes est constante et égale à la projection de leur résultante commune.

Lorsqu'un mobile décrit une ligne polygonale fermée, le point d'arrivée coïncide avec le point de départ, et la droite qui joint ces deux points, ou la résultante, est nulle, ainsi que sa projection sur l'axe. Il en résulte que la *somme des projections des côtés d'une ligne polygonale fermée sur un axe quelconque est nulle.*

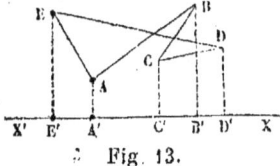

Fig. 13.

Supposons, par exemple, que le mobile, partant du point A, décrive la ligne fermée ABCDEA (fig. 13), pour revenir au point A; on aura

$$A'B' - B'C' + C'D' - D'E' + E'A' = 0,$$

c'est-à-dire

$$a' + b' + c' + d' + e' = 0.$$

21. — Après avoir établi le théorème général des projections, nous expliquerons comment on parvient à exprimer chaque projection avec son signe à l'aide des fonctions circulaires.

Nous nous servirons à cet effet d'une propriété des triangles rectangles, que nous démontrerons immédiatement : *un côté de l'angle droit d'un triangle rectangle est égal à l'hypoténuse multipliée par le cosinus de l'angle compris.*

Soit ABC un triangle dans lequel l'angle A est droit. Du

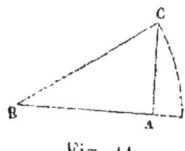

Fig. 14.

point B comme centre, avec BC pour rayon, décrivons un arc de cercle ; le rapport de la longueur BA au rayon BC est le cosinus de l'angle B ; on a donc

$$\frac{BA}{BC} = \cos B,$$

ou

$$BA = BC \times \cos B.$$

Le mobile M va du point A au point E en suivant, soit la

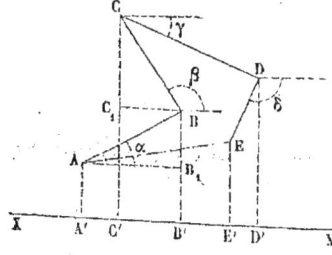

Fig. 15.

ligne brisée ABCDE (fig. 15), soit la résultante AE. Appelons a, b, c, d les longueurs des côtés de cette ligne brisée et désignons par $\alpha, \beta, \gamma, \delta$ les angles que font avec la direction X'X, choisie sur l'axe comme direction des projections positives, les directions parcourues par le mobile M sur les côtés de la ligne brisée, et par λ l'angle que fait avec cette même direction X'X la résultante AE, dont la longueur est l.

Il est aisé de voir que, lorsque l'angle que fait avec la direction X'X la direction suivie par le mobile M sur un côté est aigu, la projection de ce côté est positive, et que, lorsque l'angle est obtus, la projection est négative. Ainsi, sur la figure, le côté AB fait avec la direction X'X un angle aigu et sa projection est positive, le côté BC fait un angle obtus et sa projection est négative.

Considérons d'abord le premier côté, menons par le point

A une parallèle AB à l'axe jusqu'à sa rencontre en B_1 avec le plan perpendiculaire BB′; dans le triangle rectangle BAB_1, on a

$$AB_1 = AB \times \cos \alpha = a \cos \alpha;$$

la longueur A′B′ étant égale à AB_1, on en déduit $A'B' = a \cos \alpha$; ainsi la projection $+$ A′B′ du côté AB est exprimée par $a \cos \alpha$.

Considérons maintenant le côté BC, dont la projection est $-$ B′C′. Une parallèle à l'axe, prolongée en sens inverse de la direction positive X′X, rencontre le plan perpendiculaire CC′ en C_1; dans le triangle rectangle BC_1C, on a

$$BC_1 = BC \times \cos C_1, \quad \text{ou} \quad BC_1 = b \cos (\pi - \beta).$$

On en déduit

$$- B'C' = - b \cos (\pi - \beta) = b \cos \beta.$$

Ainsi la projection du second côté est exprimée avec son signe par $b \cos \beta$. Les projections des deux autres côtés seront de même exprimées avec leurs signes par $c \cos \gamma$, $d \cos \delta$ et celle de la résultante par $l \cos \lambda$.

Puisque la somme des projections des côtés de la ligne brisée est égale à la projection de la résultante, on aura

$$a \cos \alpha + b \cos \beta + c \cos \gamma + d \cos \delta = l \cos \lambda.$$

22. — REMARQUE. On n'a considéré jusqu'à présent que des projections *orthogonales*, c'est-à-dire que l'on a projetées au moyen de droites ou de plans perpendiculaires à l'axe; lorsque les points A, B, C,... sont dans un même plan avec l'axe, on pourrait les projeter au moyen de droites parallèles à une droite donnée; lorsque les points sont situés d'une manière quelconque dans l'espace, on pourrait les projeter au moyen de plans parallèles à un plan donné. Si l'on adopte les mêmes conventions de signes, le théorème général s'étend évidemment aux *projections obliques*, mais l'expression algébrique que nous en avons donnée ne s'applique qu'aux projections orthogonales.

CHAPITRE III.

Formules fondamentales.

RELATIONS ENTRE LES FONCTIONS CIRCULAIRES D'UN MÊME ARC.

23. — Nous avons défini les six fonctions circulaires d'un même arc, savoir : le sinus, le cosinus, la tangente, la cotangente, la sécante et la cosécante. Ces six quantités ne sont pas indépendantes l'une de l'autre ; on peut prendre l'une d'elles à volonté, par exemple le sinus. Au sinus donné correspondent deux séries d'arcs aboutissant à deux points M et M′ situés sur une parallèle au diamètre AA′ (n° 12) ;

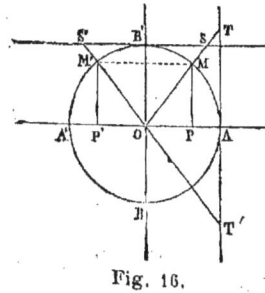

Fig. 16.

ces arcs admettent deux cosinus égaux et de signes contraires, et aussi deux tangentes, deux sécantes et deux cotangentes égales et de signes contraires, mais une seule cosécante. Ainsi, quand on donne la valeur du sinus, chacune des cinq autres fonctions circulaires est déterminée, ou du moins admet une ou deux valeurs déterminées ; on en conclut qu'il existe cinq relations distinctes entre les six fonctions circulaires d'un même arc. Nous allons chercher ces cinq relations.

24. — Les valeurs absolues du sinus et du cosinus d'un même arc x forment avec le rayon OM un triangle rectangle MOP, dans lequel on a

$$\overline{MP}^2 + \overline{OP}^2 = \overline{OM}^2 ;$$

le rayon étant pris pour unité et les signes $+$ ou $-$ disparaissant dans l'élévation au carré, on a, dans tous les cas,

(1) $\qquad \sin^2 x + \cos^2 x = 1.$

Il est bon de remarquer que, quand l'arc varie de 0 à $\frac{\pi}{4}$, l'angle MOP du triangle est plus petit que l'angle complémentaire MOB, et par conséquent le sinus est plus petit que le cosinus; l'arc variant de $\frac{\pi}{4}$ à $\frac{\pi}{2}$, le sinus est plus grand que le cosinus. Pour $x = \frac{\pi}{4}$, le sinus et le cosinus sont égaux, et, en vertu de la relation (1), on a

$$\sin \frac{\pi}{4} = \cos \frac{\pi}{4} = \frac{1}{\sqrt{2}}.$$

25. — Puisque l'extrémité de la sécante est placée sur la droite indéfinie TT', si l'on projette sur le diamètre A'A la longueur absolue de la sécante, en adoptant la direction A'A pour celle des projections positives, on obtient le rayon OA. Il y a deux cas à distinguer, suivant que la sécante est positive ou négative. Considérons d'abord un arc ayant sa sécante $+$ OT positive et terminé par conséquent en un point M situé dans le premier ou le quatrième quadrant ; en projetant la longueur OT sur A'A, on a

$$OT \cdot \cos AOT = OA = 1.$$

L'angle AOT ou AOM, qui entre dans cette formule, et qui, dans ce cas, est compris entre 0 et $\frac{\pi}{2}$, a même cosinus que l'arc x ; car, l'arc x aboutissant au point M, on a $x = 2k\pi \pm AM$. La formule précédente devient ainsi

$$\sec x \cdot \cos x = 1.$$

Considérons maintenant un arc ayant sa sécante $-$ OT' négative et terminée par conséquent en un point M' situé dans le second ou le troisième quadrant ; en projetant la longueur OT' sur l'axe A'A, on a

$$OT' \cdot \cos AOT' = OA = 1.$$

L'angle AOT' étant supplémentaire de l'angle AOM', on a $\cos AOT' = -\cos AOM'$; l'angle AOM', compris entre $\frac{\pi}{2}$ et π, ayant même cosinus que l'arc x, on a $\cos AOT' = -\cos x$, et par suite

$$- OT' \cdot \cos x = 1 ;$$

FORMULES FONDAMENTALES.   23

mais, comme dans ce cas on a séc $x = -$ OT′, il vient
$$\text{séc } x \cdot \cos x = 1.$$

Cette relation subsiste donc dans tous les cas. On en déduit la formule générale

(2) $$\text{séc } x = \frac{1}{\cos x}.$$

26. — Si l'on projette la longueur absolue de la sécante, non plus sur l'axe A′A, mais sur l'axe perpendiculaire B′B, en adoptant la direction B′B pour celle des projections positives, on obtient la tangente avec le signe convenable. Il y a encore deux cas à distinguer, suivant que la sécante est positive ou négative. Considérons d'abord un arc ayant sa sécante $+$ OT positive et terminé en M ; en projetant sur l'axe B′B, on a

$$\text{OT} \cdot \cos \text{BOT} = \text{tang } x.$$

L'angle BOT ou BOM et l'arc $\frac{\pi}{2} - x$ ont même cosinus ; on a donc

$$\cos \text{BOM} = \cos\left(\frac{\pi}{2} - x\right) = \sin x,$$

et l'égalité précédente devient

$$\text{séc } x \cdot \sin x = \text{tang } x.$$

Considérons maintenant un arc ayant sa sécante $-$ OT′ négative et terminé en M′ ; en projetant sur l'axe B′B, on a

$$\text{OT}' \cdot \cos \text{BOT}' = \text{tang } x.$$

L'angle BOT′ étant supplémentaire de l'angle BOM′ qui a même cosinus que l'arc $\frac{\pi}{2} - x$, on a

$$\cos \text{BOT}' = - \cos \text{BOM}' = - \cos\left(\frac{\pi}{2} - x\right) = - \sin x,$$

et par suite

$$- \text{OT}' \cdot \sin x = \text{tang } x.$$

Mais, comme dans ce cas on a séc $x = -$ OT′, il vient
$$\text{séc } x \cdot \sin x = \text{tang } x.$$

Cette relation subsiste donc dans tous les cas. On en déduit, en remplaçant séc x par sa valeur donnée par l'équation (2),

(3) $$\tang x = \frac{\sin x}{\cos x}.$$

27. — Des formules qui précèdent on déduit les deux suivantes. On a
$$\cosec x = \sec\left(\frac{\pi}{2} - x\right);$$
si dans la formule (2) on remplace x par $\frac{\pi}{2} - x$, il vient
$$\sec\left(\frac{\pi}{2} - x\right) = \frac{1}{\cos\left(\frac{\pi}{2} - x\right)} = \frac{\sin x}{1};$$
il en résulte

(4) $$\cosec x = \frac{1}{\sin x}.$$

On a aussi
$$\cot x = \tang\left(\frac{\pi}{2} - x\right);$$
si dans la formule (3) on remplace de même x par $\frac{\pi}{2} - x$, il vient
$$\tang\left(\frac{\pi}{2} - x\right) = \frac{\sin\left(\frac{\pi}{2} - x\right)}{\cos\left(\frac{\pi}{2} - x\right)} = \frac{\cos x}{\sin x};$$
d'où il résulte que

(5) $$\cot x = \frac{\cos x}{\sin x}.$$

Telles sont les cinq relations qui existent entre les fonctions circulaires d'un même arc. En les combinant entre elles, on en déduit d'autres qui rentrent dans les premières; nous ferons remarquer les suivantes :

$$\tang x \times \cot x = 1,$$
$$1 + \tang^2 x = \sec^2 x,$$
$$1 + \cot^2 x = \cosec^2 x,$$
$$\frac{1}{\sec^2 x} + \frac{1}{\cosec^2 x} = 1.$$

FORMULES FONDAMENTALES.

28. Au moyen des cinq relations que nous venons d'établir entre les six fonctions circulaires d'un même arc, on peut, connaissant l'une d'elles, trouver les cinq autres. Si, par exemple, on donne le sinus, comme nous l'avons supposé précédemment, on déterminera le cosinus par la formule

$$\cos x = \pm \sqrt{1 - \sin^2 x};$$

connaissant le cosinus, on obtiendra les autres sans difficulté.

Nous trouvons ici pour le cosinus deux valeurs ; il est facile de voir d'où elles proviennent : l'arc x n'entrant pas lui-même dans le calcul, mais son sinus, il est clair que la formule doit s'appliquer indistinctement à tous les arcs qui admettent le sinus donné ; or ces arcs, comme nous l'avons expliqué plus haut (n° 23, voy. fig. 16), ont deux cosinus égaux et de signes contraires. Si l'on considère l'un de ces arcs en particulier, on verra quel est le signe du cosinus, et la détermination sera complète.

On sait que le côté de l'hexagone régulier inscrit est égal au rayon ; l'arc qu'il sous-tend est $\dfrac{2\pi}{6}$; l'arc moitié, ou $\dfrac{\pi}{6}$, a donc pour sinus $\dfrac{1}{2}$. Le cosinus de cet arc étant positif, on a

$$\cos \frac{\pi}{6} = \sqrt{1 - \frac{1}{4}} = \frac{\sqrt{3}}{2}, \quad \tang \frac{\pi}{6} = \frac{1}{\sqrt{3}}.$$

Le nombre $\dfrac{1}{2}$ est aussi le sinus de l'arc supplémentaire $\dfrac{5\pi}{6}$; le cosinus de cet arc étant négatif, on a

$$\cos \frac{5\pi}{6} = -\sqrt{1 - \frac{1}{4}} = -\frac{\sqrt{3}}{2}, \quad \tang \frac{5\pi}{6} = -\frac{1}{\sqrt{3}}.$$

29. — On a souvent besoin de l'expression du sinus et du cosinus d'un arc, connaissant la tangente. De la relation (3) on déduit

$$\sin x = \tang x \cdot \cos x;$$

en substituant dans la relation (1), on a

$$(1 + \tang^2 x) \cos^2 x = 1;$$

d'où

$$\cos x = \frac{1}{\pm \sqrt{1 + \tang^2 x}},$$

et par suite
$$\sin x = \frac{\tang x}{\pm \sqrt{1 + \tang^2 x}}.$$

Les doubles valeurs s'expliquent comme précédemment. Les formules, ne renfermant que la tangente de l'arc x, conviennent à tous les arcs qui admettent la tangente donnée. Or on sait (n° 11) qu'à une même tangente correspondent deux séries d'arcs aboutissant en deux points diamétralement opposés ; à ces deux séries d'arcs correspondent deux sinus et aussi deux cosinus, égaux et de signes contraires. Si l'on considère l'un de ces arcs en particulier, on verra quel est le signe du cosinus, et on mettra ce signe devant le radical ; on prendra le même signe dans la formule du sinus.

ADDITION DES ARCS.

30. — Le problème est le suivant : connaissant les fonctions circulaires de plusieurs arcs, trouver celles de leur somme. Nous commencerons par chercher le cosinus de la somme de deux arcs, dont on connaît les sinus et les cosinus ; toutes les autres formules dépendent de celle-là.

Désignons par a et b les deux arcs donnés. Prenons sur la circonférence, à partir du point A (fig. 17) et dans le sens indiqué par le signe, un arc égal à a ; soit C l'extrémité de cet arc ; à partir du point C et dans le sens convenable, prenons de même un arc égal à b ; soit D l'extrémité de ce second arc ; l'arc $a + b$ compté à partir du point A aboutit ainsi au point D, et l'on a $a + b = 2k\pi \pm$ AOD. A partir du point C, prenons dans le sens direct un arc CE égal à un quadrant ; le diamètre EE' sera perpendiculaire à CC'. Du point D abaissons une perpendiculaire DP sur le diamètre CC'; cette perpendiculaire, prise avec le signe + où le signe —, suivant que le point D se trouve sur la demi-circonférence CEC', ou sur la demi-circonférence CE'C', est sin b; la distance

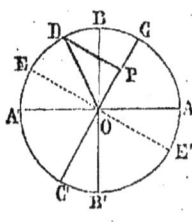

Fig 17.

FORMULES FONDAMENTALES.

OP du centre au pied du sinus, prise avec le signe $+$ ou le signe $-$, suivant qu'elle est comptée sur OC ou sur OC′, est cos b.

Considérons la ligne brisée OPD et la résultante OD qui joint les deux extrémités de la ligne brisée. La somme des projections des deux parties de la ligne brisée sur le diamètre A′A est égale à la projection de la ligne droite OD sur ce même diamètre. Nous prendrons la direction A′A comme celle des projections positives. On obtient la projection de la droite OD avec son signe, en multipliant la longueur OD par le cosinus de l'angle AOD; mais puisque l'arc $a+b$, qui aboutit au point D, est égal à $2k\pi \pm$ AOD, le cosinus de l'arc $a+b$ est le même que celui de l'angle AOD; la projection de la droite OD a donc pour expression OD $\times \cos(a+b)$ ou $\cos(a+b)$, le rayon étant pris pour unité.

Cherchons maintenant les projections des deux parties de la ligne brisée OPD. Considérons d'abord la première partie OP. Il y a deux cas à distinguer, suivant que la longueur OP est comptée sur OC ou sur OC′. Dans le premier cas (fig. 17), la projection de la longueur OP sur le diamètre A′A est égale à OP $\times \cos$ AOC; l'arc a étant égal à $2k\pi \pm$ AOC, le cosinus de l'arc a est le même que celui de l'angle AOC, et la projection de la longueur OP a pour expression OP $\times \cos a$; mais, dans ce cas, on a $\cos b = +$ OP; l'expression précédente devient donc $\cos b \cos a$. Dans le second cas (fig. 18), la projection de la longueur OP sur le diamètre A′A est égale à OP $\times \cos$ AOC′; l'angle AOC′ étant supplémentaire de AOC, on a $\cos$ AOC′ $= -\cos$ AOC $= -\cos a$, et la projection de OP a pour expression $-$ OP $\times \cos a$; mais, dans ce cas, $\cos b$ est égal à $-$ OP; l'expression précédente devient donc $\cos b \cos a$. Ainsi, dans tous les cas, la projection de la première partie OP de la ligne brisée est

$$\cos b \cos a.$$

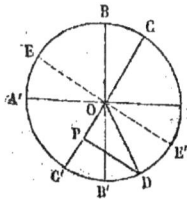

Fig. 18.

Cherchons maintenant la projection de la seconde partie PD. Il y a encore deux cas à distinguer, suivant que le point D est sur la demi-circonférence CEC′ ou sur la demi-circonférence C′EC. Dans le premier cas (fig. 17), la direction PD a le même sens que le rayon OE, et la projection de la longueur PD est PD $\times$ cos AOE; l'arc $a + \dfrac{\pi}{2}$, terminé au point E, est égal à $2k\pi \pm$ AOE; son cosinus est le même que celui de l'angle AOE, et la projection de PD a pour expression PD $\times \cos\left(a + \dfrac{\pi}{2}\right)$; mais, dans ce cas, on a sin $b = +$ PD, et l'expression précédente devient sin $b \cos\left(a + \dfrac{\pi}{2}\right)$. Dans le second cas (fig. 18), la direction PD a le même sens que le rayon OE′, et la projection de PD a pour expression PD $\times$ cos AOE′; l'angle AOE′ étant supplémentaire de AOE, on a

$$\cos \text{AOE}' = -\cos \text{AOE} = -\cos\left(a + \frac{\pi}{2}\right),$$

et la projection de PD a pour expression

$$- \text{PD} \times \cos\left(a + \frac{\pi}{2}\right);$$

mais, dans ce cas, sin b est égal à $-$ PD; l'expression précédente devient donc sin $b \cos\left(a + \dfrac{\pi}{2}\right)$. Ainsi, dans tous les cas, la projection de la seconde partie PD est

$$\sin b \, \cos\left(a + \frac{\pi}{2}\right).$$

Puisque la projection de la ligne droite OD est égale à la somme des projections des deux parties de la ligne brisée OPD, on a la relation

$$\cos(a + b) = \cos b \cos a + \sin b \cos\left(a + \frac{\pi}{2}\right).$$

Mais on sait (n° 9) que $\cos\left(a + \dfrac{\pi}{2}\right) = -\sin a$; on obtient ainsi la formule fondamentale

(6) $\qquad \cos(a + b) = \cos a \cos b - \sin a \sin b.$

FORMULES FONDAMENTALES.

31. — Cette formule est vraie, quelles que soient les valeurs des arcs a et b, positifs ou négatifs. Si l'on y remplace b par $-b$, elle devient

$$\cos(a-b) = \cos a \cos(-b) - \sin a \sin(-b).$$

Mais on sait que $\cos(-b) = \cos b$, et que $\sin(-b) = -\sin b$ (n° 8) ; on obtient ainsi la formule

(7) $\quad \cos(a-b) = \cos a \cos b + \sin a \sin b,$

relative à la différence de deux arcs.

32. — Nous venons de trouver le cosinus de la somme ou de la différence de deux arcs ; on en déduit facilement le sinus. On a, en effet,

$$\sin(a+b) = \cos\left[\left(\frac{\pi}{2}-a\right)-b\right];$$

si on applique la formule (7), en remplaçant a par $\frac{\pi}{2}-a$, il vient

$$\cos\left[\left(\frac{\pi}{2}-a\right)-b\right] = \cos\left(\frac{\pi}{2}-a\right)\cos b + \sin\left(\frac{\pi}{2}-a\right)\sin b\,;$$

mais $\cos\left(\frac{\pi}{2}-a\right) = \sin a$, $\sin\left(\frac{\pi}{2}-a\right) = \cos a$; substituant, on obtient la formule

(8) $\quad \sin(a+b) = \sin a \cos b + \sin b \cos a,$

qui donne le sinus de la somme de deux arcs.
Si l'on y remplace b par $-b$, on a

$$\sin(a-b) = \sin a \cos(-b) + \sin(-b)\cos a,$$

ou

(9) $\quad \sin(a-b) = \sin a \cos b - \sin b \cos a.$

Les quatre formules précédentes donnent le sinus et le cosinus de la somme ou de la différence de deux arcs, quand on connaît les sinus et les cosinus de ces deux arcs.

33. — On peut déduire la tangente de la somme ou de la différence de deux arcs, quand on connaît les tangentes de ces deux arcs. On a, en effet,

$$\tang (a+b) = \frac{\sin (a+b)}{\cos (a+b)},$$

et si l'on remplace sin $(a+b)$ et cos $(a+b)$ par leurs valeurs tirées des formules (6) et (8),

$$\tang (a+b) = \frac{\sin a \cos b + \sin b \cos a}{\cos a \cos b - \sin a \sin b}.$$

Divisons maintenant les deux termes de la fraction par le produit cos a cos b, il vient

$$\tang (a+b) = \frac{\dfrac{\sin a}{\cos a} + \dfrac{\sin b}{\cos b}}{1 - \dfrac{\sin a}{\cos a} \times \dfrac{\sin b}{\cos b}},$$

et, par suite,

(10) $$\tang (a+b) = \frac{\tang a + \tang b}{1 - \tang a \, \tang b}.$$

Si l'on remplace b par $-b$, et si l'on observe que

$$\tang (-b) = -\tang b,$$

cette formule devient

(11) $$\tang (a-b) = \frac{\tang a - \tang b}{1 + \tang a \, \tang b}.$$

34. — Une fois trouvées les formules relatives à l'addition de deux arcs, il est facile de les étendre à un nombre d'arcs quelconque.

Si dans les formules (6) et (8), on remplace b par $b+c$, on a d'abord

$$\cos (a+b+c) = \cos a \cos (b+c) - \sin a \sin (b+c),$$
$$\sin (a+b+c) = \sin a \cos (b+c) + \cos a \sin (b+c);$$

si l'on remplace ensuite cos $(b+c)$ et sin $(b+c)$ par leurs valeurs, il vient

$$\cos (a+b+c) = \cos a \cos b \cos c - \cos a \sin b \sin c$$
$$- \cos b \sin c \sin a - \sin c \sin a \sin b,$$

FORMULES FONDAMENTALES.

$$\sin(a+b+c) = -\sin a \sin b \sin c + \sin a \cos b \cos c$$
$$+ \sin b \cos c \cos a + \sin c \cos a \cos b.$$

On développerait de la même manière $\cos(a+b+c+d)$ et $\sin(a+b+c+d)$, en mettant $c+d$ à la place de c, et ainsi de suite de proche en proche.

MULTIPLICATION DES ARCS.

35. — Étant données les fonctions circulaires d'un arc, il s'agit de trouver celles des arcs multiples. C'est un cas particulier de l'addition, celui où les arcs que l'on ajoute sont égaux entre eux.

Si dans les formules (6) et (8) on remplace b par a, on a

(12) $\qquad \cos 2a = \cos^2 a - \sin^2 a,$
(13) $\qquad \sin 2a = 2 \sin a \cos a.$

La formule (10) donne de la même manière

(14) $\qquad \tang 2a = \dfrac{2 \tang a}{1 - \tang^2 a}.$

Si, dans les mêmes formules, on fait $b = 2a$, et si l'on remplace $\cos 2a$ et $\sin 2a$ par les valeurs que nous venons de trouver, il vient

$$\cos 3a = \cos^3 a - 3 \sin^2 a \cos a = 4 \cos^3 a - 3 \cos a,$$
$$\sin 3a = 3 \sin a \cos^2 a - \sin^3 a = 3 \sin a - 4 \sin^3 a.$$

On obtiendrait de même $\cos 4a$ et $\sin 4a$, en faisant $b = 3a$, et remplaçant $\cos 3a$ et $\sin 3a$ par leurs valeurs, et ainsi de suite indéfiniment. Mais on peut calculer séparément les sinus et les cosinus, en suivant une règle uniforme très-simple.

36. — Considérons une série d'arcs en progression arithmétique; la raison étant b, trois termes consécutifs quelconques pourront être représentés par $a-b$, a, $a+b$.

En ajoutant membre à membre les relations (6) et (7), (8) et (9), on a

$$\cos(a+b) + \cos(a-b) = 2 \cos a \cos b,$$
$$\sin(a+b) + \sin(a-b) = 2 \sin a \cos b;$$

d'où l'on déduit

$$\cos(a+b) = 2\cos a \cos b - \cos(a-b)$$
$$\sin(a+b) = 2\sin a \cos b - \sin(a-b).$$

On voit par là que *l'on obtiendra le cosinus d'un terme quelconque* a + b *de la progression en multipliant le cosinus du terme précédent* a *par* 2 cos b, *c'est-à-dire par deux fois le cosinus de la raison, et retranchant du produit le cosinus du terme antéprécédent* a — b.

Il en est de même pour les sinus : *on obtiendra le sinus d'un terme quelconque de la progression, en multipliant le sinus du terme précédent par deux fois le cosinus de la raison et retranchant du produit le sinus du terme antéprécédent.*

Prenons en particulier la progression arithmétique

$$0, a, 2a, 3a, 4a, \ldots \ldots \ldots$$

En appliquant la règle précédente au calcul des cosinus, nous trouverons successivement

$$\cos 2a = 2\cos^2 a - 1,$$
$$\cos 3a = 4\cos^3 a - 3\cos a,$$
$$\cos 4a = 8\cos^4 a - 8\cos^2 a + 1,$$
$$\cos 5a = 16\cos^5 a - 20\cos^3 a + 5\cos a,$$
$$\ldots \ldots \ldots \ldots \ldots$$

La même règle donne pour les sinus, si l'on a soin de remplacer le facteur $\cos^2 a$ par $1 - \sin^2 a$,

$$\sin 2a = 2\sin a \cos a,$$
$$\sin 3a = 3\sin a - 4\sin^3 a,$$
$$\sin 4a = (4\sin a - 8\sin^3 a)\cos a,$$
$$\sin 5a = 5\sin a - 20\sin^3 a + 16\sin^5 a,$$
$$\ldots \ldots \ldots \ldots \ldots$$

DIVISION DES ARCS.

37. — C'est la question inverse de la précédente : étant donnée une fonction circulaire d'un arc, il s'agit de trouver

FORMULES FONDAMENTALES.

celles d'un arc qui est une partie aliquote du premier. Comme cette question conduit en général à des équations d'un degré supérieur au second, nous nous bornerons pour le moment au cas où l'on divise l'arc en deux parties égales.

Supposons d'abord que l'on donne $\cos a$, et que l'on demande le sinus et le cosinus de l'arc moitié $\frac{a}{2}$. Si dans la relation (1) on remplace x par $\frac{a}{2}$ et dans la relation (12) a par $\frac{a}{2}$, on a les deux équations

$$\sin^2 \frac{a}{2} + \cos^2 \frac{a}{2} = 1,$$

$$\cos^2 \frac{a}{2} - \sin^2 \frac{a}{2} = \cos a,$$

qui, combinées par addition et soustraction, donnent

(15) $\sin \frac{a}{2} = \pm \sqrt{\frac{1-\cos a}{2}}, \quad \cos \frac{a}{2} = \pm \sqrt{\frac{1+\cos a}{2}}.$

Il est facile d'expliquer pourquoi on trouve ainsi pour $\sin \frac{a}{2}$ et $\cos \frac{a}{2}$ deux valeurs égales et de signes contraires. Dans les calculs l'arc a n'entrant que par son cosinus, les formules se rapportent à tous les arcs qui admettent le cosinus donné. Soit OP (fig. 19) ce cosinus ; dans les formules la lettre a

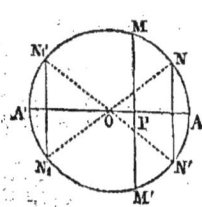

Fig. 19.

désigne indistinctement tous les arcs qui admettent le cosinus OP, c'est-à-dire tous les arcs qui aboutissent à l'un des deux points M et M', situés sur une même perpendiculaire au diamètre AA'. Il faut prendre la moitié de tous ces arcs; prenons d'abord la moitié AN de l'arc AM ; à l'arc AM on ajoute une, deux,.... circonférences ; à la moitié AN il faut ajouter une première demi-circonférence, puis une seconde...., ce qui transporte le mobile d'abord en N_1 au point diamétralement opposé, le ramène en N, le conduit de nouveau

3

en N_1, etc. Si de l'arc AM on retranche une, deux,.... circonférences, il faut retrancher de AN une, deux,.... demi-circonférences, ce qui fait passer successivement par les mêmes points N_1 et N, mais en tournant en sens inverse. Ainsi les moitiés de tous les arcs qui aboutissent en M forment deux séries d'arcs aboutissant, les uns en N, les autres en N_1. On prendra de même la moitié — AN' de l'arc — AM', et, à partir du point N', on portera un nombre quelconque de demi-circonférences en tournant dans un sens ou dans l'autre, ce qui donne deux nouvelles séries d'arcs aboutissant, les uns en N', les autres en N'_1. D'après la disposition des quatre points N, N_1, N', N'_1 sur la circonférence, on voit que les arcs terminés en ces points ont deux cosinus égaux et de signes contraires, et aussi deux sinus égaux et de signes contraires.

Si l'on donnait non-seulement cos a, mais l'arc a lui-même, d'après la grandeur de $\frac{a}{2}$ on verrait quel est le signe de $\sin\frac{a}{2}$ et celui de $\cos\frac{a}{2}$, et alors il n'y aurait plus d'indétermination dans les formules (15).

38. — Supposons maintenant que l'on donne sin a, et que l'on demande le sinus et le cosinus de l'arc moitié. Les relations (1) et (13) donnent

$$\sin^2\frac{a}{2} + \cos^2\frac{a}{2} = 1, \quad 2\sin\frac{a}{2}\cos\frac{a}{2} = \sin a;$$

d'où, par addition et soustraction,

$$\left(\sin\frac{a}{2} + \cos\frac{a}{2}\right)^2 = 1 + \sin a, \quad \left(\sin\frac{a}{2} - \cos\frac{a}{2}\right)^2 = 1 - \sin a,$$

$$\sin\frac{a}{2} + \cos\frac{a}{2} = \pm\sqrt{1+\sin a}, \quad \sin\frac{a}{2} - \cos\frac{a}{2} = \pm\sqrt{1-\sin a},$$

$$(16) \begin{cases} \sin\frac{a}{2} = \pm\frac{1}{2}\sqrt{1+\sin a} \pm \frac{1}{2}\sqrt{1-\sin a}, \\ \cos\frac{a}{2} = \pm\frac{1}{2}\sqrt{1+\sin a} \mp \frac{1}{2}\sqrt{1-\sin a}. \end{cases}$$

FORMULES FONDAMENTALES.

Comme les signes des deux radicaux sont indépendants l'un de l'autre, ces formules donnent quatre valeurs égales deux à deux et de signes contraires. Il en devait être ainsi ; l'arc a n'entrant que par son sinus, les formules se rapportent à tous les arcs qui admettent le sinus donné ; au sinus donné correspondent deux séries d'arcs aboutissant en deux points M et M' placés sur une parallèle au diamètre AA' (fig. 20) ; les moitiés des arcs terminés en M forment deux séries d'arcs aboutissant à deux points diamétralement opposés N et N_1 ; les moitiés des arcs terminés en M' forment de même deux séries d'arcs aboutissant à deux points diamétralement opposés N' et N'_1. On a donc quatre sinus égaux deux à deux et de signes contraires, et aussi quatre cosinus égaux deux à deux et de signes contraires.

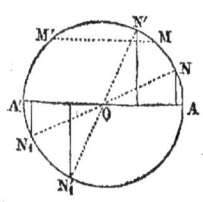
Fig. 20.

Si l'on appelle α l'un des arcs terminés en M, $\pi - \alpha$ désignera l'un des arcs terminés en M' ; les moitiés de ces arcs sont $\dfrac{\alpha}{2}$ et $\dfrac{\pi}{2} - \dfrac{\alpha}{2}$, et l'on voit que le sinus de l'un est égal au cosinus de l'autre. On en conclut que les quatre valeurs de $\sin \dfrac{a}{2}$ sont les mêmes que les quatre valeurs de $\cos \dfrac{a}{2}$, ce que montrent d'ailleurs les formules.

Si l'on donne, non-seulement $\sin a$, mais l'arc a lui-même, il faudra choisir entre ces quatre valeurs. D'après la grandeur de l'arc a, on verra quels sont les signes de $\sin \dfrac{a}{2}$ et de $\cos \dfrac{a}{2}$, et en outre laquelle de ces deux quantités est la plus grande en valeur absolue, ce qui permettra de déterminer les signes de leur somme et de leur différence ; on connaîtra ainsi le signe dont chaque radical doit être affecté.

On sait, par exemple, que $\sin \dfrac{\pi}{6}$ est égal à $\dfrac{1}{2}$ et l'on demande $\sin \dfrac{\pi}{12}$ et $\cos \dfrac{\pi}{12}$. Les deux inconnues étant toutes deux positives et la première plus petite que la seconde, on a

$$\sin\frac{\pi}{12} + \cos\frac{\pi}{12} = \sqrt{1+\frac{1}{2}} = \sqrt{\frac{3}{2}},$$

$$\sin\frac{\pi}{12} - \cos\frac{\pi}{12} = -\sqrt{1-\frac{1}{2}} = -\sqrt{\frac{1}{2}},$$

et par suite

$$\sin\frac{\pi}{12} = \frac{\sqrt{6}-\sqrt{2}}{4},$$

$$\cos\frac{\pi}{12} = \frac{\sqrt{6}+\sqrt{2}}{4}.$$

39. — Supposons enfin que l'on donne tang a et que l'on demande la tangente de l'arc moitié. Si dans la relation (14), on remplace a par $\dfrac{a}{2}$, et si l'on chasse le dénominateur, on obtient l'équation du second degré

(17) $\qquad \tang^2\dfrac{a}{2} + \dfrac{2}{\tang a}\tang\dfrac{a}{2} - 1 = 0.$

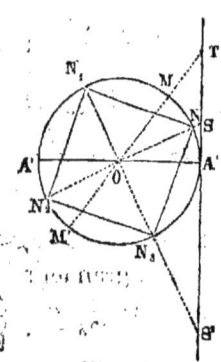

Fig. 21.

L'arc a n'entrant dans l'équation que par sa tangente, la lettre a désigne indistinctement tous les arcs qui admettent la tangente donnée. Or, à une tangente donnée correspondent deux séries d'arcs aboutissant en deux points M et M' (fig. 21) diamétralement opposés. Prenons la moitié AN de l'arc AM. Si à l'arc AM on ajoute une demi-circonférence, ce qui conduit au point M', il faudra à l'arc moitié AN ajouter un quadrant NN_1; si à l'arc AM' on ajoute une nouvelle demi-circonférence, ce qui ramène au point M, il faudra à l'arc moitié AN_1 ajouter un nouveau quadrant N_1N_2; si l'on ajoute encore à l'arc lui-même une, deux,.... demi-circonférences, il faudra à l'arc moitié ajouter un troisième quadrant N_2N_3, puis un quatrième N_3N, ce qui ramène au point N, et ainsi de suite. Les arcs moitiés forment donc quatre séries d'arcs aboutissant aux sommets d'un carré $NN_1N_2N_3$ inscrit dans le cercle. Les deux séries d'arcs qui aboutissent aux deux points diamétralement opposés N et N_2 admettent même tangente AS; les deux séries d'arcs qui aboutissent aux deux points diamétralement opposés N_1 et N_3 admettent aussi même tangente — AS'. L'inconnue de la question, c'est-à-dire $\tang \frac{a}{2}$, a donc deux valeurs $+$ AS et — AS' de signes contraires. Voilà pourquoi on est arrivé à une équation du second degré (17), qui a toujours ses racines réelles.

On remarque sur l'équation que le produit des deux racines est égal à -1, ce qu'on peut voir aussi sur la figure. En effet les diagonales NN_2, N_1N_3 du carré étant perpendiculaires entre elles, le triangle SOS' est rectangle, et l'on a

$$AS \times AS' = \overline{OA}^2 = 1,$$

et par suite le produit des racines est égal à -1.

FORMULES SERVANT A LA TRANSFORMATION DES SOMMES OU DES DIFFÉRENCES EN PRODUITS.

40. — En ajoutant ou retranchant membre à membre les relations (8) et (9), et de même les relations (6) et (7), on obtient les relations

$$(18) \begin{cases} \sin(a+b) + \sin(a-b) = 2\sin a \cos b, \\ \sin(a+b) - \sin(a-b) = 2\cos a \sin b, \\ \cos(a+b) + \cos(a-b) = 2\cos a \cos b, \\ \cos(a-b) - \cos(a+b) = 2\sin a \sin b. \end{cases}$$

Si l'on pose ensuite $a+b=p$, $a-b=q$,

d'où $\quad a = \dfrac{p+q}{2}, \quad b = \dfrac{p-q}{2},$

ces relations deviennent

$$(19) \begin{cases} \sin p + \sin q = 2 \sin \dfrac{p+q}{2} \cos \dfrac{p-q}{2}, \\ \sin p - \sin q = 2 \sin \dfrac{p-q}{2} \cos \dfrac{p+q}{2}, \\ \cos p + \cos q = 2 \cos \dfrac{p+q}{2} \cos \dfrac{p-q}{2}, \\ \cos q - \cos p = 2 \sin \dfrac{p+q}{2} \sin \dfrac{p-q}{2}. \end{cases}$$

Ces formules, qui transforment en produits les sommes et les différences, sont d'un emploi très-fréquent dans les calculs logarithmiques.

On a quelquefois besoin cependant de transformer en somme ou en différence le produit de deux sinus ou de deux cosinus. On se servira pour cela des deux dernières des équations (18) que l'on écrira

$$(20) \begin{cases} \cos a \cos b = \dfrac{\cos(a+b) + \cos(a-b)}{2}, \\ \sin a \sin b = \dfrac{\cos(a-b) - \cos(a+b)}{2}. \end{cases}$$

41. — Voici quelques autres transformations de sommes ou de différences en produits.

(1) $\tang a \pm \tang b = \dfrac{\sin a}{\cos a} \pm \dfrac{\sin b}{\cos b} = \dfrac{\sin(a \pm b)}{\cos a \cos b}$,

(2) $\séc a + \séc b = \dfrac{1}{\cos a} + \dfrac{1}{\cos b} = \dfrac{\cos a + \cos b}{\cos a \cos b} = \dfrac{2 \cos \dfrac{a+b}{2} \cos \dfrac{a-b}{2}}{\cos a \cos b}$,

(3) $\séc a - \séc b = \dfrac{1}{\cos a} - \dfrac{1}{\cos b} = \dfrac{\cos b - \cos a}{\cos a \cos b} = \dfrac{2 \sin \dfrac{a-b}{2} \sin \dfrac{a+b}{2}}{\cos a \cos b}$,

(4) $\sin a + \cos b = \sin a + \sin\left[\dfrac{\pi}{2} - b\right] = 2\sin\left[\dfrac{\pi}{4} + \dfrac{a-b}{2}\right]\sin\left[\dfrac{\pi}{4} + \dfrac{a+b}{2}\right]$,

(5) $\sin a - \cos b = \sin a - \sin\left[\dfrac{\pi}{2} - b\right] = -2\sin\left[\dfrac{\pi}{4} - \dfrac{a+b}{2}\right]\sin\left[\dfrac{\pi}{4} - \dfrac{a-b}{2}\right]$,

(6) $\quad 1 + \sin a = 1 + \cos\left[\dfrac{\pi}{2} - a\right] = 2\cos^2\left[\dfrac{\pi}{4} - \dfrac{a}{2}\right]$,

(7) $\quad 1 - \sin a = 1 - \cos\left[\dfrac{\pi}{2} - a\right] = 2\sin^2\left[\dfrac{\pi}{4} - \dfrac{a}{2}\right]$,

(8) $\sqrt{\dfrac{1-\cos a}{1+\cos a}} = \sqrt{\dfrac{2\sin^2 \dfrac{a}{2}}{2\cos^2 \dfrac{a}{2}}} = \tang \dfrac{a}{2}$,

(9) $\sqrt{\dfrac{1-\sin a}{1+\sin a}} = \sqrt{\dfrac{2\sin^2\left(\dfrac{\pi}{4} - \dfrac{a}{2}\right)}{2\cos^2\left(\dfrac{\pi}{4} - \dfrac{a}{2}\right)}} = \tang\left(\dfrac{\pi}{4} - \dfrac{a}{2}\right)$,

FORMULES FONDAMENTALES.

(10) $\quad 1 \pm \tang a = 1 \pm \dfrac{\sin a}{\cos a} = \dfrac{\cos a \pm \sin a}{\cos a} = \dfrac{\sqrt{2} \sin\left(\dfrac{\pi}{4} \pm a\right)}{\cos a}.$

42. — On rencontre quelquefois l'expression
$$\sin a + \sin b + \sin c,$$
dans laquelle la somme des trois angles a, b, c est égale à π. On a d'abord
$$\sin b + \sin c = 2 \sin \dfrac{b+c}{2} \cos \dfrac{b-c}{2};$$
de la relation $a + b + c = \pi$, on déduit $a = \pi - (b+c)$, d'où
$$\sin a = \sin(b+c) = 2 \sin \dfrac{b+c}{2} \cos \dfrac{b+c}{2};$$
l'expression proposée devient ainsi
$$2 \sin \dfrac{b+c}{2}\left(\cos \dfrac{b+c}{2} + \cos \dfrac{b-c}{2}\right),$$
et, si l'on transforme la parenthèse,
$$4 \sin \dfrac{b+c}{2} \cos \dfrac{b}{2} \cos \dfrac{c}{2}.$$
Puisqu'on a $\dfrac{b+c}{2} = \dfrac{\pi}{2} - \dfrac{a}{2}$, et, par suite, $\sin \dfrac{b+c}{2} = \cos \dfrac{a}{2}$, il vient enfin

(11) $\quad \sin a + \sin b + \sin c = 4 \cos \dfrac{a}{2} \cos \dfrac{b}{2} \cos \dfrac{c}{2}.$

Un calcul analogue donne

(12) $\quad \sin a + \sin b - \sin c = 4 \sin \dfrac{a}{2} \sin \dfrac{b}{2} \cos \dfrac{c}{2}.$

Proposons-nous encore de transformer l'expression
$$\cot \dfrac{a}{2} + \cot \dfrac{b}{2} + \cot \dfrac{c}{2},$$
dans laquelle la somme de trois angles a, b, c est toujours supposée égale à π. On a

$$\cot \dfrac{b}{2} + \cot \dfrac{c}{2} = \dfrac{\cos \dfrac{b}{2}}{\sin \dfrac{b}{2}} + \dfrac{\cos \dfrac{c}{2}}{\sin \dfrac{c}{2}} = \dfrac{\sin \dfrac{b+c}{2}}{\sin \dfrac{b}{2} \sin \dfrac{c}{2}} = \dfrac{\cos \dfrac{a}{2}}{\sin \dfrac{b}{2} \cdot \sin \dfrac{c}{2}},$$

$$\cot \dfrac{a}{2} + \cot \dfrac{b}{2} + \cot \dfrac{c}{2} = \dfrac{\cos \dfrac{a}{2}}{\sin \dfrac{a}{2}} + \dfrac{\cos \dfrac{a}{2}}{\sin \dfrac{b}{2} \sin \dfrac{c}{2}} = \dfrac{\cos \dfrac{a}{2}\left(\sin \dfrac{a}{2} + \sin \dfrac{b}{2} \sin \dfrac{c}{2}\right)}{\sin \dfrac{a}{2} \sin \dfrac{b}{2} \sin \dfrac{c}{2}};$$

si l'on observe que

$$\sin\frac{a}{2} = \cos\frac{b+c}{2} = \cos\frac{b}{2}\cos\frac{c}{2} - \sin\frac{b}{2}\sin\frac{c}{2},$$

la parenthèse se réduit à $\cos\dfrac{b}{2}\cos\dfrac{c}{2}$; on en conclut

(13) $\qquad \cot\dfrac{a}{2} + \cot\dfrac{b}{2} + \cot\dfrac{c}{2} = \cot\dfrac{a}{2}\cot\dfrac{b}{2}\cot\dfrac{c}{2}.$

VALEURS NUMÉRIQUES D'UN CERTAIN NOMBRE DE SINUS ET DE COSINUS.

43. — Nous avons remarqué déjà que le sinus d'un arc est la moitié de la corde qui sous-tend l'arc double. En géométrie élémentaire, on apprend à inscrire dans un cercle les polygones réguliers de trois, quatre, cinq et quinze côtés ; en divisant les arcs en deux parties égales plusieurs fois successivement, on en déduit les polygones réguliers dont le nombre des côtés est exprimé par l'une des formules

$$2^m, \quad 2^m \times 3, \quad 2^m \times 5, \quad 2^m \times 3 \times 5.$$

A chacun de ces polygones correspond un sinus, et par suite un cosinus, que l'on sait déterminer.

Considérons d'abord le carré inscrit ; le côté du carré étant égal à $\sqrt{2}$, on a

$$\sin\frac{\pi}{4} = \cos\frac{\pi}{4} = \frac{\sqrt{2}}{2}.$$

A l'aide des formules qui servent à la division par 2 (n°s 37 et 38), on en déduira par des extractions de racines carrées, $\sin\dfrac{\pi}{8}$, $\cos\dfrac{\pi}{8}$, $\sin\dfrac{\pi}{16}$, $\cos\dfrac{\pi}{16}$, etc., et, en général, $\sin\dfrac{\pi}{2^n}$, $\cos\dfrac{\pi}{2^n}$, n étant un nombre entier quelconque. En appliquant les formules du n° 37, on aura en particulier

$$\sin\frac{\pi}{8} = \frac{\sqrt{2-\sqrt{2}}}{2}, \quad \cos\frac{\pi}{8} = \frac{\sqrt{2+\sqrt{2}}}{2},$$

$$\sin\frac{\pi}{16} = \frac{\sqrt{2-\sqrt{2+\sqrt{2}}}}{2}, \quad \cos\frac{\pi}{16} = \frac{\sqrt{2+\sqrt{2+\sqrt{2}}}}{2}.$$

Les formules établies pour la multiplication donneront ensuite les sinus et les cosinus des arcs multiples des précédents, c'est-à-dire des arcs compris dans la formule $\frac{m\pi}{2^n}$, dans laquelle m désigne aussi un nombre entier quelconque.

Le second polygone de la deuxième série est l'hexagone régulier, dont le côté est égal au rayon. On en déduit, comme nous l'avons déjà dit (n° 28),

$$\sin\frac{\pi}{6} = \frac{1}{2}, \quad \cos\frac{\pi}{6} = \frac{\sqrt{3}}{2}.$$

Le premier polygone de cette série est le triangle équilatéral dont le côté est égal à $\sqrt{3}$; on a donc

$$\sin\frac{\pi}{3} = \frac{\sqrt{3}}{2}, \quad \cos\frac{\pi}{3} = \frac{1}{2};$$

ces formules sont des conséquences des précédentes, puisque les arcs $\frac{\pi}{3}$ et $\frac{\pi}{6}$ sont complémentaires. La division par 2, et ensuite la multiplication, donnent les sinus et les cosinus de tous les arcs compris dans la formule $\frac{m\pi}{3.2^n}$.

44. — Le second polygone de la troisième série est le décagone régulier inscrit. Nous rappellerons d'abord comment on obtient le côté de ce polygone. Soit ABCDEFGHIK (fig. 22)

Fig. 22.

un décagone régulier inscrit dans le cercle; joignons AD, l'angle inscrit ABG a pour mesure la moitié de l'arc AG compris entre ses côtés, c'est-à-dire deux divisions de la circonférence; l'angle AMB, qui a son sommet M à l'intérieur du cercle, a pour mesure la moitié de la somme des arcs AB et DG compris entre ses côtés, c'est-à-dire encore deux divisions de la circonférence; ces deux angles étant égaux, le triangle ABM est isocèle, et les deux côtés AB et AM sont égaux. Le triangle OMA est aussi isocèle ; car l'angle inscrit DAF, ayant pour mesure la moitié de l'arc DF, c'est-à-dire une division, est égal à l'angle au centre AOB, qui a même mesure ; les deux côtés AM et OM, opposés à ces angles égaux, sont égaux. Ainsi, le côté AB du décagone régulier est égal à AM et par suite à OM. Nous remarquons actuellement que la droite AD est bissectrice de l'angle OAB ; car les deux angles inscrits BAD, DAF, ayant pour mesure les moitiés des arcs égaux BD, DF, sont égaux ; or, on sait que la bissectrice AM de l'angle A d'un triangle OAB divise le côté opposé OB en deux parties OM, MB proportionnelles aux deux côtés adjacents OA, AB ; on a donc les rapports égaux

$$\frac{OA}{AB} = \frac{OM}{MB};$$

si l'on remplace le rayon OA par OB, et la longueur AB par son égale OM, il vient

$$\frac{OB}{OM} = \frac{OM}{MB},$$

d'où $\overline{OM}^2 = OB \times MB.$

Ceci nous apprend que le côté AB du décagone régulier est égal au plus grand segment OM du rayon partagé en moyenne et extrême raison.

Si l'on appelle r le rayon, et x le segment OM, on a l'équation

$$x^2 = r(r-x),$$

ou

(1) $\qquad x^2 + rx - r^2 = 0.$

Cette équation du second degré a ses deux racines réelles et de signes contraires ; la racine positive, que nous désignerons par x', donne le côté du décagone régulier convexe

$$x' = \frac{r(\sqrt{5} - 1)}{2}.$$

Il existe un autre décagone régulier. Si l'on joint les sommets du décagone régulier convexe de trois en trois, on passera par tous les points de division avant de revenir au point de départ, et l'on formera ainsi une figure régulière

FORMULES FONDAMENTALES.   43

ADGKCFIBEH (fig. 23) à laquelle on a donné le nom de déca-

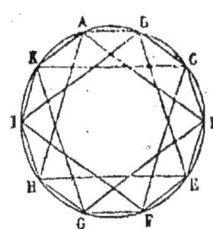
Fig. 23.

gone *étoilé*. La droite AD (fig. 22) est le côté du décagone *étoilé*; l'angle BOD qui a pour mesure l'arc BD, c'est-à-dire deux divisions de la circonférence, étant égal à l'angle OMD qui a même mesure, le triangle OMD est isocèle et le côté DM est égal à OD; ainsi, le côté AD du décagone *étoilé* est égal au côté AM du dé-

cagone convexe, plus le rayon DM. Si donc on appelle x'' le côté du décagone étoilé, on a

$$x'' = x' + r = \frac{r(\sqrt{5}+1)}{2}.$$

On en déduit $x' - x'' = -r$; la somme des racines de l'équation (1) étant égale à $-r$, il en résulte que la seconde racine est égale à $-x''$. Ainsi, les côtés des deux décagones réguliers sont les valeurs absolues des racines de l'équation (1).

Il existe aussi deux pentagones réguliers, le pentagone con-

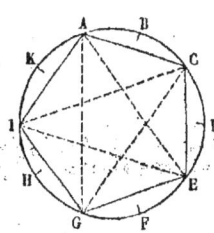
Fig. 24.

vexe, que l'on obtient en joignant de deux en deux les sommets du décagone convexe, et le pentagone *étoilé*, que l'on obtient en joignant de deux en deux les sommets du pentagone convexe, ou de quatre en quatre les sommets du décagone convexe (fig. 24). Si l'on revient à la figure 22, on voit que la droite DF est

le côté du pentagone convexe, BF celui du pentagone *étoilé*. Dans les triangles rectangles ADF, ABF, on a

$$\overline{DF}^2 = \overline{AF}^2 - \overline{AD}^2 = 4r^2 - \left[\frac{r(\sqrt{5}+1)}{2}\right]^2 = \frac{r^2(10-2\sqrt{5})}{4},$$

$$\overline{BF}^2 = \overline{AF}^2 - \overline{AB}^2 = 4r^2 - \left[\frac{r(\sqrt{5}-1)}{2}\right]^2 = \frac{r^2(10+2\sqrt{5})}{4};$$

on en déduit

$$DF = \frac{r}{2}\sqrt{10-2\sqrt{5}},$$

$$BF = \frac{r}{2}\sqrt{10+2\sqrt{5}}.$$

Si l'on prend le rayon pour unité, le côté du décagone convexe donne

$$\sin \frac{\pi}{10} = \frac{\sqrt{5}-1}{4}, \quad \cos \frac{\pi}{10} = \frac{1}{4}\sqrt{10+2\sqrt{5}};$$

le côté du décagone étoilé donne pareillement

$$\sin \frac{3\pi}{10} = \cos \frac{\pi}{5} = \frac{\sqrt{5}+1}{2}, \quad \cos \frac{3\pi}{10} = \sin \frac{\pi}{5} = \frac{1}{4}\sqrt{10-2\sqrt{5}}.$$

Le pentagone convexe reproduit $\sin \frac{\pi}{5}$ et le pentagone étoilé $\sin \frac{2\pi}{5}$ ou $\cos \frac{\pi}{10}$. En divisant par deux plusieurs fois de suite et multipliant ensuite par m, on en déduira les sinus et les cosinus de tous les arcs compris dans la formule $\frac{m\pi}{5.2^n}$.

Au moyen de l'hexagone régulier et du décagone régulier, on peut construire le pentédécagone régulier ; car on a

$$\frac{2\pi}{15} = \frac{2\pi}{6} - \frac{2\pi}{10};$$

pour avoir l'arc du pentédécagone, il suffit donc de retrancher de l'arc de l'hexagone celui du décagone. Il est facile de trouver le sinus et le cosinus correspondant : on a, en effet,

$$\sin \frac{\pi}{15} = \sin\left(\frac{\pi}{6} - \frac{\pi}{10}\right) = \sin \frac{\pi}{6} \cos \frac{\pi}{10} - \cos \frac{\pi}{6} \sin \frac{\pi}{10},$$

$$\cos \frac{\pi}{15} = \cos\left(\frac{\pi}{6} - \frac{\pi}{10}\right) = \cos \frac{\pi}{6} \cos \frac{\pi}{10} + \sin \frac{\pi}{6} \sin \frac{\pi}{10},$$

et, si l'on remplace $\sin \frac{\pi}{6}$, $\cos \frac{\pi}{6}$, $\sin \frac{\pi}{10}$, $\cos \frac{\pi}{10}$ par leurs valeurs,

$$\sin \frac{\pi}{15} = \frac{1}{8}\sqrt{10+2\sqrt{5}} - \frac{\sqrt{3}(\sqrt{5}-1)}{8},$$

$$\cos \frac{\pi}{15} = \frac{\sqrt{3}}{8}\sqrt{10-2\sqrt{5}} + \frac{\sqrt{5}-1}{8}.$$

A l'aide de ce sinus et du cosinus, on pourra déterminer les sinus et les cosinus de tous les arcs compris dans la formule $\frac{m\pi}{3.5.2^n}$.

CHAPITRE IV.

Tables des fonctions circulaires.

---

45. — On reconnaît aisément qu'une fonction circulaire de x, par exemple sin x, et l'arc x lui-même ne peuvent être liés par une équation algébrique entière s'appliquant à toutes les valeurs de la variable x. Car, si les quantités x et sin x satisfaisaient à une équation algébrique entière du degré m par rapport à x, à chaque valeur de sin x correspondraient les m racines de l'équation, et par conséquent m valeurs de x; mais on sait qu'à chaque valeur de sin x correspondent une infinité de valeurs de x. On démontre aussi qu'une pareille relation est impossible, même pour les valeurs de la variable x comprises entre certaines limites ; ainsi les fonctions circulaires sont des fonctions *transcendantes* de l'arc, et il est impossible de calculer leurs valeurs pour des valeurs quelconques de la variable par un nombre limité d'opérations élémentaires. Il est donc nécessaire de construire des tables analogues à celles des logarithmes, tables qui renferment les valeurs que prend la fonction pour des valeurs de la variable x convenablement choisies. Lorsqu'on donnera à la variable une valeur qui ne se trouve pas dans la table, on considérera les deux valeurs consécutives qui la comprennent et on interpolera comme pour les logarithmes, c'est-à-dire que, dans l'intervalle, on supposera les variations de la fonction proportionnelles à celles de la variable.

Dans la construction des tables, on regarde l'arc comme la variable indépendante, et on lui donne une série de valeurs en progression arithmétique depuis 0 à $\frac{\pi}{2}$. Il est inutile de prolonger la table au delà ; car, d'après les formules des n°s 7,

8 et 9, on ramène facilement l'arc entre les limites 0 et $\frac{\pi}{2}$. Si l'on construit simultanément une table de sinus et une table de cosinus, on peut s'arrêter à $\frac{\pi}{4}$; car le sinus d'un arc plus grand que $\frac{\pi}{4}$ est égal au cosinus de l'arc complémentaire, qui est plus petit que $\frac{\pi}{4}$. Il en est de même des tangentes et cotangentes, sécantes et cosécantes.

PRINCIPES SERVANT A LA CONSTRUCTION DES TABLES.

46. — Nous remarquons d'abord que *de 0 à* $\frac{\pi}{2}$, *l'arc est plus grand que son sinus et plus petit que sa tangente.*

Soit AM (fig. 25), un arc plus petit que $\frac{\pi}{2}$; prenons l'arc

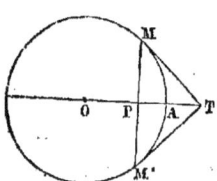

Fig. 25.

AM′ égal à AM, et par les points M et M′ menons les tangentes MT et M′T. L'arc MAM′ est plus grand que la corde MM′ et plus petit que la ligne brisée enveloppante MTM′. Si l'on prend la moitié de ces trois longueurs, on voit que l'arc AM est plus grand que son sinus MP et plus petit que sa tangente MT.

En désignant par a un arc quelconque moindre que $\frac{\pi}{2}$, on a donc
$$\operatorname{tang} a > a > \sin a.$$
En divisant ces trois quantités par le nombre positif sin a il vient
$$\frac{1}{\cos a} > \frac{a}{\sin a} > 1;$$
on en déduit
$$\cos a < \frac{\sin a}{a} < 1.$$
Ainsi, le rapport du sinus à l'arc est compris entre l'unité et le

cosinus. Si l'arc est très-petit, le cosinus différant très-peu de l'unité, le rapport différera lui-même très-peu de l'unité. Supposons maintenant que l'arc a diminue de plus en plus et tende vers zéro; cos a tendant vers l'unité, le rapport $\dfrac{\sin a}{a}$, qui est compris entre cos a et l'unité, tendra lui-même vers l'unité. On en conclut que *le rapport du sinus à l'arc a pour limite l'unité, quand l'arc diminue jusqu'à zéro.*

47. — Le rapport $\dfrac{\sin a}{a}$ différant très-peu de l'unité, quand l'arc a est très-petit, on peut écrire

$$\frac{\sin a}{a} = 1 - \varepsilon,$$

ε désignant une fraction très-petite. On en déduit

$$\sin a = a - \varepsilon a.$$

Ainsi, la différence qui existe entre le sinus d'un arc très-petit et l'arc lui-même est une fraction très-petite de l'arc; en d'autres termes, quand on prend pour le sinus d'un arc très-petit l'arc lui-même, on commet une erreur *relative* très-petite. Nous nous proposons d'évaluer cette erreur.

Si dans la relation

$$\sin a = 2 \sin \frac{a}{2} \cos \frac{a}{2} = 2 \tang \frac{a}{2} \cos^2 \frac{a}{2},$$

on remplace $\tang \dfrac{a}{2}$ par une quantité plus petite $\dfrac{a}{2}$, on diminue le second membre et l'on a

$$\sin a > 2 \frac{a}{2} \cos^2 \frac{a}{2},$$

ou

$$\sin a > a \left(1 - \sin^2 \frac{a}{2}\right).$$

Si, dans cette dernière inégalité, on remplace $\sin \dfrac{a}{2}$ par une quantité plus grande $\dfrac{a}{2}$, ce qui diminue encore le second

membre, on a, à plus forte raison,
$$\sin a > a\left(1 - \frac{a^2}{4}\right),$$
ou
$$\sin a > a - \frac{a^3}{4};$$
on en déduit
$$a - \sin a < \frac{a^3}{4}.$$

Ainsi *la différence du sinus à l'arc est moindre que le quart du cube de l'arc*, et l'on a les inégalités
$$a - \frac{a^3}{4} < \sin a < a.$$

Quand on prend pour le sinus d'un arc très-petit l'arc lui-même, l'erreur absolue est moindre que $\frac{a^3}{4}$, et l'erreur relative moindre que $\frac{a^2}{4}$.

48. — Le cosinus d'un arc très-petit diffère très-peu de l'unité ; évaluons cette différence. Si dans la relation
$$\cos a = \cos^2 \frac{a}{2} - \sin^2 \frac{a}{2} = 1 - 2\sin^2 \frac{a}{2},$$
on remplace $\sin \frac{a}{2}$ par la quantité plus grande $\frac{a}{2}$, on diminue le second membre et l'on a
$$\cos a > 1 - \frac{a^2}{2}.$$

Ainsi $\cos a$ est compris entre l'unité et $1 - \frac{a^2}{2}$. Quand on prend l'unité pour valeur approchée du cosinus d'un arc très-petit, on commet une erreur moindre que $\frac{a^2}{2}$. Mais quand on prend $1 - \frac{a^2}{2}$ pour valeur approchée du cosinus, on commet une erreur beaucoup plus petite.

TABLES DES FONCTIONS CIRCULAIRES.

En effet, puisqu'on a $\sin a > a - \dfrac{a^3}{4}$, on en déduit, en remplaçant a par $\dfrac{a}{2}$, $\sin \dfrac{a}{2} > \dfrac{a}{2} - \dfrac{a^3}{32}$; si, dans la relation

$$\cos a = 1 - 2\sin^2 \dfrac{a}{2},$$

on met à la place de $\sin \dfrac{a}{2}$ la quantité plus petite $\dfrac{a}{2} - \dfrac{a^3}{32}$, on augmente le second membre et l'on a

$$\cos a < 1 - \dfrac{a^2}{2} + \dfrac{a^4}{16} - \dfrac{a^6}{2.16^2}.$$

En supprimant le dernier terme qui est négatif, on a, à plus forte raison,

$$\cos a < 1 - \dfrac{a^2}{2} + \dfrac{a^4}{16}.$$

On en déduit les inégalités

$$1 - \dfrac{a^2}{2} < \cos a < 1 - \dfrac{a^2}{2} + \dfrac{a^4}{16};$$

ainsi, quand on prend la quantité trop petite $1 - \dfrac{a^2}{2}$ pour valeur approchée du cosinus, on commet une erreur moindre que $\dfrac{a^4}{16}$.

CONSTRUCTION DES TABLES.

49. — Supposons qu'on veuille calculer les sinus et les cosinus des arcs de 10 secondes en 10 secondes, de zéro à 90 degrés dans l'ancienne division. Il faut d'abord trouver la valeur de $\sin 10''$ et celle de $\cos 10''$ avec une certaine approximation.

La différence du sinus de l'arc très-petit de $10''$ à l'arc lui-même étant une quantité relativement très-petite, nous prendrons la longueur de l'arc de $10''$ pour valeur approchée de $\sin 10''$; l'erreur commise, comme nous l'avons dit, sera moindre que le quart du cube de l'arc. Évaluons d'abord cette erreur.

La demi-circonférence contenant 64800 fois l'arc de 10″, la longueur de l'arc de 10″ que nous désignerons par α est

$$\alpha = \frac{\pi}{64800}.$$

En prenant pour π la valeur trop grande 3,2 on a

$$\alpha < 0,0000\ ;$$

et par suite

$$\frac{\alpha^3}{4} < 0,00000\ 00000\ 0004.$$

L'erreur ne portant que sur la quatorzième décimale, nous aurons sin 10″ avec treize décimales exactes. Si l'on divise par 64800 le nombre

$$\pi = 3,14159\ 26535\ 89793\ 23846\ldots,$$

on trouve que le quotient est égal à

$$0,00004\ 84813\ 681,$$

plus une fraction complémentaire moindre qu'une demi-unité du treizième ordre décimal. Pour avoir la valeur exacte de sin 10″, il faudrait en retrancher une fraction moindre qu'une demi-unité du treizième ordre décimal ; si l'on prend

$$0,00004\ 84813\ 681$$

pour valeur approchée de sin 10″, on commettra une erreur égale à la différence de ces deux fractions, et par conséquent moindre qu'une demi-unité du treizième ordre décimal.

Calculons maintenant cos 10″. Nous prendrons pour valeur approchée de cos 10″ la quantité $1 - \frac{\alpha^2}{2}$, et l'erreur commise sera moindre que $\frac{\alpha^4}{16}$, et par conséquent moindre que $\frac{4}{10^{19}}$; on aura donc cos 10″ avec dix-huit chiffres décimaux exacts.

En faisant le calcul on trouve

$$\alpha = 0,00004\ 84813\ 68110\ 953$$
$$\alpha^2 = 0,00000\ 00023\ 50443\ 053$$
$$\frac{\alpha^2}{2} = 0,00000\ 00011\ 75221\ 526$$

par défaut avec dix-huit décimales exactes ; on en déduit

$$1 - \frac{\alpha^2}{2} = 0,99999\ 99988\ 24778\ 474$$

par excès, avec une erreur moindre qu'une unité du dix-huitième ordre décimal ; pour avoir le cosinus de l'arc de 10″, il faudrait y ajouter une fraction moindre qu'une unité du dix-huitième ordre décimal ; si l'on prend pour valeur approchée de cos 10″ le nombre précédent, l'erreur, qui est la différence des deux erreurs, sera moindre qu'une unité du dix-huitième ordre décimal.

50. — Une fois que l'on connaît le sinus et le cosinus du premier terme de la progression arithmétique, la règle du n° 36 permet de calculer successivement les sinus et les cosinus de tous les termes de la progression. En désignant par q la quantité connue 2 cos 10″, on a

$\sin 20″ = q \sin 10″,$ $\cos 20″ = q \cos 10″ - 1,$
$\sin 30″ = q \sin 20″ - \sin 10″,$ $\cos 30″ = q \cos 20″ - \cos 10″,$
$\sin 40″ = q \sin 30″ - \sin 20″,$ $\cos 40″ = q \cos 30″ - \cos 20″$
. . . .

On peut abréger les calculs en remarquant que la quantité q diffère très-peu du nombre 2, et posant $q = 2 - p$; les formules deviennent

$\sin 20″ - \sin 10″ = \sin 10″ - p \sin 10″,$
$\sin 30″ - \sin 20″ = (\sin 20″ - \sin 10″) - p \sin 20″ ;$
$\sin 40″ - \sin 30″ = (\sin 30″ - \sin 20″) - p \sin 30″ ;$
. . . .

Comme on a pris approximativement $\cos 10'' = 1 - \dfrac{\alpha^2}{2}$, on a $p = 2 - 2\cos 10'' = \alpha^2$. Ainsi la lettre p désigne la quantité très-petite α^2 calculée précédemment, et l'on a

$$p = 0{,}00000\,00023\,504.$$

On calculera d'abord le produit $p \sin 10''$ que l'on retranchera de $\sin 10''$, ce qui donnera la différence $\sin 20'' - \sin 10''$; en ajoutant cette différence à $\sin 10''$, on aura $\sin 20''$. On multipliera ensuite $\sin 20''$ par p, et on retranchera le produit de $\sin 20'' - \sin 10''$, ce qui donnera la différence suivante $\sin 30'' - \sin 20''$; ajoutant cette différence à $\sin 20''$, on aura $\sin 30''$; et ainsi de suite de proche en proche. Les huit premiers chiffres décimaux du nombre p étant des zéros, il n'y a dans chaque multiplication que cinq produits partiels à calculer, ce qui abrége beaucoup les opérations ; en multipliant par le nombre q on aurait quatorze produits partiels à effectuer.

54. — La construction des tables de sinus et de cosinus nécessite une longue suite de calculs approchés. On vérifiera les calculs à l'aide des sinus et des cosinus que l'on sait trouver directement. On peut employer dans ce but les sinus et les cosinus des arcs de 9 en 9 degrés.

Nous avons trouvé (n° 44)

$$\sin 18° = \frac{\sqrt{5}-1}{4}, \qquad \cos 18° = \frac{\sqrt{10+2\sqrt{5}}}{4}$$

$$\sin 54° = \cos 36° = \frac{\sqrt{5}+1}{4}, \qquad \cos 54° = \sin 36° = \frac{\sqrt{10-2\sqrt{5}}}{4}.$$

Du sinus de l'arc de 18° on déduit $\sin 9°$ et $\cos 9°$ à l'aide des formules du n° 38. On a en effet

$$\sin 9° + \cos 9° = \frac{\sqrt{3+\sqrt{5}}}{2}$$

$$\sin 9° - \cos 9° = -\frac{\sqrt{5-\sqrt{5}}}{2};$$

d'où
$$\sin 9° = \frac{1}{4}\left(\sqrt{3+\sqrt{5}} - \sqrt{5-\sqrt{5}}\right),$$
$$\cos 9° = \frac{1}{4}\left(\sqrt{3+\sqrt{5}} + \sqrt{5-\sqrt{5}}\right).$$

Du sinus de l'arc 54° on déduit de la même manière
$$\sin 27° = \frac{1}{4}\left(\sqrt{5+\sqrt{5}} - \sqrt{3-\sqrt{5}}\right),$$
$$\cos 27° = \frac{1}{4}\left(\sqrt{5+\sqrt{5}} + \sqrt{3-\sqrt{5}}\right).$$

On a d'ailleurs
$$\sin 45° = \cos 45° = \frac{\sqrt{2}}{2}.$$

Nous formons ainsi le tableau suivant:

$$\sin 9° = \frac{1}{4}\left(\sqrt{3+\sqrt{5}} - \sqrt{5-\sqrt{5}}\right), \qquad \cos 9° = \frac{1}{4}\left(\sqrt{3+\sqrt{5}} + \sqrt{5-\sqrt{5}}\right),$$

$$\sin 18° = \frac{\sqrt{5}-1}{4}, \qquad \cos 18° = \frac{1}{4}\sqrt{10 + 2\sqrt{5}},$$

$$\sin 27° = \frac{1}{4}\left(\sqrt{5+\sqrt{5}} - \sqrt{3-\sqrt{5}}\right), \qquad \cos 27° = \frac{1}{4}\left(\sqrt{5+\sqrt{5}} + \sqrt{3-\sqrt{5}}\right),$$

$$\sin 36° = \frac{1}{4}\sqrt{10 - 2\sqrt{5}}, \qquad \cos 36° = \frac{\sqrt{5}+1}{4}.$$

$$\sin 45° = \frac{\sqrt{2}}{2}, \qquad \cos 45° = \frac{\sqrt{2}}{2}.$$

52. — Comme la plupart des calculs se font par logarithmes, on a construit des tables contenant, non pas les valeurs mêmes des fonctions circulaires, mais celles de leurs logarithmes. On déduira ces nouvelles tables des précédentes à l'aide de la table ordinaire des logarithmes des nombres entiers ; mais on peut aussi les calculer directement en employant des séries dont nous parlerons plus tard.

Quand les tables des logarithmes des sinus et des cosinus sont construites, celles des logarithmes des tangentes et des cotangentes s'en déduisent par les relations

$$\tan g\ x = \frac{\sin x}{\cos x}, \quad \cot x = \frac{\cos x}{\sin x};$$

d'où

$$\log \tan g\ x = \log \sin x - \log \cos x,$$
$$\log \cot x = \log \cos x - \log \sin x.$$

Il est inutile d'inscrire dans les tables les logarithmes des sécantes et des cosécantes, puisqu'en vertu des relations

$$\sec x = \frac{1}{\cos x}, \quad \csc x = \frac{1}{\sin x},$$

on a

$$\log \sec x = -\log \cos x, \quad \log \csc x = -\log \sin x.$$

Les tables les plus usitées en France sont les petites tables de Lalande à cinq décimales, et les grandes tables de Callet à sept décimales. Nous parlerons d'abord des tables de Lalande, puis nous ferons connaître celles de Callet.

TABLES DE LALANDE.

53. — Les tables de Lalande contiennent les logarithmes des sinus, cosinus, tangentes et cotangentes des arcs de minute en minute de 0 à 45 degrés. Le nombre des degrés est marqué au haut de la page et les minutes dans la petite colonne à droite ; les logarithmes des sinus sont inscrits dans la colonne intitulée *sinus*, ceux des tangentes dans la colonne intitulée *tang.*, etc. La lecture se fait de haut en bas.

La table se prolonge ensuite de 45 à 90 degrés en sens inverse. Les sinus des arcs de 45° à 90° étant égaux aux cosinus des arcs de 45° à 0°, la colonne des cosinus devient celle des sinus et réciproquement. Les cotangentes des arcs de 45° à 0° donnent de même les tangentes des arcs de 45° à 90° et les tangentes les cotangentes. Pour prolonger la table de 45° à 90°, on a marqué les degrés au bas de la page et les minutes dans la petite colonne à droite. La lecture se fait ici de bas en haut.

Les sinus et les cosinus étant plus petits que l'unité, leurs logarithmes sont négatifs ; mais, comme on l'a vu en algèbre pour les logarithmes de nombres plus petits que l'unité, on ne

TABLES DES FONCTIONS CIRCULAIRES.

se sert pas de logarithmes entièrement négatifs; on préfère laisser positive la partie décimale du logarithme et rendre négative seulement la partie entière ou la caractéristique.

Pour éviter les caractéristiques négatives, on a, dans la plupart des tables trigonométriques, ajouté 10 unités à chaque logarithme; il convient dans la pratique de rétablir la vraie caractéristique en retranchant ces 10 unités. Ainsi on écrira

$$\log \sin\ 2°30' = \overline{2},63968$$
$$\log \sin 35°28' = \overline{1},76360$$
$$\log \sin 64°53' = \overline{1},95686$$

Les vrais logarithmes des sinus et des cosinus auront tous des caractéristiques négatives; cette caractéristique est $\overline{1}$, excepté quand l'arc est compris entre 0° et 5° 44' pour le sinus et entre 84° 16' et 90° pour le cosinus.

La tangente étant plus petite que l'unité de 0° à 45°, et plus grande que l'unité de 45° à 90°, la caractéristique de son logarithme est négative dans le premier intervalle, positive dans le second; c'est le contraire pour les cotangentes. Pour éviter les caractéristiques négatives, on a aussi ajouté 10 aux caractéristiques négatives; on aura soin dans la pratique de retrancher ces dix unités pour rétablir la vraie caractéristique. Ainsi on écrira

$$\log \tang\ \ 5°30' = \overline{2},98358$$
$$\log \cot\ \ 23°15' = 0,36690$$
$$\log \tang 86°20' = 1,19326.$$

A côté de la colonne des sinus, dans une colonne intitulée D, sont inscrites les différences tabulaires, c'est-à-dire les différences qui existent entre deux logarithmes consécutifs. De même, à côté de la colonne des cosinus est une petite colonne renfermant les différences tabulaires. Il faut remarquer que les différences tabulaires relatives au sinus sont positives, puisque le sinus va en augmentant, tandis que celles relatives au cosinus sont négatives, puisque le cosinus va en diminuant.

Entre la colonne des tangentes et celle des cotangentes, se trouvent les différences tabulaires qui sont les mêmes pour les tangentes et les cotangentes, mais avec des signes contraires, puisque la tangente et la cotangente d'un même arc ont des logarithmes égaux et de signes contraires.

Pour faire usage des tables des fonctions circulaires, il faut savoir résoudre les deux questions suivantes : 1° étant donné un angle, trouver le logarithme d'une de ses lignes trigonométriques ; 2° réciproquement, étant donné le logarithme d'une ligne trigonométrique, trouver l'angle correspondant.

Étant donné un angle, trouver le logarithme d'une de ses lignes trigonométriques.

54. — Lorsque l'angle donné ne contient que des degrés et des minutes, on trouve immédiatement dans les tables les logarithmes de ses lignes trigonométriques. Mais si l'angle contient des secondes et des fractions de seconde, il faudra effectuer une interpolation. Quelques exemples feront bien comprendre la manière de procéder :

1° Trouver le logarithme de sin 25° 12′ 34″. On cherchera dans les tables le logarithme de sinus 25° 12′. La différence tabulaire est 27, c'est-à-dire que si l'on augmentait l'angle d'une minute, il faudrait augmenter le logarithme du sinus de 27 unités du cinquième ordre décimal. On admet que les accroissements du logarithme sont sensiblement proportionnels aux accroissements de l'angle, quand il s'agit d'accroissements plus petits qu'une minute. On dira donc : à un accroissement de 1 dans l'angle correspond un accroissement 27 dans le logarithme ; à un accroissement de 1″ dans l'angle correspond un accroissement $\frac{27}{60}$ dans le logarithme ; à un accroissement de 34″ correspond une augmentation $\frac{27 \times 34}{60} = 15$ dans le logarithme. On disposera l'opération de la manière suivante :

$$\log \sin 25° 12′ \quad = \overline{1},62918$$
$$p^r \qquad 34″ \qquad \quad 15$$
$$\log \sin 25° 12′ 34″ = \overline{1},62933$$

2° Trouver le logarithme de cos 38°45′27″. On cherchera dans les tables le logarithme de cos 38°45′. La différence tabulaire est 10, c'est-à-dire que si l'on augmentait l'angle d'une minute, il faudrait diminuer le logarithme du cosinus de 10 unités du cinquième ordre. Admettant que la diminution du logarithme du cosinus est sensiblement proportionnelle à l'accroissement de l'angle, quand il s'agit d'accroissements plus petits qu'une minute, on dira comme précédemment : à un accroissement de 1″ dans l'angle correspond une diminution $\frac{10}{60}$ dans le logarithme, à un accroissement de 27″ correspond une diminution $\frac{10 \times 27}{60} = 5$ dans le logarithme. On écrira

$$\begin{aligned} \log \cos 38°45′ &= \overline{1},89203 \\ \text{p}^{\text{r}} \quad 27″ &\quad -5 \\ \log \cos 38°45′27″ &= \overline{1},89198 \end{aligned}$$

3° Trouver le logarithme de tang 75°28′36″. On cherchera dans les tables en allant de bas en haut le logarithme de tang 75°28′; la différence tabulaire est 52; interpolant par parties proportionnelles, on voit qu'à une augmentation de 36″ dans l'angle correspond une augmentation $\frac{52 \times 36}{60} = 31$ dans le logarithme. On écrira

$$\begin{aligned} \log \text{tang } 75°28′ &= 0,58630 \\ \text{p}^{\text{r}} \quad 36″ &\quad 31 \\ \log \text{tang } 75°28′36″ &= 0,58661 \end{aligned}$$

4° Trouver le logarithme de cot 81°45′20″. On cherchera dans les tables log cot 81°45′; la différence tabulaire est 89 ; à un accroissement de 20″ dans l'angle correspond une diminution de $\frac{89 \times 20}{60} = 30$ dans le logarithme de la cotangente; on écrira

$$\begin{aligned} \log \cot 81°45′ &= \overline{1},16135 \\ \text{p}^{\text{r}} \quad 20″ &\quad -30 \\ \log \cot 81°45′20″ &= \overline{1},16105 \end{aligned}$$

55. — Nous avons interpolé par parties proportionnelles, ce qui n'est pas rigoureusement exact. Quand on cherche le logarithme d'un sinus, on démontre que si l'angle est plus grand que 1°30′ environ, l'erreur provenant de la proportion n'altère pas les cinq premiers chiffres décimaux ; on peut, dans ce cas, considérer la proportion comme exacte. Mais si l'angle est plus petit que 1°30′, l'emploi de la proportion pourra altérer le cinquième chiffre décimal d'une ou de plusieurs unités ; de 1° à 1°30′, l'erreur ne dépasse pas une unité ; de 45′ à 1° elle ne dépasse pas 2 unités ; de 36′ à 45′, elle peut s'élever à 4 unités ; pour les angles plus petits que 36′, elle devient beaucoup plus forte.

Quand on cherche le logarithme d'un cosinus, la proportion peut être considérée comme exacte tant que l'angle est plus petit que 88°30′ environ.

Quand on cherche le logarithme d'une tangente ou d'une cotangente, la proportion ne donne pas d'erreur sensible tant que l'angle est compris entre 1°30′ et 88°30′.

Aussi quand on a de très-petits angles, convient-il de faire usage d'une table supplémentaire procédant de seconde en seconde ou de dix secondes en dix secondes.

Étant donné le logarithme d'une ligne trigonométrique, trouver l'angle correspondant.

56. — Si l'on donne le logarithme d'un sinus ou d'une tangente, on cherchera dans la table le logarithme immédiatement inférieur au logarithme donné. Mais si l'on donne le logarithme d'un cosinus ou d'une cotangente, on cherchera le logarithme immédiatement supérieur ; puis on interpolera par parties proportionnelles.

1° Soit $\log \sin x = \overline{1},87438.$

Le logarithme de sin 48°29′ est celui qui, dans les tables des sinus, approche le plus par défaut du logarithme donné ; ce logarithme est $\overline{1},87434$; il en diffère de 4 unités du cinquième ordre décimal. La différence tabulaire est 12, c'est-à-dire que

TABLES DES FONCTIONS CIRCULAIRES.   59

si l'on ajoutait 12 au logarithme, il faudrait ajouter une minute à l'angle ; les accroissements du logarithme et de l'angle étant sensiblement proportionnels, on dira : à un accroissement 12 dans le logarithme, correspond un accroissement de 1′ ou de 60″ dans l'angle ; à un accroissement 1 dans le logarithme correspond un accroissement $\frac{60''}{12}$ dans l'angle ; à un accroissement 4 dans le logarithme correspond un accroissement $\frac{60'' \times 4}{12} = 20''$ dans l'angle. Ainsi l'angle cherché est 48°29′20″.

On dispose l'opération de la manière suivante :

$$\begin{array}{rl} \log \sin x = & \overline{1},87438 \\ \log \sin 48°29' = & \overline{1},87434 \\ p^r \quad 20'' & \quad 4 \\ x = 48°29'20''. & \end{array}$$

2° Soit $\log \cos x = \overline{1},90844.$

Le logarithme de cos 35°54′ est celui qui approche le plus par excès du logarithme donné ; ce logarithme est $\overline{1},90851$: il en diffère de 7 unités du cinquième ordre décimal. La différence tabulaire est 9, à une diminution de 9 dans le logarithme du cosinus correspond un accroissement de 1′ ou de 60″ dans l'arc ; à une diminution 1 correspond l'accroissement $\frac{60''}{9}$; à une diminution 7 correspond l'accroissement $\frac{60'' \times 7}{9} = 47''$. L'angle cherché est 35°56′47″. On écrira

$$\begin{array}{rl} \log \cos x = & \overline{1},90844 \\ \log \cos 35°54' = & \overline{1},90861 \\ p^r \quad 47'' & \quad -7 \\ x = 35°54'47''. & \end{array}$$

57. — Il importe de se rendre compte du degré d'approximation avec lequel on obtient l'angle, quand on le détermine ainsi par le logarithme d'une de ses lignes trigonométriques.

Supposons d'abord l'angle défini par le logarithme de son sinus. Soit, par exemple, $\log \sin x = \overline{2},58613$. Le logarithme $\overline{2},58419$ du sinus de $2°12'$ est celui qui en approche le plus par défaut ; il en diffère de 194. La différence tabulaire étant 328, il faut ajouter à l'angle $\dfrac{194 \times 60}{328} = 35'', 48$. Voyons maintenant l'approximation. Soit en général $\log \sin x = a$; appelons x_1 l'angle qu'on obtient par la méthode précédente, et Δ la différence tabulaire dont on s'est servi ; pour produire une variation d'une unité du cinquième ordre décimal dans le logarithme du sinus, il faut faire varier l'angle d'une quantité $\alpha = \dfrac{60''}{\Delta}$; par conséquent, le même mode d'interpolation donnerait les valeurs approchées $\log \sin (x_1 + \alpha) = a + \dfrac{1}{10^5}$ et $\log \sin (x_1 - \alpha) = a - \dfrac{1}{10^5}$; mais on sait que l'erreur provenant de l'interpolation par parties proportionnelles est moindre que $\dfrac{1}{10^5}$; on en conclut que la valeur exacte de $\log \sin (x_1 + \alpha)$ est plus grande que a, et que la valeur exacte de $\log \sin (x_1 - \alpha)$ est plus petite que a. Les logarithmes des sinus des arcs $x_1 - \alpha$ et $x_1 + \alpha$ étant, l'un inférieur, l'autre supérieur à a, il est clair que l'arc x, dont le sinus a pour logarithme a, est compris entre $x_1 - \alpha$ et $x_1 + \alpha$; si l'on prend la valeur approchée x_1, on commettra une erreur moindre que α, c'est-à-dire moindre que $\dfrac{60''}{\Delta}$. Dans l'exemple précédent, l'erreur est moindre que $\dfrac{60''}{328}$, et par conséquent moindre que $0'',2$. Quoiqu'on ne puisse pas compter sur le chiffre des dixièmes de seconde, comme l'erreur est ici moindre que 2 dixièmes, il est bon de conserver ce chiffre, et l'on écrira $x = 2°12'35'',5$.

La différence tabulaire allant sans cesse en diminuant, quand l'angle croît de $0°$ à $90°$, il en résulte que l'erreur absolue commise sur l'angle va en augmentant. Au-dessous de $12°$, la différence tabulaire étant plus grande que

60, l'erreur commise sur l'angle est moindre que $\frac{60''}{60}$ ou 1″. Mais au delà de 12° on n'a plus les secondes exactement. Dans le voisinage de 22°, la différence tabulaire étant 30, la limite de l'erreur est $\frac{60''}{30}$ ou 2″ ; dans le voisinage de 30°, elle est de 3″ ; dans le voisinage de 40°, de 4″ ; dans le voisinage de 45°, de 5″ ; vers 50°, elle est de 6″ ; vers 55°, de 7″ ; vers 60°, de 8″ ; jusque-là on a l'angle à moins de 10 secondes près. Mais au delà de 60° l'erreur croît rapidement : vers 70° elle est de 12″, vers 80° de 30″, vers 85° elle peut s'élever à une minute. Dans le voisinage de 88°, on voit le même logarithme se rapporter à trois angles consécutifs ; comme on peut prendre à volonté l'un des trois angles, l'erreur peut s'élever à 3 minutes. On conclut de là que les angles voisins de 90 degrés sont très-mal déterminés par leurs sinus. De même les petits angles sont mal déterminés par leurs cosinus. Mais les tangentes n'offrent pas le même inconvénient : si nous parcourons la colonne des différences tabulaires relatives aux tangentes, nous voyons qu'elles diminuent de 0° à 45° pour augmenter ensuite de 45° à 90° ; l'erreur augmente donc jusqu'à 45° pour diminuer ensuite. Au dessous de 12°, l'erreur commise sur l'angle est moindre qu'une seconde ; vers 27° la limite est de 2″, vers 45° de 2″,4 ; au delà de 45° elle diminue, repassant par les mêmes valeurs que précédemment, puisque la différence tabulaire redevient la même. C'est vers 45° que l'erreur est la plus grande, et sa limite est alors 2″,4. Ainsi, *quand on détermine un angle par sa tangente ou par sa cotangente au moyen des tables de Lalande, l'erreur commise sur l'angle reste toujours inférieure à 3 secondes.*

Il faudra donc dans la pratique, autant que l'on pourra, déterminer les angles inconnus par leurs tangentes ou leurs cotangentes, plutôt que par leurs sinus ou leurs cosinus.

58. — Il est aisé de se rendre compte de la raison pour laquelle les angles voisins de $\frac{\pi}{2}$ sont mal déterminés par leurs sinus. Soit x un arc voisin de $\frac{\pi}{2}$, h un accroissement très-petit donné à cet arc, on a

$$\sin(x+h) - \sin x = 2\sin\frac{h}{2}\cos\left(x+\frac{h}{2}\right);$$

d'où

$$\frac{\sin(x+h)-\sin x}{h} = \frac{\sin\left(\frac{h}{2}\right)}{\left(\frac{h}{2}\right)} \times \cos\left(x+\frac{h}{2}\right).$$

Le rapport $\dfrac{\sin\left(\frac{h}{2}\right)}{\left(\frac{h}{2}\right)}$ du sinus de l'arc très-petit $\frac{h}{2}$ à l'arc lui-même diffère très-peu de l'unité; si l'arc x est voisin de $\frac{\pi}{2}$, le second facteur $\cos\left(x+\frac{h}{2}\right)$ est très-petit; le premier membre a donc une valeur très-petite, et par conséquent la différence $\sin(x+h) - \sin x$ est très-petite par rapport à h. Ainsi, quand l'arc est voisin de $\frac{\pi}{2}$, la variation du sinus est très-petite par rapport à celle de l'arc. Inversement, on a

$$\frac{h}{\sin(x+h)-\sin x} = \frac{\left(\frac{h}{2}\right)}{\sin\left(\frac{h}{2}\right)} \times \frac{1}{\cos\left(x+\frac{h}{2}\right)};$$

quand l'arc x est voisin de $\frac{\pi}{2}$, le second facteur $\dfrac{1}{\cos\left(x+\frac{h}{2}\right)}$ étant très-grand, le rapport de la variation h de l'arc à celle du sinus est très-grand, et, par conséquent, à une variation très-petite du sinus correspond une variation beaucoup plus grande de l'arc.

TABLES DE CALLET.

59. — Les tables de Callet contiennent les logarithmes des sinus et des cosinus, des tangentes et des cotangentes, de dix en

TABLES DES FONCTIONS CIRCULAIRES.

dix secondes depuis 0° jusqu'à 45°. Les degrés sont marqués au haut de la page ; les minutes dans une petite colonne à gauche et les dizaines de secondes à côté des minutes. La lecture se fait en descendant.

Les tables reviennent ensuite sur elles-mêmes et se prolongent ainsi de 45° à 90°, les sinus et les tangentes devenant les cosinus et les cotangentes des arcs complémentaires et réciproquement. De 45° à 90° les degrés sont marqués au bas de la page, les minutes dans une petite colonne à droite et les dizaines de secondes à côté ; la lecture se fait ici en montant.

Pour éviter les caractéristiques négatives, on a ajouté 10 aux logarithmes des sinus et des cosinus, et aussi aux logarithmes des tangentes de 0° à 45° ou des cotangentes de 45° à 90°. On aura soin dans la pratique de rétablir les vrais caractéristiques en retranchant 10 ; les logarithmes des cotangentes de 0° à 45° ou des tangentes de 45° à 90°, ayant leurs caractéristiques positives, n'ont pas été altérés.

A côté de chaque colonne de logarithmes se trouvent les différences tabulaires.

L'usage des tables de Callet n'offre aucune difficulté. On procédera comme avec les tables de Lalande, seulement le calcul des parties proportionnelles sera beaucoup plus simple.

Étant donné un angle, trouver le logarithme d'une de ses lignes trigonométriques.

60. — On demande, par exemple, log sin 32° 28' 45",6. On cherchera dans la table log sin 32° 28' 40". La différence tabulaire est 331 ; admettant que les accroissements du logarithme du sinus sont sensiblement proportionnels aux accroissements de l'angle, quand il s'agit d'accroissements plus petits que dix secondes, on dira : à un accroissement de 10" dans l'angle correspond un accroissement 331 dans le logarithme ; à un accroissement de 1" dans l'angle correspond un accroissement 33,1 dix fois plus petit dans le logarithme ; à un accroissement de 5",6 dans l'angle correspond un accroissement

$$33,1 \times 5,6 = 185$$

dans le logarithme. On disposera l'opération de cette manière ;

$$\log \sin 32°\ 28'\ 40'' = \overline{1},7299520$$
$$\text{p}^{\text{r}} \qquad 5'',6 \qquad\quad 185$$
$$\log \sin 32°\ 28'\ 45'',6 = \overline{1},7299705$$

De même, soit à trouver log cos 51° 47' 18",7. On cherchera dans la table log cos 51° 47' 10" ; la différence tabulaire étant 267 pour 10", un accroissement de 8",7 dans l'angle produit une diminution égale à $26,7 \times 8,7 = 232$ dans le logarithme du cosinus. On écrira donc

$$\log \cos 51°\ 47'\ 10'' = \overline{1},7914091$$
$$\text{p}^{\text{r}} \qquad 8'',7 \qquad -232$$
$$\log \cos 51°\ 47'\ 18'',7 = \overline{1},7913859$$

On procédera pour les tangentes comme pour les sinus, et pour les cotangentes comme pour les cosinus.

La règle du calcul des parties proportionnelles est la suivante : *pour avoir la quantité dont il faudra augmenter ou diminuer le logarithme des tables, on divisera la différence tabulaire par* 10, *et on la multipliera par le nombre des secondes et des fractions de seconde.*

61. — Nous avons supposé que les variations des logarithmes des lignes trigonométriques sont sensiblement proportionnelles aux variations de l'angle ; cette proportion n'étant pas rigoureusement exacte, l'interpolation par parties proportionnelles produira dans le logarithme une certaine erreur.

On démontre que l'erreur est moindre qu'une unité décimale du septième ordre, pour tous les angles plus grands que 5° quand il s'agit d'un sinus, et par conséquent pour tous les angles plus petits que 85°, quand il s'agit d'un cosinus, et de même pour tous les angles compris entre 5° et 85°, quand il s'agit d'une tangente et d'une cotangente. Ainsi, entre ces limites, on peut regarder la proportion comme exacte.

Mais, si l'on cherchait de cette manière le logarithme du sinus ou de la tangente d'un angle très-petit, on pourrait commettre sur le logarithme une erreur d'une ou de plusieurs

TABLES DES FONCTIONS CIRCULAIRES.

unités du septième ordre décimal. Pour éviter cet inconvénient, les tables de Callet renferment les logarithmes des sinus et des tangentes de seconde en seconde pour les cinq premiers degrés. L'interpolation par parties proportionnelles, ne portant alors que sur les fractions de seconde, ne causera pas d'erreur sensible.

Étant donné le logarithme d'une ligne trigonométrique, trouver l'angle correspondant.

62. — Soit, par exemple, $\log \sin x = \overline{1},1034756$. On cherchera dans les tables des sinus le logarithme le plus approché par défaut; c'est $\log \sin 7°17'20'' = \overline{1},1033667$, qui diffère du logarithme proposé de 1089. La différence tabulaire est 1645. Les accroissements de l'angle étant sensiblement proportionnels à ceux du logarithme, on dira : à l'accroissement 1645 du logarithme correspond l'accroissement 10″ dans l'angle; à l'accroissement 1 du logarithme correspond l'accroissement $\dfrac{10''}{1645}$ de l'angle; à l'accroissement 1089 du logarithme correspond l'accroissement $\dfrac{1089 \times 10''}{1645} = 6'',62$. On écrira donc

$$\begin{aligned}
\log \sin x &= \overline{1},1034756 \\
\log \sin 7°17'20'' &= \overline{1},1033667 \\
\text{pour } 6'',62 & \qquad \quad 1089 \\
x &= 7°17'26'',62
\end{aligned}$$

Soit encore $\log \cos x = \overline{1},6453478$. On écrira

$$\begin{aligned}
\log \cos x &= \overline{1},6453478 \\
\log \cos 63°46'20'' &= \overline{1},6453641 \\
\text{pour } 3'',82 & \qquad -163 \\
x &= 63°46'23'',82
\end{aligned}$$

On a cherché dans les tables le logarithme du cosinus le plus approché par excès, puis on a interpolé par parties proportionnelles comme précédemment.

La règle du calcul des parties proportionnelles est la suivante : *Pour avoir les secondes et les fractions de seconde, on multiplie par* 10 *la différence qui existe entre le logarithme donné et celui des tables, et on divise le résultat par la différence tabulaire.*

On procède pour la tangente comme pour le sinus, pour la cotangente comme pour le cosinus.

63. — Examinons maintenant l'approximation avec laquelle on obtient les angles. Appelons Δ la différence tabulaire qui correspond à une variation de $10''$ dans l'angle ; d'après le raisonnement qui a été fait précédemment, l'erreur commise sur l'angle cherché est moindre que $\dfrac{10''}{\Delta}$. Dans le premier exemple, la différence tabulaire étant 1645, l'erreur commise sur l'angle est moindre que $\dfrac{10''}{1645}$ ou que $0'',01$; on a donc l'angle à moins d'un centième de seconde.

Pour les sinus, les différences tabulaires allant en diminuant de 0° à 90°, l'erreur absolue commise sur l'angle augmente avec la valeur de l'angle. Pour bien montrer cette augmentation progressive de l'erreur, nous mettons en regard l'angle et la limite de l'erreur correspondante :

5° , 10°, 20° , 30° , 40° , 45° , 50° , 84°, 87°, 88°, 89°, 89°40′
$0'',005, 0'',01, 0'',02, 0'',03, 0'',04, 0'',05, 0'',1, 0'',5, 1'', 2'', 5'', 10''.$

Jusqu'à 50° l'erreur est moindre qu'un dixième de seconde, mais ensuite elle devient très-considérable. Ainsi les angles voisins de 90° sont mal déterminés par leurs sinus, de même les angles très-petits par leurs cosinus.

Les tangentes et les cotangentes ne présentent pas le même inconvénient. L'erreur augmente jusqu'à 45°, où elle est moindre que $0'',03$, pour diminuer ensuite jusqu'à 90°. Ainsi, quand on détermine un angle par le logarithme de sa tangente ou de sa cotangente, on peut compter que, dans tous les cas, l'erreur commise sera moindre que $0'',03$. Le chiffre des dixièmes de seconde sera exact ; cependant il sera bon de conserver le chiffre des centièmes, quoiqu'il puisse être fautif de quelques unités.

TABLES DES FONCTIONS CIRCULAIRES.

Si l'angle cherché est plus petit que 5°, on emploiera la table supplémentaire relative aux petits angles et procédant de seconde en seconde. Ici l'approximation sera plus grande et pourra aller jusqu'aux millièmes de seconde.

Les cercles, dont on se sert pour les observations astronomiques et dans les opérations géodésiques qui exigent une grande précision, donnent les angles à une seconde près. Il faut, dans ce cas, pour ne pas augmenter l'erreur par le calcul, se servir des tables de Callet. Mais dans les opérations topographiques ordinaires, où les angles ne sont mesurés qu'à une minute ou à une demi-minute près, les **tables de Lalande** sont suffisantes.

Exercices.

1° Démontrer les formules
$$\frac{\pi}{2} = \arcsin \frac{3}{5} + \arcsin \frac{4}{5},$$
$$\frac{\pi}{4} = \text{arc tang } \frac{1}{7} + 2 \text{arc tang } \frac{1}{3},$$
$$\frac{\pi}{4} = \text{arc tang } \frac{1}{2} + \text{arc tang } \frac{1}{5} + \text{arc tang } \frac{1}{8}.$$

2° Démontrer la formule
$$\tan 3x = \frac{\sin x + \sin 3x + \sin 5x}{\cos x + \cos 3x + \cos 5x}.$$

3° Démontrer les formules
$$\sin x = \sin(36° + x) - \sin(36° - x) + \sin(72° + x) - \sin(72° - x),$$
$$\sin x = \sin(54° + x) + \sin(54° - x) - \sin(18° + x) - \sin(18° - x).$$

4° Si les angles θ et u satisfont à la relation
$$(1 + e \cos \theta)(1 - e \cos u) = 1 - e^2,$$
on a
$$\tan \frac{\theta}{2} = \sqrt{\frac{1+e}{1-e}} \tan \frac{u}{2}.$$

5° Vérifier les identités suivantes :
$$\frac{\sin a + 2 \sin 3a + \sin 5a}{\sin 3a + 2 \sin 5a + \sin 7a} = \frac{\sin 3a}{\sin 5a},$$
$$\cos^2(a-b) + \cos^2 b - 2 \cos a \cos b \cos(a-b) = \sin^2 a,$$

$$\frac{1-\tang^2\left(\frac{\pi}{4}-a\right)}{1+\tang^2\left(\frac{\pi}{4}+a\right)} = \sin 2a, \qquad \frac{4\tang a\,(1-\tang^2 a)}{(1+\tang^2 a)^2} = \sin 4a,$$

$$4\sin a \sin\left(\frac{\pi}{3}-a\right)\sin\left(\frac{\pi}{3}+a\right) = \sin 3a,$$

$$4\cos a \cos\left(\frac{2\pi}{3}-a\right)\cos\left(\frac{2\pi}{3}+a\right) = \cos 3a,$$

$$\frac{\sin a \pm \sin na + \sin(2n-1)a}{\cos a \pm \cos na + \cos(2n-1)a} = \tang na.$$

6° Résoudre les équations suivantes :

$\tang\left(\frac{\pi}{4}-x\right)+\cotang\left(\frac{\pi}{4}-x\right)=4$; Réponse : $x = n\pi \pm \frac{\pi}{6}$.

$\sin x + \sin 2x + \sin 3x = 0$; R : $2x = n\pi$, ou $x = 2n\pi \pm \frac{2\pi}{3}$.

$\cos x + \cos 2x + \cos 3x = 0$; R : $2x = \left(n+\frac{1}{2}\right)\pi$, ou $x = 2n\pi \pm \frac{2x}{3}$.

$\tang x + \tang\left(\frac{\pi}{4}+x\right) = 0$; R : $2x = n\pi + (-1)^n \frac{\pi}{6}$.

$\tang 2x + \cotang x = 8\cos^2 x$; R : $x = \left(n+\frac{1}{2}\right)\pi$, ou $4x = n\pi + (-1)^n \frac{\pi}{6}$.

LIVRE II.

TRIGONOMÉTRIE RECTILIGNE.

CHAPTRE I

Propriétés des triangles.

Un triangle rectiligne est déterminé quand on connait trois de ses six éléments, pourvu toutefois que, parmi les éléments donnés, il y ait au moins un côté, et on apprend en géométrie élémentaire comment, avec une règle, un compas et un rapporteur, on peut construire le triangle et par conséquent déterminer les trois éléments inconnus : mais les constructions graphiques sont loin d'offrir une précision convenable. A l'aide des fonctions circulaires, on peut remplacer ces constructions graphiques par des calculs numériques qui donnent les quantités cherchées avec une très-grande approximation ; c'est le but de la trigonométrie rectiligne. Nous désignerons les angles du triangle par les lettres A, B, C, et les côtés opposés par a, b, c.

TRIANGLES RECTANGLES.

Théorème I.

64. — *Dans un triangle rectangle, un côté de l'angle droit est égal à l'hypoténuse multipliée par le sinus de l'angle opposé.*

Soit ABC (fig. 26) un triangle dans lequel l'angle A est droit ; le côté opposé a est l'hypoténuse. Du point B comme centre, avec BC pour rayon, décrivez un arc de cercle ; le rapport de la perpendiculaire CA au rayon BC est le sinus de l'angle B ; on a donc

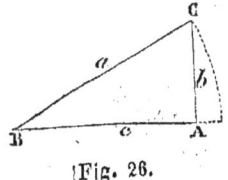

[Fig. 26.

$$\frac{b}{a} = \sin B,$$

(1) d'où $b = a \sin B$.

On a de même par analogie

(2) $c = a \sin C$.

Théorème II.

65. — *Dans un triangle rectangle, un côté de l'angle droit est égal à l'hypoténuse multipliée par le cosinus de l'angle adjacent.*

Nous avons déjà démontré ce théorème au n° **21**. On peut le déduire du précédent, en remarquant que dans un triangle rectangle les deux angles aigus B et C sont complémentaires, ce qui donne

$$\sin C = \cos B, \qquad \sin B = \cos C.$$

Théorème III.

66. — *Dans un triangle rectangle, un côté de l'angle droit est égal à l'autre côté multiplié par la tangente de l'angle opposé au premier côté.*

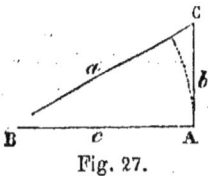

Fig. 27.

Du point B comme centre avec BA pour rayon (fig. 27), décrivons un arc de cercle; le rapport de la longueur AC au rayon BA est la tangente de l'angle B; on a donc

$$\frac{b}{c} = \operatorname{tang} B;$$

(5) d'où $b = c \operatorname{tang} B$.

(6) On a de même $c = b \operatorname{tang} C$.

COROLLAIRE. — Les deux angles aigus B et C étant complémentaires, on a $\operatorname{tang} B = \cot C$, $\operatorname{tang} C = \cot B$, et les deux relations (5) et (6) peuvent se mettre sous la forme.

$$b = c \cot C,$$
$$c = b \cot B.$$

Ainsi, *dans un triangle rectangle, un côté de l'angle droit est égal à l'autre côté de l'angle droit multiplié par la cotangente de l'angle adjacent au premier côté.*

PROPRIÉTÉS DES TRIANGLES. 71

TRIANGLES QUELCONQUES.

Théorème IV.

67. — *Dans un triangle quelconque, les côtés sont proportionnels aux sinus des angles opposés.*

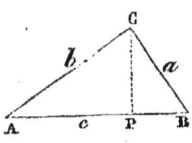

Fig. 28.

Soit le triangle ABC (fig. 28). Du sommet C abaissons la perpendiculaire CP sur le côté opposé AB ; cette perpendiculaire divise le triangle proposé en deux triangles rectangles ; dans chacun de ces triangles, le côté CP de l'angle droit est égal à l'hypoténuse multipliée par le sinus de l'angle opposé. On a donc

$$CP = a \sin B, \quad CP = b \sin A;$$

et par conséquent

$$a \sin B = b \sin A.$$

On en déduit

$$\frac{a}{\sin A} = \frac{b}{\sin B}.$$

Lorsque l'un des angles A ou B est obtus, la perpendiculaire CP tombe en dehors du triangle ABC. Supposons, par exemple, l'angle A obtus, la perpendiculaire tombera en dehors à gauche de CA (fig. 29). Dans le triangle rectangle CPB, on a, comme précédemment, $CP = a \sin B$; dans le triangle rectangle CPA, l'angle aigu CAP ayant même sinus que l'angle obtus supplémentaire CAB, qui est l'angle A du triangle proposé, on a encore $CP = b \sin CAP = b \sin A$, et par suite $a \sin B = b \sin A$. On obtient ainsi, dans tous les cas, la relation

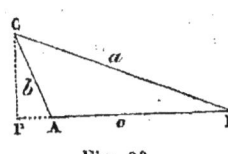

Fig. 29.

$$\frac{a}{\sin A} = \frac{b}{\sin B}.$$

On a de même, par analogie,

$$\frac{b}{\sin B} = \frac{c}{\sin C}.$$

On a ainsi les trois rapports égaux

(7) $$\frac{a}{\sin A} = \frac{b}{\sin B} = \frac{c}{\sin C}.$$

Théorème V.

68. — *Dans un triangle, le carré d'un côté quelconque est égal à la somme des carrés des deux autres côtés, moins deux fois le produit de ces deux côtés multiplié par le cosinus de l'angle compris.*

Considérons le côté a opposé à l'angle A. Il y a deux cas à distinguer : ou l'angle A est aigu, ou il est obtus.

Lorsque l'angle A est aigu (fig. 28), on sait, d'après un théorème de géométrie élémentaire, que le carré du côté a opposé à l'angle aigu est égal à la somme des carrés des deux autres côtés c et b, moins deux fois le produit de l'un de ces côtés c par la projection AP du second sur le premier, ce qui s'exprime ainsi

$$a^2 = b^2 + c^2 - 2c \times AP.$$

Dans le triangle rectangle CAP, on a

$$AP = b \cos A.$$

En remplaçant AP par sa valeur, on obtient la relation

$$a^2 = b^2 + c^2 - 2bc \cos A.$$

Supposons maintenant l'angle A obtus (fig. 29). On sait, d'après un autre théorème de géométrie élémentaire, que le carré du côté a opposé à l'angle obtus A est égal à la somme des carrés des deux autres côtés c et b, plus deux fois le produit de l'un de ces côtés c par la projection AP du second sur le premier, ce qui s'exprime ainsi

$$a^2 = b^2 + c^2 + 2c \times AP.$$

Dans le triangle rectangle CAP, on a $AP = b \cos CAP$. L'angle aigu CAP et l'angle obtus CAB ou A étant supplémentaires, leurs cosinus sont égaux et de signes contraires et l'on a $\cos CAP = -\cos A$, et par suite $AP = -b \cos A$. En remplaçant AP par sa valeur, on arrive à la même relation

$$a^2 = b^2 + c^2 - 2bc \cos A.$$

PROPRIÉTÉS DES TRIANGLES. 73

Il existe deux autres relations analogues à celle-ci ; ainsi on a, dans tous les cas,

(8) $\begin{cases} a^2 = b^2 + c^2 - 2bc \cos A, \\ b^2 = c^2 + a^2 - 2ca \cos B, \\ c^2 = a^2 + b^2 - 2ab \cos C. \end{cases}$

Lorsque l'angle A est droit, son cosinus étant nul, l'une des relations se réduit à la propriété connue des triangles rectangles $a^2 = b^2 + c^2$.

REMARQUES.

69. — Puisqu'on peut construire un triangle avec trois éléments pris arbitrairement, par exemple avec deux côtés et l'angle compris, il n'existe que trois relations distinctes entre les six éléments d'un triangle ; ces trois relations déterminent les trois éléments inconnus en fonction des trois éléments donnés.

Si sur chaque côté du triangle on projette la ligne brisée formée par les deux autres côtés, on obtient immédiatement les trois relations

(1) $\begin{cases} a = b \cos C + c \cos B, \\ b = c \cos A + a \cos C, \\ c = a \cos B + b \cos A. \end{cases}$

Toutes les autres relations qui ont lieu entre les éléments d'un triangle peuvent se déduire de ces trois relations fondamentales par des transformations algébriques.

1° On demande une relation entre les deux côtés a et b et les deux angles opposés A et B. Entre les équations (1) il faut éliminer c et C ; éliminons d'abord $\cos C$ entre les deux premières

$$a^2 - b^2 = c(a \cos B - b \cos A);$$

puis remplaçons c par sa valeur tirée de la troisième, ce qui donne

$$a^2 - b^2 = a^2 \cos^2 B - b^2 \cos^2 A,$$

ou
$$a^2 \sin^2 B = b^2 \sin^2 A,$$
$$a \sin B = b \sin A.$$

On retrouve ainsi le théorème IV
$$\frac{a}{\sin A} = \frac{b}{\sin B} = \frac{c}{\sin C}.$$

Si, entre les équations (1), on élimine deux des côtés, par exemple a et b, on voit que le troisième côté c se mettra en facteur commun, et, par conséquent, disparaîtra ; on arrivera ainsi à une relation qui ne contiendra plus que les trois angles. Pour faire l'élimination facilement, on se servira de la transformation précédente ; si l'on appelle k la valeur des rapports égaux, on a
$$\frac{a}{\sin A} = \frac{b}{\sin B} = \frac{c}{\sin C} = k,$$
d'où
$$a = k \sin A, \quad b = k \sin B, \quad c = k \sin C;$$
et en substituant ces valeurs dans l'une des équations (1), par exemple dans la première, on a
$$\sin A = \sin B \cos C + \sin C \cos B = \sin (B + C).$$

Cette équation exige que l'on ait, ou $A = B + C$, ou $A + B + C = \pi$. La première hypothèse est inadmissible ; car A désigne l'un quelconque des angles du triangle, le plus petit si l'on veut, qui ne peut être égal à la somme des deux autres. On a ainsi $A + B + C = \pi$, et l'on retrouve le théorème connu : *la somme des trois angles d'un triangle est égale à deux angles droits.*

Les trois équations

(2) $\begin{cases} \dfrac{a}{\sin A} = \dfrac{b}{\sin B} = \dfrac{c}{\sin C}, \\ A + B + C = \pi, \end{cases}$

déduites du système (1), forment un second système d'équations équivalent au premier ; car on peut remonter de ce second système au premier. On a, en effet,

$$\frac{a}{\sin A} = \frac{b \cos C}{\sin B \cos C} = \frac{c \cos B}{\sin C \cos B} = \frac{b \cos C + c \cos B}{\sin (B + C)}$$
$$= \frac{b \cos C + c \cos B}{\sin A};$$
d'où
$$a = b \cos C + c \cos B.$$

2° On demande la relation qui existe entre les trois côtés et l'angle A. Il faut éliminer B et C; si, après avoir multiplié les deux membres des équations (1) respectivement par a, b, c, on retranche de la première la somme des deux autres, il vient $a^2 - b^2 - c^2 = -2bc \cos A$: c'est le théorème V.

$$(3) \quad \begin{cases} a^2 = b^2 + c^2 - 2bc \cos A, \\ b^2 = c^2 + a^2 - 2ca \cos B, \\ c^2 = a^2 + b^2 - 2ab \cos C. \end{cases}$$

Ce troisième système d'équations est équivalent à chacun des deux précédents; car en ajoutant les équations (3) deux à deux, on retrouve les équations (1).

70. — Lorsque trois longueurs a, b, c, et trois angles A, B, C, chacun plus petit que π, satisfont aux équations (3), ces quantités sont les six éléments d'un triangle. En effet, la condition nécessaire et suffisante pour qu'avec trois lignes on puisse former un triangle, c'est que chacune d'elles soit plus petite que la somme des deux autres; or, les équations (3), mises sous la forme

$$a^2 = (b+c)^2 - 4bc \cos^2 \frac{A}{2},$$

montrent que l'on a $a < b + c$, etc. Avec les trois longueurs a, b, c, on peut donc former un triangle. Les angles de ce triangle sont égaux aux angles donnés A, B, C; car, si on appelle A_1, B_1, C_1 les angles du triangle, on a

$$a^2 = b^2 + c^2 - 2bc \cos A_1;$$

mais on a par hypothèse $a^2 = b^2 + c^2 - 2bc \cos A$; on en déduit $A_1 = A$, puisque les angles sont compris entre 0 et π.

Par la même raison, les angles B_1 et C_1 sont égaux à B et à C.

On a vu que chacun des systèmes d'équations (1) et (2) est équivalent au système (3). D'après ce que nous venons de dire, on en conclut que si trois longueurs et trois angles moindres que π vérifient l'un de ces systèmes, ce sont les éléments d'un triangle.

EXPRESSION DES ANGLES EN FONCTION DES CÔTÉS.

71. — On a souvent besoin de l'expression des angles d'un triangle en fonction des côtés. De la relation

$$a^2 = b^2 + c^2 - 2bc \cos A\,;$$

on déduit

$$\cos A = \frac{b^2 + c^2 - a^2}{2bc}.$$

Mais cette formule n'est pas calculable par logarithmes. On obtient une formule calculable par logarithmes en cherchant l'angle $\frac{A}{2}$; on a, en effet,

$$\cos \frac{A}{2} = \sqrt{\frac{1 + \cos A}{2}}\,;$$

mais

$$1 + \cos A = 1 + \frac{b^2 + c^2 - a^2}{2bc} = \frac{b^2 + c^2 + 2bc - a^2}{2bc} = \frac{(b+c)^2 - a^2}{2bc}\,;$$

si l'on remarque que le numérateur, différence de deux carrés, peut être remplacé par un produit, il vient

$$1 + \cos A = \frac{(b + c + a)(b + c - a)}{2bc}\,;$$

d'où

$$\cos \frac{A}{2} = \sqrt{\frac{(b + c + a)(b + c - a)}{4bc}}.$$

On détermine de la même manière $\sin \frac{A}{2}$ par la relation

$$\sin \frac{A}{2} = \sqrt{\frac{1 - \cos A}{2}}\,;$$

car on a

$$1 - \cos A = 1 - \frac{b^2 + c^2 - a^2}{2bc} = \frac{a^2 - b^2 - c^2 + 2bc}{2bc} = \frac{a^2 - (b-c)^2}{2bc}\,;$$

si l'on remplace de même la différence des carrés par un produit, il vient

$$1 - \cos A = \frac{(a + b - c)(a + c - b)}{2bc},$$

d'où

$$\sin \frac{A}{2} = \sqrt{\frac{(a + b - c)(a + c - b)}{4bc}}.$$

PROPRIÉTÉS DES TRIANGLES.

On représente habituellement par $2p$ le périmètre $a+b+c$ du triangle ; on a alors

$$b+c-a=2(p-a), \quad a+c-b=2(p-b),$$
$$a+b-c=2(p-c),$$

et les formules précédentes deviennent

(1) $\quad \cos\dfrac{A}{2}=\sqrt{\dfrac{p(p-a)}{bc}},$

(2) $\quad \sin\dfrac{A}{2}=\sqrt{\dfrac{(p-b)(p-c)}{bc}}.$

On en déduit par la division

(3) $\quad \tang\dfrac{A}{2}=\sqrt{\dfrac{(p-b)(p-c)}{p(p-a)}}.$

AIRE D'UN TRIANGLE.

72. — On peut exprimer l'aire d'un triangle en fonction, soit de deux côtés et de l'angle compris, soit d'un côté et des angles, soit des trois côtés.

1° Abaissons du sommet C (fig. 30) la perpendiculaire CP sur la base ; l'aire du triangle, que nous désignons par S, est égale à $\dfrac{AB\times CP}{2}$; mais
$$CP = b \sin A ;$$

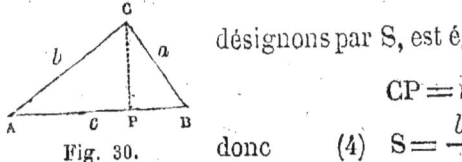
Fig. 30.

donc (4) $\quad S = \dfrac{bc \sin A}{2}.$

L'aire d'un triangle est égale à la moitié du produit de deux côtés multiplié par le sinus de l'angle compris.

2° Si, dans l'expression (4), on remplace b par $\dfrac{c\sin B}{\sin C}$, il vient

(5) $\quad S = \dfrac{c^2 \sin A \sin B}{2 \sin C} = \dfrac{c^2 \sin A \sin B}{2 \sin (A+B)}.$

2° Pour avoir la surface en fonction des côtés, il suffit d'exprimer $\sin A$ en fonction des côtés. On a, en vertu des formules (1) et (2) du numéro précédent,

$$\sin A = 2 \sin \frac{A}{2} \cos \frac{A}{2} = \frac{2\sqrt{p(p-a)(p-b)(p-c)}}{bc}.$$

Si l'on substitue cette valeur de sin A dans la formule (4), on a

(6) $\qquad S = \sqrt{p(p-a)(p-b)(p-c)}.$

73. — Voici d'autres formules dont on se sert fréquemment dans la résolution des triangles. Considérons les rapports égaux

$$\frac{\sin A}{a} = \frac{\sin B}{b} = \frac{\sin C}{c}.$$

En faisant la somme ou la différence des numérateurs et des dénominateurs des deux premiers rapports, on forme deux nouveaux rapports égaux à chacun des deux premiers rapports, et par conséquent au troisième ; on a donc

$$\frac{\sin A + \sin B}{a+b} = \frac{\sin C}{c}.$$

$$\frac{\sin A - \sin B}{a-b} = \frac{\sin C}{c};$$

si l'on transforme en produits la somme et la différence des sinus, il vient

$$\frac{2 \sin \frac{A+B}{2} \cos \frac{A-B}{2}}{a+b} = \frac{\sin C}{c} = \frac{2 \sin \frac{C}{2} \cos \frac{C}{2}}{c},$$

$$\frac{2 \cos \frac{A+B}{2} \sin \frac{A-B}{2}}{a-b} = \frac{\sin C}{c} = \frac{2 \sin \frac{C}{2} \cos \frac{C}{2}}{c}.$$

La somme des angles du triangle étant égale à deux angles droits, l'angle $\frac{A+B}{2}$ est complémentaire de $\frac{C}{2}$, et l'on a

$$\sin \frac{A+B}{2} = \cos \frac{C}{2}, \qquad \cos \frac{A+B}{2} = \sin \frac{C}{2};$$

après la suppression des facteurs communs, les relations pré-

PROPRIÉTÉS DES TRIANGLES.

cédentes deviennent

$$(7) \qquad \frac{\cos \dfrac{A-B}{2}}{\sin \dfrac{C}{2}} = \frac{a+b}{c},$$

$$(8) \qquad \frac{\sin \dfrac{A-B}{2}}{\cos \dfrac{C}{2}} = \frac{a-b}{c}.$$

RAYONS DES CERCLES TANGENTS AUX TROIS CÔTÉS D'UN TRIANGLE.

74. On sait que l'on peut décrire quatre cercles tangents aux trois côtés d'un triangle. L'un, situé à l'intérieur du triangle, est le cercle *inscrit*; les trois autres situés dans les angles A, B, C, mais extérieurs au triangle, sont dits *ex-inscrits*. Nous appellerons r le rayon du cercle inscrit, r_a, r_b, r_c les rayons des cercles ex-inscrits situés dans les angles A, B, C.

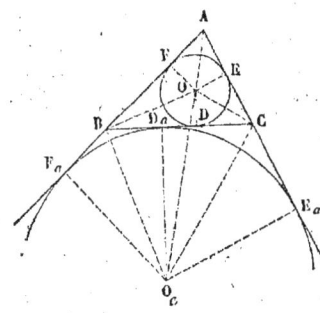

Fig. 31.

Si l'on joint le centre O (fig. 31) du cercle inscrit aux trois sommets du triangle, on décompose le triangle proposé en trois triangles, ayant pour hauteur commune le rayon r, pour bases les trois côtés; on a donc

$$S = \frac{(a+b+c)r}{2} = pr.$$

Si l'on joint de même aux trois sommets le centre O_a du cercle de rayon r_a, on voit que le triangle proposé est égal à la somme des deux triangles $O_a AB$, $O_a AC$, moins le triangle $O_a BC$; ces trois triangles ayant pour hauteur commune r_a et pour bases les côtés, on a

$$S = \frac{(b+c-a)r_a}{2} = (p-a)r_a.$$

On a de même

$$S = (p-b)r_b, \qquad S = (p-c)r_c.$$

On obtient ainsi les relations

$$(9) \qquad S = pr = (p-a)r_a = (p-b)r_b = (p-c)r_c,$$

d'où l'on déduit l'expression des rayons en fonction des côtés,

$$(10) \begin{cases} r = \sqrt{\dfrac{(p-a)(p-b)(p-c)}{p}}, \\ r_a = \sqrt{\dfrac{p(p-b)(p-c)}{p-a}}, \\ r_b = \sqrt{\dfrac{p(p-c)(p-a)}{p-b}}, \\ r_c = \sqrt{\dfrac{p(p-a)(p-b)}{p-c}}. \end{cases}$$

Soient D, E, F les points où le cercle inscrit touche les trois côtés du triangle. Les deux segments AF et AE sont égaux et de même les deux segments BD et BF, CE et CD ; la somme des six segments étant égale au périmètre $2p$ du triangle, la somme de trois segments inégaux est égale au demi-périmètre p. Par exemple, la somme des trois segments AE, CD, BD est égale à p ; mais la somme des deux segments CD, BD est égale au côté BC du triangle : on a donc

$$AF = AE = p - a ;$$

on a de même

$$BD = BF = p - b,$$
$$CE = CD = p - c$$

Soient D_a, E_a, F_a, les points où le cercle ex-inscrit O_a touche les côtés du triangle ; on a $BF_a = BD_a$, $CE_a = CD_a$, et par suite chacune des deux longueurs égales AF_a, AE_a est égale au demi-périmètre p. On en conclut

$$BD_a = p - c = CD, \qquad CD_a = p - b = BD.$$

Les droites qui joignent aux sommets le centre du cercle inscrit étant bissectrices des angles du triangle, on a les relations

(11) $\quad r = (p-a)\tang\dfrac{A}{2} = (p-b)\tang\dfrac{B}{2} = (p-c)\tang\dfrac{C}{2}.$

On a de même

(12) $\quad r_a = p\tang\dfrac{A}{2} = (p-c)\cot\dfrac{B}{2} = (p-b)\cot\dfrac{C}{2}.$

Dans le triangle BOC, l'angle BOC est le supplément de la somme des angles $\dfrac{B}{2}$ et $\dfrac{C}{2}$; la somme des angles $\dfrac{B}{2}$ et $\dfrac{C}{2}$ étant égale à $\dfrac{\pi}{2} - \dfrac{A}{2}$, on en déduit

$$BOC = \dfrac{\pi}{2} + \dfrac{A}{2} ;$$

on a de même

$$COA = \dfrac{\pi}{2} + \dfrac{B}{2}, \qquad AOB = \dfrac{\pi}{2} + \dfrac{C}{2}.$$

PROPRIÉTÉS DES TRIANGLES.

Le quadrilatère $OBCO_a$ étant inscriptible, on voit que l'angle BO_aC est supplémentaire de BOC et par conséquent égal à $\frac{\pi}{2} - \frac{A}{2}$; les angles AO_aB, AO_aC sont égaux respectivement aux angles $\frac{C}{2}$, $\frac{B}{2}$.

RAYON DU CERCLE CIRCONSCRIT.

75. — Considérons maintenant le cercle circonscrit au triangle; appelons R son rayon; les droites qui joignent aux sommets le centre O du cercle forment, avec les côtés, trois triangles isocèles; l'angle BOC (fig. 32) est égal à 2A ou à $2\pi - 2A$; si du point O on abaisse une perpendiculaire OD sur le côté BC, l'angle BOD est égal à A ou à $\pi - A$; dans le triangle rectangle BOD, on a $\frac{a}{2} = R \sin A$; d'où l'on déduit

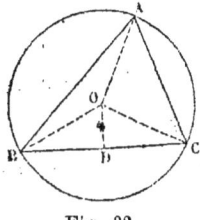

Fig. 32.

$$2R = \frac{a}{\sin A} = \frac{b}{\sin B} = \frac{c}{\sin C},$$

et en multipliant par bc les deux termes du premier rapport,

$$2R = \frac{abc}{bc \sin A} = \frac{abc}{2S}.$$

On a ainsi

(13) $$R = \frac{abc}{4S} = \frac{abc}{4\sqrt{p(p-a)(p-b)(p-c)}}.$$

CHAPITRE II

Résolution des triangles.

RÉSOLUTION DES TRIANGLES RECTANGLES.

L'angle droit étant excepté, il reste dans le triangle cinq éléments à considérer : on peut donner à volonté, soit un côté et un angle, soit deux côtés. Quand on donne un côté et un angle, le côté peut être l'hypoténuse ou un côté de l'angle droit, ce qui fait deux cas. Quand on donne deux côtés, ces côtés peuvent être ou l'hypoténuse et un côté de l'angle droit, ou les deux côtés de l'angle droit, ce qui fait deux autres cas. On a en tout quatre cas à considérer.

Premier cas.

76. — On donne l'hypoténuse a et un angle B. Le triangle existe toujours.

On aura le second angle par la relation

(1) $\qquad C = 90° - B.$

On calculera les deux côtés de l'angle droit par les formules

(2) $\qquad b = a \sin B, \quad c = a \cos B.$

Deuxième cas.

77. — On donne un côté b de l'angle droit et un angle B. Le triangle existe toujours.

On aura d'abord le second angle par la relation

( ) $\qquad C = 90° - B.$

On calculera l'autre côté de l'angle droit et l'hypoténuse par les formules

(2) $\qquad c = b \cot B, \quad a = \dfrac{b}{\sin B}.$

RÉSOLUTION DES TRIANGLES.

Troisième cas.

78. — On donne l'hypoténuse a et le côté b de l'angle droit. Pour que le triangle existe, il faut que l'hypoténuse a soit plus grande que b.

On déterminera l'autre côté de l'angle droit par la formule
$$c = \sqrt{a^2 - b^2}.$$
Afin de rendre cette formule calculable par logarithmes, on remplacera la différence des carrés par un produit, ce qui donne

(1) $\qquad b = \sqrt{(a+b)(a-b)}.$

Quant aux angles, on les obtiendra directement par la formule

(2) $\qquad \sin B = \cos C = \dfrac{b}{a}.$

79. — *Remarque.* Nous avons déterminé les deux angles aigus par un sinus ou un cosinus. Si l'angle C est petit, ou l'angle B voisin de 90°, cette détermination de l'angle n'offrira pas une approximation suffisante, comme nous l'avons expliqué aux n°s 57 et 63. Pour éviter cet inconvénient, il vaut mieux déterminer les angles par leurs tangentes. On a, en vertu des formules (15) du n° 37,

$$\tang \frac{C}{2} = \frac{\sin \frac{C}{2}}{\cos \frac{C}{2}} = \sqrt{\frac{1 - \cos C}{1 + \cos C}},$$

et, en remplaçant $\cos C$ par sa valeur $\dfrac{b}{a}$,

(3) $\qquad \tang \dfrac{C}{2} = \sqrt{\dfrac{a - b}{a + b}}.$

Quatrième cas.

80. — On donne les deux côtés de l'angle droit b et c. Le triangle est toujours possible.

On déterminera d'abord les angles par la formule

(1) $\qquad \tang B = \cot C = \dfrac{b}{c}$

Connaissant les angles, on calculera ensuite l'hypoténuse par la relation

(2) $$a = \frac{b}{\sin B}.$$

81. — *Remarque.* On aurait pu déterminer directement l'hypoténuse au moyen de la formule

(3) $$a = \sqrt{b^2 + c^2}.$$

Mais cette formule n'étant pas calculable par logarithmes, il vaut mieux suivre l'ordre que nous avons indiqué, c'est-à-dire calculer d'abord les angles pour en déduire ensuite l'hypoténuse.

Cependant on pourrait se proposer de rendre la formule précédente calculable par logarithmes. On y parvient à l'aide d'un angle auxiliaire. Ecrivons, en effet,

$$a = b\sqrt{1 + \frac{c^2}{b^2}},$$

et, désignant par φ un angle auxiliaire, posons

(4) $$\tang \varphi = \frac{b}{c};$$

nous aurons

$$a = b\sqrt{1 + \cot^2 \varphi} = b\sqrt{1 + \frac{\cos^2 \varphi}{\sin^2 \varphi}} = b\sqrt{\frac{\sin^2 \varphi + \cos^2 \varphi}{\sin^2 \varphi}},$$

ou plus simplement

(5) $$a = \frac{b}{\sin \varphi}.$$

Cette dernière formule est calculable par logarithmes; mais, pour l'appliquer, il faut calculer préalablement l'angle φ; or cet angle auxiliaire φ n'est autre chose que l'angle B du triangle, de sorte que cette méthode ne diffère pas du tout de la méthode de résolution complète que nous avons exposée.

RÉSOLUTION DES TRIANGLES QUELCONQUES.

Il y a quatre cas à considérer, suivant que l'on donne un côté et deux angles, deux côtés et l'angle compris, deux côtés et l'angle opposé à l'un d'eux, ou les trois côtés.

RÉSOLUTION DES TRIANGLES.

Premier cas.

82. — On donne un côté c et les deux angles adjacents A et B. Pour que le triangle existe, il faut que la somme des deux angles donnés soit moindre que 180°.

On déterminera le troisième angle par la formule

(1) $\qquad C = 180° - (A + B).$

On déduira les deux côtés inconnus des relations

$$\frac{a}{\sin A} = \frac{b}{\sin B} = \frac{c}{\sin C};$$

d'où

(2) $\qquad a = \dfrac{c \sin A}{\sin C}, \qquad b = \dfrac{c \sin B}{\sin C}.$

Deuxième cas.

83. — On donne deux côtés a et b et l'angle compris C. Le triangle est toujours possible. Nous supposerons $a > b$.

On calculera d'abord les deux autres angles A et B, et ensuite le troisième côté c. On connaît déjà la somme des angles A et B,

$$A + B = 180° - C,$$

d'où

(1) $\qquad \dfrac{A + B}{2} = 90° - \dfrac{C}{2} = \alpha.$

Pour avoir leur différence, on considère les deux rapports égaux

$$\frac{\sin A}{a} = \frac{\sin B}{b}.$$

On sait que, si l'on fait la somme ou la différence des numérateurs et des dénominateurs, on obtient deux rapports égaux à chacun des rapports proposés et par conséquent égaux entre eux,

$$\frac{\sin A + \sin B}{a + b} = \frac{\sin A - \sin B}{a - b};$$

d'où

$$\frac{\sin A - \sin B}{\sin A + \sin B} = \frac{a - b}{a + b}.$$

Si l'on transforme en produits la somme et la différence des sinus, il vient

$$\frac{\sin A - \sin B}{\sin A + \sin B} = \frac{2 \sin \frac{A-B}{2} \cos \frac{A+B}{2}}{2 \cos \frac{A-B}{2} \sin \frac{A+B}{2}} = \frac{\tang \frac{A-B}{2}}{\tang \frac{A+B}{2}},$$

et par suite

$$\frac{\tang \frac{A-B}{2}}{\tang \frac{A+B}{2}} = \frac{a-b}{a+b};$$

d'où

(2) $$\tang \frac{A-B}{2} = \frac{(a-b) \tang \alpha}{a+b}.$$

A l'aide de cette formule calculable par logarithmes, on obtiendra la demi-différence $\frac{A-B}{2}$. Connaissant la demi-somme et la demi-différence, une addition et une soustraction donneront immédiatement les angles A et B. Si nous désignons, en effet, par β la demi-différence donnée par la formule (2), nous aurons

$$\frac{A+B}{2} = \alpha, \quad \frac{A-B}{2} = \beta;$$

d'où

$$A = \alpha + \beta, \quad B = \alpha - \beta.$$

Quand on a trouvé les angles du triangle, on obtient le troisième côté par la relation

$$\frac{\sin A}{a} = \frac{\sin C}{c};$$

d'où

(3) $$c = \frac{a \sin C}{\sin A}.$$

On peut aussi déterminer c à l'aide de la formule

(4) $$c = \frac{(a-b) \cos \frac{C}{2}}{\sin \frac{A-B}{2}} = \frac{(a-b) \sin \alpha}{\sin \beta},$$

que l'on déduit de la relation (8) du n° 73. Cette dernière formule n'exige que deux logarithmes nouveaux, tandis que la précédente en exige trois.

84. — *Remarque.* On pourrait se proposer de calculer directement le troisième côté c du triangle sans calculer préalablement les angles. Ce troisième côté est donné par la formule

$$c = \sqrt{a^2 + b^2 - 2ab \cos C}.$$

Mais cette formule n'est pas calculable par logarithmes. On la rend calculable en l'écrivant sous la forme

$$c = \sqrt{(a^2 + b^2)\left(\cos^2 \frac{C}{2} + \sin^2 \frac{C}{2}\right) - 2ab\left(\cos^2 \frac{C}{2} - \sin^2 \frac{C}{2}\right)},$$

$$c = \sqrt{(a^2 + b^2 - 2ab)\cos^2 \frac{C}{2} + (a^2 + b^2 + 2ab)\sin^2 \frac{C}{2}},$$

$$c = \sqrt{(a-b)^2 \cos^2 \frac{C}{2} + (a+b)^2 \sin^2 \frac{C}{2}},$$

$$c = (a-b)\cos \frac{C}{2} \sqrt{1 + \frac{(a+b)^2}{(a-b)^2} \tan^2 \frac{C}{2}}.$$

On a multiplié $a^2 + b^2$ par la quantité $\cos^2 \frac{C}{2} + \sin^2 \frac{C}{2}$ qui est égale à l'unité, et on a remplacé $\cos C$ par $\cos^2 \frac{C}{2} - \sin^2 \frac{C}{2}$; puis on a groupé les termes qui contiennent $\cos^2 \frac{C}{2}$ en facteur et ceux qui contiennent $\sin^2 \frac{C}{2}$; enfin, on a mis en facteur en avant du radical $(a-b) \cos \frac{C}{2}$. Désignons par φ un angle auxiliaire déterminé par la formule

(5) $$\tan \varphi = \frac{(a-b) \cot \frac{C}{2}}{a+b};$$

nous aurons

(6) $$c = \frac{(a-b) \cos \frac{C}{2}}{\sin \varphi}.$$

La formule est rendue calculable par logarithmes ; mais il faudra calculer préalablement l'angle auxiliaire φ et cet angle est précisément l'angle $\dfrac{A-B}{2}$ donné par l'équation (2); d'ailleurs la formule (6) est identique à la formule (4). On retombe ainsi sur la méthode de résolution complète, telle que nous l'avons exposée.

Troisième cas.

85. On donne deux côtés a et b et l'angle A opposé à l'un d'eux. Nous rappellerons d'abord en peu de mots la construction géométrique. Sur un des côtés de l'angle A (fig. 33) on porte $AC = b$; du point C comme centre, avec a pour rayon, on décrit une circonférence ; les points où elle rencontre l'autre côté déterminent le sommet B ; il y a donc 0, 1 ou 2 solutions, suivant que la circonférence coupe le côté en 0, 1 ou 2 points, à droite du point A. La discussion est résumée dans le tableau suivant :

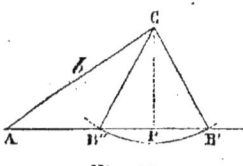
Fig. 33.

$$A \geqslant 90° \begin{cases} a \leqslant b, & \text{0 solution,} \\ a > b, & \text{1 sol., } B < 90°, \end{cases}$$

$$A < 90° \begin{cases} a \geqslant b, & \text{1 sol., } B < 90°, \\ a < b, & \begin{cases} a < h, \text{ 0 sol.} \\ a = h, \text{ 1 sol., } B = 90°, \\ a > h, \text{ 2 sol., } B' < 90°, B'' = 180° - B', \end{cases} \end{cases}$$

(h désigne la perpendiculaire CP abaissée du point C sur le côté opposé). A l'inspection des données, on peut donc dire d'avance combien la question admet de solutions, excepté lorsqu'on a à la fois $A < 90°$ et $a < b$; dans ce cas il faut comparer a à h, mais $h = b \sin A$; le calcul de l'angle B lèvera toute ambiguïté.

Dans les cas non douteux, l'angle B est aigu et donné par la formule

$$(1) \qquad \sin B = \frac{b \sin A}{a}.$$

On a ensuite
(2) $$C = 180° - (A + B),$$
(3) $$c = \frac{a \sin C}{\sin A}.$$

Dans le cas douteux, on appliquera encore la formule (1). Si l'on trouve pour log sin B un résultat positif, c'est-à-dire pour sin B un nombre plus grand que l'unité, il y a évidemment impossibilité ; si, au contraire, on trouve pour log sin B un résultat négatif, c'est-à-dire pour sin B un nombre plus petit que l'unité, cela indique que le côté a est plus grand que $b \sin A$ ou que la perpendiculaire h, et il y a deux solutions. L'un des triangles admet l'angle aigu B′ donné par la table, l'autre l'angle obtus supplémentaire B″ = 180° — B′. Les deux valeurs correspondantes de l'angle C sont

$$C' = 180° - A - B' = B'' - A,$$
$$C'' = 180° - A - B'' = B' - A.$$

On a ensuite
$$c' = \frac{a \sin C'}{\sin A}, \quad c'' = \frac{a \sin C''}{\sin A}.$$

On aurait pu se dispenser de toute discussion ; car, pour résoudre le triangle, on se sert uniquement des formules (2) du n° 69 ; et on sait que tout système d'éléments satisfaisant à ces équations constitue un triangle.

Une vérification assez simple se présente dans le cas où il y a deux solutions : on calculera $AP = b \cos A$, et on verra si $AP = \frac{c' + c''}{2}$; on pourrait aussi calculer $PB' = a \sin \frac{C' - C''}{2}$ et la valeur trouvée devrait être égale à $\frac{c' - c''}{2}$.

86. — *Remarque.* On pourrait se proposer de calculer directement le côté c. Ce côté est donné par l'équation du second degré
$$a^2 = b^2 + c^2 - 2bc \cos A,$$
ou
$$c^2 - 2bc \cos A + b^2 - a^2 = 0.$$

On en déduit
$$c = b \cos A \pm \sqrt{b^2 \cos^2 A - b^2 + a^2},$$

et, plus simplement,
$$c = b \cos A \pm \sqrt{a^2 - b^2 \sin^2 A}.$$

Mais cette formule n'est pas calculable par logarithmes. Pour la rendre calculable, on écrira
$$c = b \cos A \pm a \sqrt{1 - \frac{b^2 \sin^2 A}{a^2}},$$
et l'on posera

(4) $$\sin \varphi = \frac{b \sin A}{a};$$

d'où
$$c = b \cos A \pm a \cos \varphi = a \left(\frac{b}{a} \cos A \pm \cos \varphi \right).$$

Si l'on remplace $\frac{b}{a}$ par sa valeur $\frac{\sin \varphi}{\sin A}$ tirée de la relation (4), il vient

(5) $$c = \frac{a \sin (\varphi \pm A)}{\sin A}.$$

L'angle auxiliaire φ, que l'on peut toujours supposer aigu, étant le même que l'angle B', on retombe sur la méthode de résolution que nous avons exposée. Sans se préoccuper de la discussion précédente, on peut dire que toute valeur positive de c est admissible.

Quatrième cas.

87. — On donne les trois côtés a, b, c. Pour que le triangle existe, il est nécessaire et il suffit que le plus grand côté soit plus petit que la somme des deux autres.

Nous avons trouvé (n° 71) l'expression des angles en fonction des côtés. La détermination par les sinus ou les cosinus pouvant ne pas offrir une approximation suffisante, nous emploierons les tangentes de préférence et nous calculerons les trois angles par les formules

$$\tang \frac{A}{2} = \sqrt{\frac{(p-b)(p-c)}{p(p-a)}},$$

$$\tang \frac{B}{2} = \sqrt{\frac{(p-c)(p-a)}{p(p-b)}},$$

RÉSOLUTION DES TRIANGLES.

$$\tang\frac{C}{2} = \sqrt{\frac{(p-a)(p-b)}{p(p-c)}}.$$

Le calcul des trois angles par les tangentes n'exige que la recherche de quatre logarithmes, ceux de p, $p-a$, $p-b$, $p-c$; tandis que le calcul par les sinus en exigerait six, ceux de a, b, c, $p-a$, $p-b$, $p-c$, et le calcul par les cosinus sept, les six précédents, et en outre celui de p. Mais le principal avantage des formules qui déterminent les angles par leurs tangentes consiste dans une plus grande approximation (n° 63).

Nous avons supposé le plus grand côté a plus petit que la somme des deux autres, c'est-à-dire

$$a < b + c;$$

ajoutant a de part et d'autre, il vient

$$2a < a + b + c = 2p,$$

ou $\qquad a < p.$

On aura à plus forte raison $b < p$, $c < p$, et les trois différences $p-a$, $p-b$, $p-c$ seront positives.

Quand on aura ainsi calculé séparément chacun des trois angles, on fera leur somme et l'on devra trouver 180°, ce qui donne une vérification très-simple.

RENDRE UNE FORMULE CALCULABLE PAR LOGARITHMES.

88. — Lorsqu'une formule n'est pas calculable par logarithmes, on essaye de la transformer pour la rendre calculable ; c'est ainsi qu'au n° 40 nous avons transformé en produits des sommes et des différences de sinus ou de cosinus. Quand on veut déterminer les angles d'un triangle connaissant les côtés, on obtient d'abord cos A par une formule non calculable par logarithmes (n° 71); par des transformations convenables, nous en avons déduit les valeurs de $\sin\frac{A}{2}$ et de $\cos\frac{A}{2}$, qui sont calculables par logarithmes. Mais ordinairement ce genre de transformations n'est pas possible, et il faut avoir recours à des angles auxiliaires comme nous l'avons fait aux n°s 81, 84, 86.

Lorsqu'on a à calculer un binôme de la forme $x = M \pm N$, les monômes M et N ne contenant plus le signe $+$ ni le signe $-$, ce qu'il y a de plus simple à faire est de calculer séparément M et N; mais si le binôme entre sous un signe d'opération, comme dans les expressions

$$x = \sqrt{M \pm N}, \quad x = \log(M \pm N), \quad \sin x = M \pm N, \ldots$$

il sera préférable de transformer la formule au moyen d'un angle auxiliaire.

1° $x = \sqrt{M + N} = \sqrt{M}\sqrt{1 + \dfrac{N}{M}}$. On emploiera l'angle auxiliaire φ donné par la formule

$$\tang^2 \varphi = \frac{N}{M};$$

d'où

$$x = \frac{\sqrt{M}}{\cos \varphi}.$$

On obtient l'inconnue x par deux opérations logarithmiques, au lieu de trois qu'exigerait le calcul direct, savoir : une pour trouver la valeur de M, une pour trouver celle de N, et une troisième pour la racine carrée.

2° $x = \sqrt{M - N} = \sqrt{M}\sqrt{1 - \dfrac{N}{M}}$. On posera

$$\sin^2 \varphi = \frac{N}{M}, \quad \text{d'où} \quad x = \sqrt{M} \times \cos \varphi.$$

3° $\sin x = M + N = M\left(1 + \dfrac{N}{M}\right)$. On posera encore

$$\tang^2 \varphi = \frac{N}{M}, \quad \text{d'où} \quad \sin x = \frac{M}{\cos^2 \varphi}.$$

4° $\sin x = M - N = M\left(1 - \dfrac{N}{M}\right)$. Si M est plus grand que N, on posera

$$\cos \varphi = \frac{N}{M}, \quad \text{d'où} \quad \sin x = M(1 - \cos \varphi) = 2M \sin^2 \frac{\varphi}{2}.$$

Lorsqu'on a à calculer une expression trinôme, le moyen le plus simple est de calculer chaque terme séparément. Mais si l'expression trinôme entre sous un signe d'opération, il sera pré-

RÉSOLUTION DES TRIANGLES.

férable de se servir d'angles auxiliaires. Soit $x = \sqrt{M+N-P}$; à l'aide d'un premier angle auxiliaire φ déterminé par la formule

$$\tang^2 \varphi = \frac{N}{M},$$

on a

$$M + N = \frac{M}{\cos^2 \varphi}, \qquad x = \sqrt{\frac{M}{\cos^2 \varphi} - P}.$$

Au moyen d'un second angle auxiliaire ψ donné par la formule

$$\cos^2 \psi = \frac{P \cos^2 \varphi}{M},$$

on a enfin

$$x = \frac{\sqrt{M} \sin \psi}{\cos \varphi}.$$

On arrive ainsi à la valeur de x par trois opérations au lieu de quatre qu'exigerait le calcul direct. On opère de la même manière, quel que soit le nombre des termes.

89. — On a souvent à résoudre l'équation

(1) $\qquad a \cos x + b \sin x = c.$

Si l'on remplaçait $\sin x$ par sa valeur $\pm \sqrt{1 - \cos^2 x}$, on arriverait à une équation du second degré en $\cos x$; mais la formule qu'on en déduirait pour déterminer l'angle x au moyen de son cosinus ne serait pas calculable par logarithmes; on prétend transformer l'équation elle-même.

Si l'on divise tous les termes par a, cette équation s'écrit

$$\cos x + \frac{b}{a} \sin x = \frac{c}{a},$$

et, si l'on pose

(2) $\qquad \tang \varphi = \frac{b}{a},$

elle devient

$$\frac{\cos(x - \varphi)}{\cos \varphi} = \frac{c}{a},$$

d'où

(3) $\qquad \cos(x - \varphi) = \frac{c \cos \varphi}{a}.$

On peut supposer l'angle auxiliaire φ compris entre $-\frac{\pi}{2}$ et $+\frac{\pi}{2}$,

puisque, entre ces limites, la tangente prend toutes les valeurs de $-\infty$ à $+\infty$. Pour que l'équation proposée admette une solution réelle, il faut que la valeur absolue de $\dfrac{c \cos \varphi}{a}$ soit moindre que l'unité. Si $\dfrac{c}{a}$ est positif, les tables donneront pour $x - \varphi$ un angle aigu α, et l'on aura
$$x - \varphi = \pm \alpha + 2k\pi,$$
d'où
$$x = \varphi \pm \alpha + 2k\pi,$$
k désignant un nombre entier quelconque; de sorte que l'équation proposée aura une infinité de solutions réelles. Si $\dfrac{c}{a}$ est négatif, on cherchera dans les tables l'angle dont le cosinus est $\dfrac{c \cos \varphi}{a}$; on en prendra le supplément α, et la même formule donnera les valeurs de x.

90. — Nous examinerons encore quelques exemples de résolution de triangles, lorsqu'on donne, non pas trois éléments mêmes du triangle, mais trois combinaisons de ces éléments.

1° *Résoudre un triangle rectangle, connaissant l'hypoténuse* a *et la somme* b + c *des deux autres côtés*. — Des relations $b = a \sin B$, $c = a \sin C$, on déduit
$$b+c = a(\sin B + \sin C) = 2a \sin \frac{B+C}{2} \cos \frac{B-C}{2} = 2a \sin 45° \cos \frac{B-C}{2},$$
d'où
$$\cos \frac{B-C}{2} = \frac{\frac{b+c}{2}}{a \sin 45°}.$$

Cette formule donne la différence $B - C$ et, comme on connaît déjà la somme $B + C = 90°$, on en déduira les deux angles aigus du triangle. On calculera ensuite les côtés. Pour que le triangle existe, il faut que la valeur de $\cos \dfrac{B-C}{2}$ soit plus petite que l'unité, c'est-à-dire que $b + c$ soit plus petit que $a \sqrt{2}$; on démontre aisément par la géométrie que, dans ce cas, il y a une solution et une seule.

2° *Résoudre un triangle rectangle, connaissant un angle aigu* B *et la différence* b − c *des deux côtés de l'angle droit*. — Il y a toujours une solution et une seule. La relation

$$b - c = a\,(\sin B - \sin C) = 2a \cos 45° \sin \frac{B - C}{2}$$

donne l'hypoténuse

$$a = \frac{\dfrac{b - c}{2}}{\cos 45° \sin \dfrac{B - C}{2}}.$$

3° *Résoudre un triangle, connaissant la base* c, *l'angle au sommet* C *et la somme* a + b *des deux autres côtés.* — On connaît la somme des angles A et B, $A + B = 180° - C$; on déterminera leur différence par la formule (n° 73)

$$\cos \frac{A - B}{2} = \frac{(a + b) \sin \dfrac{C}{2}}{c}.$$

On calculera ensuite la différence des côtés par la formule

$$a - b = \frac{c \sin \dfrac{A - B}{2}}{\cos \dfrac{C}{2}}.$$

Pour que le triangle existe, il faut que le côté c soit plus grand que $(a + b) \sin \dfrac{C}{2}$. On démontre aisément que, quand cette condition est remplie, il y a une solution et une seule.

4° *Résoudre un triangle, connaissant les angles et le périmètre* 2p. — Les angles déterminent la forme du triangle ; si l'on fait croître l'un des côtés de zéro à l'infini, le périmètre passe par toutes les valeurs de zéro à l'infini ; ainsi il y a une solution et une seule. Les relations

$$\frac{a}{\sin A} = \frac{b}{\sin B} = \frac{c}{\sin C} = \frac{a + b + c}{\sin A + \sin B + \sin C} = \frac{2p}{4 \cos \dfrac{A}{2} \cos \dfrac{B}{2} \cos \dfrac{C}{2}}$$

permettent de calculer par logarithmes chacun des trois côtés du triangle.

5° *Résoudre un triangle, connaissant la base* c, *un angle adjacent* A *et la somme* a + b *des deux autres côtés.* — Les relations

$$\frac{a}{\sin A} = \frac{b}{\sin B} = \frac{c}{\sin C} = \frac{a + b - c}{\sin A + \sin B - \sin C} = \frac{2(p - c)}{4 \sin \dfrac{A}{2} \sin \dfrac{B}{2} \cos \dfrac{C}{2}}$$

donnent

$$\frac{2p}{4 \cos \dfrac{A}{2} \cos \dfrac{B}{2} \cos \dfrac{C}{2}} = \frac{2(p - c)}{4 \sin \dfrac{A}{2} \sin \dfrac{B}{2} \cos \dfrac{C}{2}},$$

$$\tan \frac{B}{2} = \frac{(p-c)\cot\frac{A}{2}}{p}.$$

6° *Résoudre un triangle, connaissant un côté a, l'angle opposé A, et la perpendiculaire h abaissée du sommet A sur le côté a.* — Cette perpendiculaire AD détermine sur le côté a deux segments, égaux respectivement à $h \cot B$ et $h \cot C$; on en déduit l'équation

$$a = h(\cot B + \cot C) = h\frac{\sin(B+C)}{\sin B \sin C} = \frac{h \sin A}{\sin B \sin C},$$

$$a = \frac{2h \sin A}{\cos(B-C) - \cos(B+C)} = \frac{2h \sin A}{\cos(B-C) + \cos A};$$

$$\cos(B-C) = \frac{2h}{a}\sin A - \cos A.$$

Pour rendre cette formule calculable par logarithmes, on posera

$$\tan \varphi = \frac{a}{2h}, \quad \text{d'où} \quad \cos(B-C) = \frac{\sin(A-\varphi)}{\sin \varphi}.$$

Connaissant les angles, on déterminera les côtés par les formules

$$b = \frac{h}{\sin C}, \quad c = \frac{h}{\sin B},$$

déduits des triangles rectangles ACD, ABD. Pour que le triangle existe, il faut que l'on ait $\tan \frac{A}{2} < \frac{a}{2h}$; et, quand cette condition est remplie, il y a un triangle et un seul.

7° *Résoudre un triangle connaissant le côté a, la hauteur correspondante h, et la différence B — C des deux angles adjacents.* — L'équation

$$\frac{2h}{a}\sin A - \cos A = \cos(B-C),$$

que nous avons employée dans la question précédente, détermine l'angle A. A l'aide de l'angle auxiliaire φ, elle devient

$$\sin(A-\varphi) = \cos(B-C)\sin \varphi.$$

L'angle φ étant compris entre 0 et $\frac{\pi}{2}$, l'angle $A - \varphi$ est compris entre $-\frac{\pi}{2}$ et π. Lorsque la valeur de $\sin(A-\varphi)$ est négative, en appelant α l'angle des tables qui admet le même sinus changé de signe, on devra prendre $A - \varphi = -\alpha$; d'où $A = \varphi - \alpha$; cette valeur est admissible si elle est positive. Lorsque la valeur de $\sin(A-\varphi)$ est positive, en appelant α l'angle des tables qui admet le même sinus, on devra prendre $A - \varphi = \alpha$ ou $A - \varphi = \pi - \alpha$; d'où $A = \varphi + \alpha$

ou $A = \pi + \varphi - \alpha$; la première valeur de A est toujours admissible: la seconde ne sera admissible que si elle est moindre que π.

On déterminera ensuite les côtés comme dans la question précédente.

8° *Résoudre un triangle, connaissant les trois hauteurs* α, β, γ. — On a

$$\tang \frac{A}{2} = \sqrt{\frac{(a+c-b)(a+b-c)}{(a+b+c)(b+c-a)}}.$$

Les produits $a\alpha$, $b\beta$, $c\gamma$ étant égaux chacun au double de la surface, et par conséquent égaux entre eux, les côtés a, b, c sont proportionnels aux quantités $\alpha' = \dfrac{1}{\alpha}$, $\beta' = \dfrac{1}{\beta}$, $\gamma' = \dfrac{1}{\gamma}$. Si, dans la formule précédente, on remplace a, b, c par ces quantités proportionnelles, la formule devient

$$\tang \frac{A}{2} = \sqrt{\frac{(\alpha'+\gamma'-\beta')(\alpha'+\beta'-\gamma')}{(\alpha'+\beta'+\gamma')(\beta'+\gamma'-\alpha')}}.$$

Quand on a calculé les angles du triangle, on obtient facilement les côtés en résolvant des triangles rectangles. Pour que le triangle existe, il faut que chaque hauteur soit plus petite que la somme des deux autres.

CHAPITRE III

Applications.

APPLICATIONS NUMÉRIQUES.

Premier exemple.

91. — Résoudre un triangle et calculer sa surface, connaissant un côté $a = 853^m,416$ et les deux angles adjacents $B = 72°13'45'',8$, $C = 64°28'30''$.

On se servira des formules (n° 82)

$$b = \frac{a \sin B}{\sin A}, \quad c = \frac{a \sin C}{\sin A}, \quad S = \frac{a^2 \sin B \sin C}{2 \sin A}.$$

TABLEAU DU CALCUL.

$a = 853,416$
$B = 72°13'45'',8$
$C = 64°28'30''$

$B+C = 136°42'15'',8$
$A = 43°17'44'',2$

$\log a \quad = 2,9311608$
$\log \sin B = \overline{1},9787674$
$\log \sin C = \overline{1},9553978$
$\log \sin A = \overline{1},8361738$

Calcul de b.

$\log a = 2,9311608$
$\log \sin B = \overline{1},9787674$
$-\log \sin A = 0,1638262$
$\log b = 3,0737544$
$b = 1185,098$

Calcul de c.

$\log a = 2,9311608$
$\log \sin C = \overline{1},9553978$
$-\log \sin A = 0,1638262$
$\log c = 3,0503848$
$c = 1123,013$

Calcul de S.

$2 \log a = 5,8623216$
$\log \sin B = \overline{1},9787674$
$\log \sin C = \overline{1},9553978$
$-\log \sin A = 0,1638262$
$-\log 2 \quad = \overline{1},6989700$
$\log S \quad = 5,6592830$
$S = 456334,2$ m. carrés.

Deuxième exemple.

92. — Résoudre un triangle et calculer sa surface, connaissant deux côtés $a = 3246^m,927$, $b = 2854^m,031$ et l'angle compris $C = 48°45'2''42$.

APPLICATIONS.

On emploiera les formules démontrées au n° 83,

$$\alpha = \frac{A+B}{2} = 90° - \frac{C}{2}, \quad \tan\beta = \tan\frac{A-B}{2} = \frac{(a-b)\tan\alpha}{a+b},$$

$$c = \frac{(a-b)\sin\alpha}{\sin\beta}, \quad S = \frac{1}{2}ab\sin C.$$

TABLEAU DU CALCUL.

$a = 3246,927$
$b = 2854,031$
$C = 48°45'2'',42$

$a + b = 6100,958$
$a - b = 392,896$
$\frac{C}{2} = 24°22'31'',21$
$\alpha = \frac{A+B}{2} = 65°37'28'',79$

Calcul de $\frac{A-B}{2} = \beta$.

$\log(a-b) = 2,5942776$
$\log\tan\alpha = 0,3438048$
$-\log(a+b) = \overline{4},2146019$

$\log\tan\beta = \overline{1},1526843$
$\beta = 8°5'21'',27$
$A = 73°42'50'',06$
$B = 57°32'7'',52$

Calcul de c.

$\log(a-b) = 2,5942776$
$\log\sin\alpha = \overline{1},9594523$
$-\log\sin\beta = 0,8516586$

$\log c = 3,4053885$
$c = 2543,247$

Calcul de S.

$\log a = 3,5114725$
$\log b = 3,4554587$
$\log\sin C = \overline{1},8761298$
$-\log 2 = \overline{1},6989700$

$\log S = 6,5420310$
$S = 3483623$ m. carrés.

Troisième exemple.

93. — Résoudre un triangle, connaissant deux côtés $a = 853^m,416$, $b = 1185,098$, et l'angle $A = 43°17'44'',2$ opposé au premier côté.

L'angle A étant aigu et le côté opposé a plus petit que le côté adjacent b, on ne sait pas si le triangle existe ; un premier calcul est nécessaire pour le décider (n° 85). Si la question est possible, elle admettra deux solutions.

Calcul de B.

$$\sin B = \frac{b \sin A}{a}.$$

$\log b = 3{,}0737543$	$B' = 72°13'45'',59$
$\log \sin A = \overline{1},8361738$	$B'' = 180° - B' = 107°46'14'',41$
$-\log a = \overline{3},0688392$	$C' = B'' - A = 64°28'30'',21$
	$C'' = B' - A = 28°56' 1'',39$
$\log \sin B = \overline{1},9787673$	

Puisqu'on trouve pour log sin B une quantité négative, on en conclut l'existence de deux triangles. Les tables donnent l'angle aigu B'; on admettra aussi l'angle obtus supplémentaire B''.

Calcul de c.

$$c = \frac{a \sin C}{\sin A}.$$

c'	c''
$\log a = 2{,}9311608$	$\log a = 2{,}9311608$
$\log \sin C' = \overline{1},9553980$	$\log \sin C'' = \overline{1},6846636$
$-\log \sin A = 0{,}1638262$	$-\log \sin A = 0{,}1638262$
$\log c' = 3{,}0503850$	$\log c'' = 2{,}7796506$
$c' = 1123{,}014$	$c'' = 602{,}0750$

Vérification. — Dans le triangle isocèle B'CB'', on calculera la base par la formule

$$B'B'' = 2a \cos B'.$$
$$\log 2 = 0{,}3010300$$
$$\log a = 2{,}9311608$$
$$\log \cos B' = \overline{1},4845957$$
$$\log B'B'' = 2{,}7167865$$
$$B'B'' = 520{,}9386$$
$$c' - c'' = 520{,}939.$$

Quatrième exemple.

94. — Calculer les angles et la surface d'un triangle dont les trois côtés sont

$$a = 3246^m,927, \quad b = 2854^m,831, \quad c = 2543^m,246.$$

Le plus grand côté a étant plus petit que la somme des deux autres, le triangle existe. On obtiendra les trois angles et la surface par les formules (n° 87)

APPLICATIONS.

$$\operatorname{tang}\frac{A}{2} = \sqrt{\frac{(p-b)(p-c)}{p(p-a)}}, \quad \operatorname{tang}\frac{B}{2} = \sqrt{\frac{(p-c)(p-a)}{p(p-b)}}$$

$$\operatorname{tang}\frac{C}{2} = \sqrt{\frac{(p-a)(p-b)}{p(p-c)}}, \quad S = \sqrt{p(p-a)(p-b)(p-c)}.$$

TABLEAU DU CALCUL.

$a = 3246,927$	$p = 4322,102$	$\log p = 3,6356950$
$b = 2854,031$	$p - a = 1075,175$	$\log (p-a) = 3,0314792$
$c = 2543,246$	$p - b = 1468,671$	$\log (p-b) = 3,1667470$
$2p = 8644,204$	$p - c = 1778,856$	$\log (p-c) = 3,2501408$

Calcul de A.

$\log (p - b) = 3,1667470$
$\log (p - c) = 3,2501408$
$- \log p \quad = \overline{4},3643050$
$- \log (p - a) = \overline{4},9685208$
$\rule{3cm}{0.4pt}$
$\qquad\qquad\quad \overline{1},7497136$

$\log \operatorname{tang} \frac{A}{2} = \overline{1},8748568$

$\frac{A}{2} = 36°51'25'',02$
$A = 73°42'50'',04$

Calcul de B.

$\log (p - a) = 3,0314792$
$\log (p - c) = 3,2501408$
$- \log p \quad = \overline{4},3643050$
$- \log (p - b) = \overline{4},8332530$
$\rule{3cm}{0.4pt}$
$\qquad\qquad\quad \overline{1},4791780$

$\log \operatorname{tang} \frac{B}{2} = \overline{1},7395890$

$\frac{B}{2} = 28°46'3'',77$
$B = 57°32'7'',54$

Calcul de C.

$\log (p - a) = 3,0314792$
$\log (p - b) = 3,1667470$
$- \log p \quad = \overline{4},3643050$
$- \log (p - c) = \overline{4},7498592$
$\rule{3cm}{0.4pt}$
$\qquad\qquad\quad \overline{1},3123904$

$\log \operatorname{tang} \frac{C}{2} = \overline{1},6561952$

$\frac{C}{2} = 24°22'31'',21$
$C = 48°45' 2'',42$

Calcul de S.

$\log p \quad = 3,6356950$
$\log (p - a) = 3,0314792$
$\log (p - b) = 3,1667490$
$\log (p - c) = 3,2501408$
$\rule{3cm}{0.4pt}$
$\qquad\qquad 13,0840620$
$\log S = 6,5420310$
$S = 3483623$ m. carrés.

Vérification :
$A = 73°42'50'',04$
$B = 57°32' 7'',54$
$C = 48°45' 2'',42$
$A + B + C = 180°$

OPÉRATIONS SUR LE TERRAIN.

Quand on opère sur le terrain, on imagine les points que l'on considère joints par des droites idéales; on détermine avec beaucoup de précision les angles que ces droites font entre elles, à l'aide de divers instruments, tels que la boussole, le graphomètre, le cercle répétiteur, dont la description ne peut trouver place ici. La mesure des longueurs est beaucoup plus pénible que celle des angles, aussi on n'en mesure en général qu'une seule, et cela suffit toujours ; la droite à mesurer est indiquée par des jalons intermédiaires, et on obtient sa mesure avec la chaîne d'arpenteur, ou mieux avec des règles divisées. Voici quelques exemples.

Déterminer la distance d'un point accessible à un point inaccessible.

95. — Soit A le point accessible et B le point inaccessible,

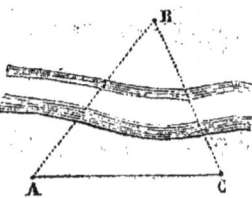

Fig. 34.

dont on est séparé, par exemple, par une rivière (fig. 34); à partir du point A on jalonne sur la rive où l'on se trouve une droite AC, que l'on mesure ainsi que les deux angles BAC, ACB; connaissant trois éléments du triangle ABC, on peut obtenir le côté AB par le calcul.

Déterminer la distance de deux points inaccessibles.

96. — Supposons maintenant les deux points A et B (fig. 35)

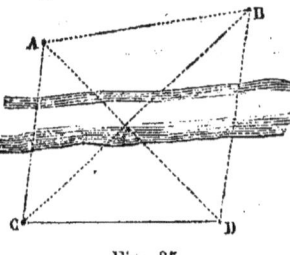

Fig. 35.

sur une même rive du fleuve et l'observateur sur l'autre ; on trace une base CD et l'on obtient, comme dans le cas précédent, les longueurs CA et CB ; on mesure ensuite l'angle ACB. Connaissant dans le triangle ABC deux côtés et l'angle compris, on pourra calculer le côté AB. Lorsque les points A, B, C, D sont dans un

APPLICATIONS. 103

même plan, l'angle ACB est la différence des deux angles ACD, BCD, déjà mesurés.

Mesurer la hauteur d'une tour dont la base est accessible.

97. — Supposons la base A située sur un terrain horizontal, ou du moins sur un terrain où l'on puisse jalonner aisément une droite horizontale AC (fig. 36) ; on mesure cette droite et on place le cercle gradué en C en le disposant dans le plan vertical qui passe par le point A ; le cercle donne l'angle formé par le rayon visuel C'B et l'horizontale C'A' ; la connaissance de deux des éléments du triangle rectangle A"BC'

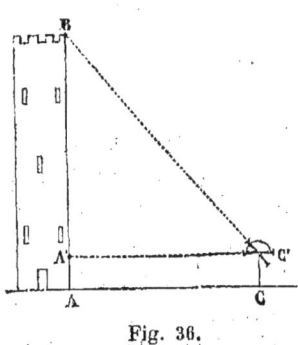

Fig. 36.

permet de calculer A'B ; cette droite, augmentée de la longueur du pied de l'instrument, est la hauteur de la tour.

Mesurer la hauteur d'une montagne au-dessus du niveau de la plaine.

98. — Dans la plaine on trace une droite arbitraire BC (fig. 37) que l'on mesure, ainsi que les angles ABC, ACB, formés par la droite BC avec les rayons visuels menés des points B et C au sommet A de la montagne ; puis au point B, par exemple, on place le cercle dans le plan vertical mené par la droite BA, et l'on détermine l'inclinaison de cette droite sur l'horizontale BD. (Dans le cas particulier où la ligne BC se trouve avec le point A dans un même plan vertical, cet angle est le supplément de ABC.) Les trois premières mesures donnent trois éléments du triangle ABC, on peut donc calculer BA ;

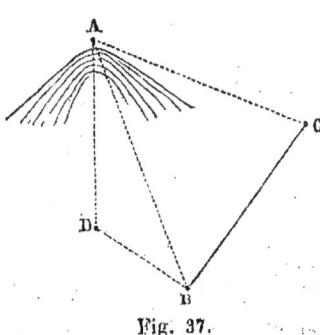

Fig. 37.

on déterminera ensuite la hauteur AD par le triangle rectangle ABD ; en y ajoutant la longueur du pied de l'instrument, on aura la hauteur de la montagne.

Ce procédé peut être employé pour obtenir la hauteur du faîte d'un édifice dont la base inaccessible se trouve de niveau avec la plaine.

Trois points A, B, C, *étant situés sur un terrain uni et rapportés sur une carte, déterminer le point* P, *d'où les distances* CA *et* CB *ont été vues sous des angles qu'on a mesurés.*

99. — Soient α et β (fig. 38) les angles sous lesquels du point P ont été vues les distances AC et BC.

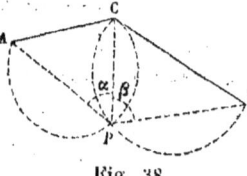

Fig. 38.

Il est facile de déterminer la position du point P sur la carte par une construction graphique[1]; il suffit de décrire sur la droite AC un segment capable de l'angle α, sur la droite BC un segment capable de l'angle β, et de prendre l'intersection de ces deux cercles.

On déterminera avec plus de précision la position du point P, en calculant les deux angles CAP, CBP, que nous désignerons par x et y. Nous représenterons d'ailleurs par a et b les longueurs connues AC, BC, et par γ l'angle ACB. Dans les triangles ACP, BCP, on a

$$CP = \frac{a \sin x}{\sin \alpha} = \frac{b \sin y}{\sin \beta};$$

d'où

$$\frac{\sin x}{b \sin \alpha} = \frac{\sin y}{a \sin \beta},$$

et, en combinant ces deux rapports égaux par addition et soustraction,

$$\frac{\sin x + \sin y}{b \sin \alpha + a \sin \beta} = \frac{\sin x - \sin y}{b \sin \alpha - a \sin \beta},$$

ou

$$\frac{\sin x - \sin y}{\sin x + \sin y} = \frac{b \sin \alpha - a \sin \beta}{b \sin \alpha + a \sin \beta};$$

si l'on remplace par des produits la somme et la différence des sinus, il vient

APPLICATIONS.

$$\frac{\tan \frac{x-y}{2}}{\tan \frac{x+y}{2}} = \frac{b \sin \alpha - a \sin \beta}{b \sin \alpha + a \sin \beta}.$$

On connaît la somme des deux angles x et y ; car dans le quadrilatère PACB, on a

$$x + y = 360° - (\alpha + \beta + \gamma),$$

(1) $\qquad \dfrac{x+y}{2} = 180° - \dfrac{\alpha + \beta + \gamma}{2}.$

De l'équation précédente on déduit la différence

$$\tan \frac{x-y}{2} = \tan \frac{x+y}{2} \times \frac{b \sin \alpha - a \sin \beta}{b \sin \alpha + a \sin \beta}.$$

Il s'agit de rendre cette formule calculable par logarithmes. Écrivons-la sous la forme

$$\tan \frac{x-y}{2} = \tan \frac{x+y}{2} \times \frac{1 - \dfrac{a \sin \beta}{b \sin \alpha}}{1 + \dfrac{a \sin \beta}{b \sin \alpha}},$$

et posons

$$\tan \varphi = \frac{a \sin \beta}{b \sin \alpha};$$

le second facteur devient

$$\frac{1 - \tan \varphi}{1 + \tan \varphi} = \tan (45° - \varphi);$$

et l'on a la formule

(2) $\qquad \tan \dfrac{x-y}{2} = \tan \dfrac{x+y}{2} \tan (45° - \varphi).$

Il est un cas où les deux angles α et β, sous lesquels du point P on voit les deux distances AC et BC, ne déterminent pas la position de ce point ; c'est lorsqu'on a $\alpha + \beta + \gamma = 180°$; dans ce cas, le quadrilatère ACBP est inscriptible dans un cercle ; les deux circonférences décrites sur AC et sur BC coïncident, et il y a indétermination. En appliquant les formules précédentes, on trouverait

$$\frac{x+y}{2} = 90°, \qquad \frac{\sin \alpha}{a} = \frac{\sin \beta}{b},$$

et par suite,

$$\varphi = 45°, \quad \tang\frac{x-y}{2} = \infty \times 0 = \frac{0}{0}.$$

TRIANGULATION.

100. — Pour effectuer une opération géodésique sur une grande étendue de pays, on recouvre le pays d'un réseau de triangles, on mesure avec des règles une base dans les conditions les plus favorables, et avec un bon cercle les angles de tous ces triangles. Puis, partant de la base, on détermine de proche en proche par des calculs trigonométriques les côtés de tous ces triangles.

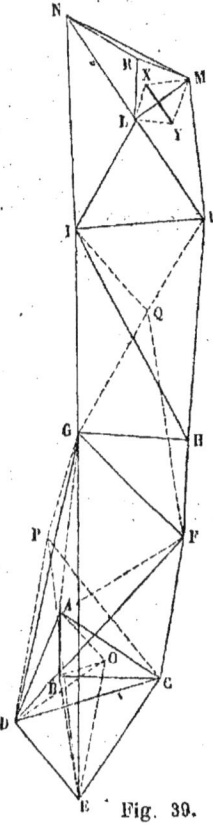

Fig. 39.

Nous citerons, comme exemple, la triangulation qui a été exécutée dans le XVIIe siècle (1669 et 1670) par l'astronome Picard, entre Malvoisine et Amiens, sur un espace d'environ 22 lieues. Cette opération est restée célèbre dans l'histoire de la science : c'est la première opération précise qui ait été faite pour arriver à la connaissance exacte de la grandeur de la terre. Les résultats trouvés par Picard ont d'ailleurs servi à Newton pour vérifier sa loi de l'attraction universelle. La base a été mesurée entre Villejuif et Juvisy, tout le long du grand chemin depuis le milieu du moulin de Villejuif jusqu'au pavillon de Juvisy ; Picard plaçait simplement ses règles sur le pavé du chemin qui est très-uni ; il a trouvé 5662 toises 5 pieds, en allant, et 5663 toises 1 pied en revenant ; il a pris la moyenne 5663 toises pour longueur de sa base fondamentale.

« La distance que l'on s'est proposé « de mesurer (nous citons les paroles « de Picard) depuis Malvoisine jusqu'à Sourdon s'est trouvée

« partagée en trois parties : de Malvoisine à Mareuil, de Ma-
« reuil à Clermont, de Clermont à Sourdon. Ces distances ont
« été déterminées au moyen de onze principaux triangles
« représentés par la fig. 39 ; les autres triangles ponctués ont
« servi de vérification.

« Voici la liste des stations et des endroits précis auxquels
« on a pointé pour former les triangles :

« A. Milieu du moulin de Villejuif. — B. Plus proche coin du pa-
« villon de Juvisy. — C. Pointe de clocher de Brie-Comte-Robert. —
« D. Milieu de la tour de Montlhéry. — E. Haut du pavillon de Mal-
« voisine. — F. Pièce de bois dressée exprès au bout des ruines de
« la tour de Montjay et grossie de paille. — G. Milieu du tertre de
« Mareuil, où l'on a été obligé de faire des feux pour le marquer. —
« H. Le clocher de Saint-Christophe, proche Senlis. — I. Clocher de
« Saint-Samson de Compiègne.—K. Le moulin de Jonquières, proche
« Compiègne.—L. Clocher de Coyvrel.—M. Un petit arbre sur la mon-
« tagne de Boulogne, proche Montdidier. — N. Clocher de Sourdon. —
« AB. Base mesurée entre Villejuif et Juvisy. — XY. Seconde base me-
« surée à l'autre extrémité du réseau et devant servir de vérification. »

Nous proposons aux élèves comme exercice le calcul des triangles
successifs, dans l'ordre même suivi par Picard.

« 1°   Triangle ABC.

$$CAB = 54°\ 4'\ 35''$$
$$ABC = 95°\ 6'\ 55''$$
$$ACB = 30°\ 48'\ 30''$$
$$AB = 5663 \text{ toises.}$$

« Donc $AC = 11012,83$ et $BC = 8954$ toises.

« 2°   Triangle ADC.

$$DAC = 77°\ 25'\ 50''$$
$$ADC = 55°\ 0'\ 10''$$
$$ACD = 47°\ 34'\ 0''$$
$$AC = 11012,83.$$

« Donc $DC = 13121,5$ et $AD = 9922,33$.

« 3° Triangle DEC.

$$DEC = 74° \ 9' \ 30''$$
$$DCE = 40° \ 34' \ 0''$$
$$CDE = 65° \ 16' \ 30''$$
$$DC = 13121,5.$$

« Donc $DE = 8870,5$ et $CE = 12389,5.$

« 4° Triangle DCF

$$DCF = 113° \ 47' \ 40''$$
$$DFC = 33° \ 40' \ 0''$$
$$FDC = 32° \ 32' \ 20''$$
$$DC = 13121,5.$$

« Donc $DF = 21658$ toises.

« 5° Triangle DFG.

$$DFG = 92° \ 5' \ 20''$$
$$DGF = 57° \ 34' \ 0''$$
$$GDF = 30° \ 20' \ 40''$$
$$DF = 21658 \text{ toises}$$

« Donc $DC = 25643$ et $FG = 12963,5.$

« 6° Triangle GDE.

$$GDE = 128° \ 9' \ 30''$$
$$DG = 25643$$
$$DE = 8870,5.$$

« Donc GE = 31897. Telle est la distance de Malvoisine à Mareuil. « Par le calcul du même triangle, on trouvera les angles DGE = 12° 38' « et DEG = 39° 12' 30'' tels que d'ailleurs ils ont été trouvés par ob-« servation, ce qui sert de vérification. »

Avant d'aller plus loin, Picard s'est assuré de l'exactitude de cette première distance par plusieurs autres vérifications. Il a calculé de nouveau AD, au moyen des triangles AOB et AOD ; puis DE par le triangle DOE, CE par ACE, DF par ACF et FAD, FG par GAF, GE par GDC et GCE. La distance trouvée pour GE par cette seconde série de calculs est 31893,50 au lieu de 31897. Picard a pris la moyenne 31895 toises.

7° Triangle QFG.

$$QFG = 36° \ 50' \ 0''$$
$$QGF = 104° \ 48' \ 30''$$
$$GF = 12963,5$$

Donc $QG = 12523.$

APPLICATIONS.

8°
Triangle QGI.

QGI = 31° 50′ 50″
QIG = 43° 39′ 30″
QG = 12523.

Donc GI = 17562 toises, QI = 9570.

Par les triangles FGH et GHI, Picard avait trouvé, pour la distance GI de Mareuil à Clermont, une longueur plus petite de 5 toises; et il a préféré la première détermination à cause d'une incertitude dans le pointé du point H, milieu du gros pavillon ovale du château de Dammartin.

9°
Triangle QIK.

QIK = 49° 20′ 30″
QIK = 53° 6′ 40″
QI = 9570.

Donc KI = 11683.

10°
Triangle IKL.

LIK = 58° 31′ 50
IKL = 58° 31′ 0″
IK = 11683.

Donc KL = 11188,33 et IL = 11186,67.

11°
Triangle KLM.

LKM = 28° 52′ 30″
KLM = 63° 31′ 0″
KL = 11188,33.

Donc LM = 6036,33.

12°
Triangle LMN.

LMN = 60° 38′ 0″
MNL = 29° 28′ 20″
LM = 6036,33.

Donc LN = 10691 toises.

13°
Triangle ILN.

ILN = 360° − (ILK + KLM + MLN) = 119° 32′ 40″
LN = 10691
IL = 11866,6

Donc IM = 18905 toises.

Telle est la distance IN de Clermont à Sourdon. Pour vérifier ces dernières opérations, Picard mesura une seconde base XY de 3902 toises dans une grande plaine entre Coyvrel et la montagne de Boulogne. De cette base, par les triangles XYL, XYM, MYL, dont les angles ont été mesurés, on déduit ML = 6037 toises, au lieu de 6036,33 trouvées précédemment; ceci donne à proportion IN = 18907 et GI = 17564 toises. La différence est très-petite.

Picard prolongea ses opérations jusqu'à Amiens, au moyen de deux triangles, et il rattacha à son réseau les tours de Notre-Dame de Paris et l'Observatoire.

Réduction des angles aux centres des stations.

101.—Dans les grandes opérations géodésiques, les sommets des triangles sont en général des points très-élevés, comme des flèches de clochers ou des mires aux sommets des montagnes. Quand on veut mesurer les angles de ces triangles, il est rarement possible de placer exactement le cercle au sommet de l'angle que l'on veut mesurer ; dans ce cas, on le place à côté, dans une position commode, mais aussi près que possible. Ce n'est donc pas l'angle même du triangle que l'on a mesuré, mais un angle qui en diffère très-peu, et il faut faire subir à cet angle une petite correction que l'on appelle réduction au centre de station.

Soient ABC (fig. 40) l'un des triangles du réseau, C l'angle que l'on veut mesurer, O le point où l'on a placé le cercle dans le voisinage du point C; l'angle mesuré est l'angle AOB; il faut en déduire l'angle ACB. Désignons par α et β les deux angles très-petits OAC, OBC, et soit I le point d'intersection des deux droites CA et OB. Dans les deux triangles CIB, OIA, les angles en I opposés par le sommet étant égaux entre eux, la somme des autres angles est la même ; on a donc

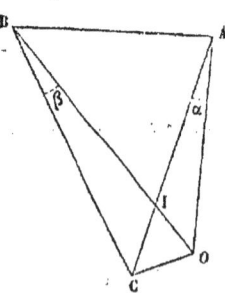

Fig. 40.

$$C + \beta = O + \alpha,$$

d'où

$$C = O + (\alpha - \beta).$$

Ainsi, pour avoir l'angle cherché ACB, il faut à l'angle mesuré AOB, ajouter la quantité $\alpha - \beta$.

Il s'agit maintenant de déterminer les angles α et β. Désignons par a, b, c les longueurs des côtés du triangle ABC, et par r la distance très-petite OC. Dans les triangles AOC et BOC, on a

$$\frac{\sin \alpha}{r} = \frac{\sin \text{AOC}}{b}, \quad \frac{\sin \beta}{r} = \frac{\sin \text{BOC}}{a};$$

d'où

$$\sin \alpha = \frac{r \sin \text{AOC}}{b}, \quad \sin \beta = \frac{r \sin \text{BOC}}{a}.$$

On sait (n° 47) que le sinus d'un arc très-petit ne diffère de l'arc que d'une quantité très-petite par rapport à l'arc lui-même; on peut donc remplacer approximativement $\sin \alpha$ et $\sin \beta$ par les arcs eux-mêmes α et β; on aura donc

$$\alpha = \frac{r \sin \text{AOC}}{b}, \quad \beta = \frac{r \sin \text{BOC}}{a}.$$

Les angles sont évalués, non par des longueurs d'arcs, mais en degrés, minutes et secondes, et, quand il s'agit d'arcs très-petits, on prend pour unité la seconde. Un angle étant évalué en secondes, il est facile de trouver l'arc correspondant, et réciproquement. La demi-circonférence comprenant 648000 secondes, l'arc d'une seconde a une longueur égale à $\frac{\pi}{648000}$, le rayon étant pris pour l'unité. Désignons par ω cette longueur de l'arc d'une seconde. Soit x la longueur d'un arc quelconque, x_1 le nombre des secondes contenues dans cet arc, on aura évidemment $x = x_1 \omega$, ou inversement $x_1 = \frac{x}{\omega}$. Mais dans les calculs par logarithmes, on peut remplacer $\log \omega$ par $\log \sin \omega$ ou $\log \sin 1''$, puisque ces logarithmes ont leurs sept premières décimales communes; on a de cette manière

$$x = x_1 \times \sin 1'', \quad x_1 = \frac{x}{\sin 1''}.$$

Ainsi, *quand un angle est mesuré par la longueur de l'arc compris entre ses côtés, pour l'évaluer en secondes, il suffit de* diviser la longueur de l'arc par sin 1″. Réciproquement, *quand un angle est évalué en secondes, pour avoir la longueur de l'arc, il suffit de multiplier le nombre des secondes par* sin 1″.

Dans la question précédente, si l'on appelle α_1 et β_1 les angles α et β évalués en secondes, nous aurons

$$\alpha_1 = \frac{r \sin AOC}{b \sin 1''}, \quad \beta_1 = \frac{r \sin BOC}{a \sin 1''}.$$

Ainsi la correction ε, c'est-à-dire ce qu'il faut ajouter à l'angle mesuré O pour avoir l'angle cherché C, est donnée par la formule

$$(1) \quad \varepsilon = \frac{r \sin AOC}{b \sin 1''} - \frac{r \sin BOC}{a \sin 1''}.$$

On mesure les angles AOC, BOC avec le cercle, et il suffit d'en mesurer un, parce que leur différence est égale à l'angle AOB.

Outre ces angles, la formule (1) contient la distance OC que l'on mesure aussi exactement que l'on peut et les côtés a et b du triangle ABC. Mais nous ferons remarquer qu'il suffit, pour effectuer la correction, de connaître les valeurs approchées de ces côtés; l'erreur qui en résulte dans la valeur de ε est très-petite par rapport à cette quantité elle-même, et par conséquent négligeable. Or, le triangle ABC, que nous considérons, fait partie d'un réseau; le calcul des triangles antérieurs a donné la longueur de l'un des côtés de ce triangle; d'autre part, deux angles au moins du triangle ont été mesurés en plaçant le cercle à une petite distance des sommets; si l'on adopte provisoirement ces angles non corrigés et si l'on résout le triangle, on en déduira des valeurs approchées des autres côtés, qui suffiront pour effectuer la correction des angles mesurés. On recommencera ensuite la résolution exacte du triangle avec les angles corrigés.

Supposons, par exemple, que le calcul des triangles antérieurs ait donné la longueur a du côté BC, on a

$$\frac{b}{a} = \frac{\sin B}{\sin A}, \quad \text{d'où} \quad b = \frac{a \sin B}{\sin A},$$

et, si l'on substitue dans la formule (1)

$$\varepsilon = \frac{r \sin A \sin AOC}{a \sin B \sin 1''} - \frac{r \sin BOC}{a \sin 1''}.$$

On calculera la valeur de ε en se servant des valeurs approchées des angles du triangle.

La correction relative à l'angle B, c'est-à-dire la réduction au centre de station, si le cercle n'a pas été placé au sommet B exactement, se fera de la même manière.

102 — *Remarque.* Lorsqu'un point est déterminé par l'intersection de deux lignes droites, si ces lignes se coupent sous un angle très-petit ou voisin de 180 degrés, une variation très-petite dans la position de l'une des droites produira une grande erreur sur la position du point d'intersection. Il importe donc d'éviter dans les triangulations les angles trop petits ou trop voisins de 180 degrés. Supposons, par exemple, qu'il s'agisse de mesurer la hauteur d'une tour, comme nous l'avons expliqué au n° 97, et, pour préciser, considérons simplement l'influence que peut avoir l'erreur commise dans la mesure de l'angle A'C'B. Soit b la base A'C', γ l'angle A'C'B donné par l'instrument, ε l'erreur commise dans la mesure de cet angle; la hauteur calculée est $b \tang \gamma$; la hauteur vraie h est $b \tang (\gamma + \varepsilon)$; l'erreur commise est donc

$$b [\tang (\gamma + \varepsilon) - \tang \gamma] = h \frac{\tang (\gamma + \varepsilon) - \tang \gamma}{\tang (\gamma + \varepsilon)}$$
$$= \frac{2h \sin \varepsilon}{\sin (2\gamma + \varepsilon) + \sin \varepsilon}.$$

L'erreur ε restant la même, on voit que l'erreur commise sur la hauteur sera la plus petite possible quand $2\gamma + \varepsilon$ sera voisin de 90 degrés, et par conséquent l'angle γ voisin de 45 degrés. Telle est la valeur la plus favorable pour l'angle d'observation.

Exercices.

1° Si l'on représente par r le rayon du cercle inscrit à un triangle, par r_a, r_b, r_c, les rayons des trois cercles ex-inscrits (c'est-à-dire des trois cercles extérieurs au triangle et tangents aux trois côtés), et par R le rayon du cercle circonscrit, on a

$$S = \sqrt{rr_a r_b r_c},$$
$$\frac{1}{r} = \frac{1}{r_a} + \frac{1}{r_b} + \frac{1}{r_c}.$$
$$R = \frac{1}{4}(r_a + r_b + r_c - r).$$

Lorsque le triangle est rectangle, en désignant par a l'hypoténuse, on a les relations plus simples

$$S = p(p-a) = (p-b)(p-c) = rr_a = r_b r_c,$$
$$r_a - r = r_b + r_c = a.$$

2º Si l'on désigne par A, B, C les angles d'un triangle quelconque, on a

$$\cot \frac{A}{2} + \cot \frac{B}{2} + \cot \frac{C}{2} = \cot \frac{A}{2} \cot \frac{B}{2} \cot \frac{C}{2} = \frac{2S}{r^2},$$

$$\sin A + \sin B + \sin C = \frac{p}{R},$$

$$\sin A \sin B \sin C = \frac{pr}{R^2},$$

$$\sin^2 \frac{A}{2} + \sin^2 \frac{B}{2} + \sin^2 \frac{C}{2} = 1 - \frac{r}{2R},$$

$$\sin \frac{A}{2} \sin \frac{B}{2} \sin \frac{C}{2} = \frac{r}{4R},$$

$$\cos \frac{A}{2} \cos \frac{B}{2} \cos \frac{C}{2} = \frac{r}{4R}.$$

3º Soient d, d_a, d_b, d_c les distances du centre du cercle circonscrit aux centres du cercle inscrit et des cercles ex-inscrits ; on a

$$d^2 = R^2 - 2Rr, \quad d_a^2 = R^2 + 2Rr_a,$$
$$d_b^2 = R^2 + 2Rr_b, \quad d_c^2 = R^2 + 2Rr_c.$$

4º Soient $\delta_a, \delta_b, \delta_c$ les segments des bissectrices compris entre les sommets et le centre du cercle inscrit, $\delta'_a, \delta'_b, \delta'_c$ les portions restantes ; on a

$$\delta_a = \frac{bc}{p}\cos\frac{A}{2}, \quad \delta_b = \frac{ca}{p}\cos\frac{B}{2}, \quad \delta_c = \frac{ab}{p}\cos\frac{C}{2},$$

$$\delta'_a = \frac{abc}{p(b+c)}\cos\frac{A}{2}, \quad \delta'_b = \frac{abc}{p(c+a)}\cos\frac{B}{2}, \quad \delta'_c = \frac{abc}{p(a+b)}\cos\frac{C}{2}$$

APPLICATIONS.

d'où
$$\frac{\delta_a\,\delta_b\,\delta_c}{\delta'_a\,\delta'_b\,\delta'_c} = \frac{(b+c)(c+a)(a+b)}{abc}.$$

5° Soient O, O_a, O_b, O_c les centres du cercle inscrit et des cercles ex-inscrits, on a

$$OO_a = \frac{a}{\cos\frac{A}{2}}, \quad OO_b = \frac{b}{\cos\frac{B}{2}}, \quad OO_c = \frac{c}{\cos\frac{C}{2}},$$

$$O_b O_c = \frac{a}{\sin\frac{A}{2}}, \quad O_c O_a = \frac{b}{\sin\frac{B}{2}}, \quad O_a O_b = \frac{c}{\sin\frac{C}{2}},$$

$$\overline{OO_a}^2 + \overline{OO_b}^2 + \overline{OO_c}^2 + \overline{O_b O_c}^2 + \overline{O_c O_a}^2 + \overline{O_a O_b}^2 = 48R^2.$$

6° Soient e_a, e_b, e_c les segments des hauteurs compris entre leur point de rencontre et les trois sommets, e'_a, e'_b, e'_c les trois autres segments ; on a

$$e_a = 2R\cos A, \quad e_b = 2R\cos B, \quad e_c = 2R\cos C,$$

$$e_a e'_a = e_b e'_b = e_c e'_c = \frac{a^2 b^2 c^2}{4S^2}\cos A \cos B \cos C,$$

$$a^2 + e_a^2 = b^2 + e_b^2 = c^2 + e_c^2 = 4R^2.$$

7° Partager un arc en deux parties telles que la somme, ou le produit, ou la somme des carrés des cordes soit maximum ou minimum.

8° Si l'on désigne par m et n les deux diagonales d'un quadrilatère, et par α l'angle de ces deux diagonales, la surface du quadrilatère est représentée par la formule

$$S = \frac{1}{2}mn \sin\alpha.$$

9° Si l'on désigne par a, b, c, d les quatre côtés d'un quadrilatère inscrit dans un cercle, et par $2p$ son périmètre, la surface est exprimée par la formule

$$S = \sqrt{(p-a)(p-b)(p-c)(p-d)}.$$

10° Calculer les diagonales d'un quadrilatère inscrit dans un cercle et le rayon du cercle, en fonction des côtés du quadrilatère.

11° Par un point A pris arbitrairement dans le plan d'un cercle on mène diverses sécantes et l'on joint au centre O les points d'intersection B et C de chacune d'elles, démontrer que le produit $\tang\frac{AOB}{2}\tang\frac{AOC}{2}$ est constant, quelle que soit la sécante menée par le point A.

12° Le produit des perpendiculaires abaissées d'un point quelconque d'une circonférence sur deux côtés opposés d'un quadrilatère inscrit est égal au produit des perpendiculaires abaissées du même point sur les deux autres côtés.

13° Le produit des perpendiculaires abaissées d'un point quelconque d'une circonférence sur deux tangentes à cette circonférence est égal au carré de la perpendiculaire abaissée du même point sur la corde des contacts.

14° D'un point quelconque P on mène à un cercle quatre sécantes qui le coupent respectivement en a et a', b et b', c et c', d et d' : démontrer la relation

$$\frac{\sin \frac{ca}{2}}{\sin \frac{cb}{2}} : \frac{\sin \frac{da}{2}}{\sin \frac{db}{2}} = \frac{\sin \frac{c'a'}{2}}{\sin \frac{c'b'}{2}} : \frac{\sin \frac{d'a'}{2}}{\sin \frac{d'b'}{2}}.$$

15° D'un point quelconque P on mène à un cercle une tangente PD' et une sécante PAB ; on trace ensuite le diamètre D'OD, et l'on joint l'extrémité D aux deux points A et B : démontrer que les deux droites DA et DB interceptent sur le diamètre PO deux segments OG, OH égaux entre eux.

16° Résoudre un triangle connaissant trois quelconques des rayons désignés par r, r_a, r_b, r_c, R.

17° Résoudre un triangle connaissant les trois médianes, ou les trois bissectrices.

18° Résoudre un triangle connaissant un côté a, la perpendiculaire h abaissée sur ce côté du sommet A, et la somme $b+c$.

19° Résoudre un triangle connaissant les angles et le volume décrit par le triangle dans sa rotation autour du côté a.

20° Lorsque les sinus des angles A, B, C d'un triangle sont en progression arithmétique, on a

$$\tan \frac{A}{2} \tan \frac{C}{2} = \frac{1}{3}.$$

21° Lorsque les cotangentes des angles A, B, C d'un triangle sont en progression arithmétique, les carrés des côtés a, b, c sont aussi en progression arithmétique.

22° Lorsque les côtés a, b, c d'un triangle sont en progression arithmétique, on a

$$\cos \frac{A-C}{2} = 2 \sin \frac{B}{2}, \quad a \cos^2 \frac{C}{2} + c \cos^2 \frac{A}{2} = \frac{3}{2} b.$$

23° Lorsque les cotangentes des moitiés des angles ABC d'un triangle sont en progression arithmétique, on a

$$\cot \frac{A}{2} \cot \frac{C}{2} = 3.$$

LIVRE III

TRIGONOMÉTRIE SPHÉRIQUE.

CHAPITRE I

Propriétés des triangles sphériques.

103. — Soit O le sommet d'un angle trièdre dont OA, OB, OC sont les arêtes; si du point O comme centre, avec un rayon arbitraire, on décrit une sphère, l'angle trièdre déterminera sur la surface de la sphère un triangle sphérique. Les angles A, B, C de ce triangle sont précisément les angles dièdres de l'angle trièdre; les côtés opposés, dont nous représentons les longueurs par a, b, c, en prenant le rayon de la sphère pour unité, mesurent les angles plans ou les faces de l'angle trièdre. Chacun des six éléments du triangle sphérique est compris entre 0 et π. On sait que chaque côté est plus petit que la somme des deux autres, que le périmètre $a + b + c$ est inférieur à 2π, et que, réciproquement, ces conditions sont suffisantes pour qu'avec trois côtés donnés on puisse former un triangle sphérique. Quant à la somme des angles, elle varie de π à 3π.

Un triangle sphérique est déterminé lorsqu'on connaît trois quelconques de ces six éléments; il n'est pas nécessaire, comme pour les triangles rectilignes, qu'il y ait un côté parmi les éléments donnés. Comme les constructions graphiques, à l'aide desquelles on pourrait déterminer les éléments inconnus,

LIVRE III, CHAPITRE I.

sont plus compliquées que celles qui se rapportent aux triangles rectilignes, l'incertitude sur l'approximation des résultats seraient encore plus grande que pour ceux-ci. Il importe donc de remplacer ces constructions par des calculs numériques : c'est le but de la trigonométrie sphérique. Le problème général consiste, étant donnés trois éléments d'un triangle, à déterminer chacun des trois éléments inconnus. On résoudra ce problème au moyen de relations entre les six éléments pris quatre à quatre. Ces relations, au nombre de quinze, sont de quatre espèces différentes : 1° entre les trois côtés et un angle ; 2° entre deux côtés, et les deux angles opposés ; 3° entre deux côtés, l'angle compris, et l'angle opposé à l'un d'eux ; 4° entre un côté et les trois angles.

RELATIONS ENTRE LES TROIS COTÉS ET UN ANGLE.

101. — Par le sommet O de l'angle trièdre menons dans le plan AOB (fig. 41), et du côté de OB, une perpendiculaire OM à OA ; de même dans le plan AOC et du côté de OC une perpendiculaire ON à OA ; le plan MON, renfermant deux droites perpendiculaires à OA, est perpendiculaire à cette arête, et l'angle MON mesure l'angle dièdre OA ou l'angle A du

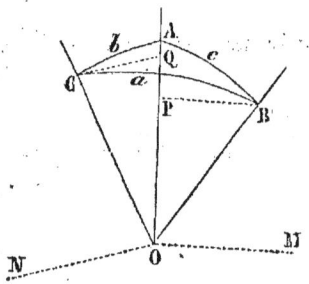

Fig. 41.

triangle sphérique. Sur la circonférence AB, en partant du point A et marchant dans le sens AB, on parcourt l'arc AB=c ; du point B, abaissons la perpendiculaire BP sur OA ; l'arc c a pour sinus la longueur BP (toujours affectée du signe $+$, puisque l'arc est moindre que π), et pour cosinus la longueur OP affectée du signe $+$ ou du signe $-$, suivant qu'elle est comptée sur OA ou sur son prolongement. Sur la circonférence AC, en partant du point A et marchant dans le sens AC, on parcourt de même l'arc b ; abaissons la perpendiculaire CQ sur OA, on a sin b = CQ, cos b = $\pm$ OQ. La projection de la ligne droite OB sur la droite OC est égale à la somme des projections sur cette même droite des deux côtés de la ligne brisée OPB. La projection de OB est cos a. La direction OA fait avec OC l'angle b; si le point P tombe sur OA, la projection de OP est OP cos b, ou cos c cos b, puisque cos c est, dans ce cas, égal à $+$ OP. Si le point P tombe sur le prolongement OA′ de OA (fig. 42), la projection de OP est OP $\times$ cos A′OC, ou $-$ OP $\times$ cos b, puisque l'angle A′OC est supplémentaire de b; mais, dans ce cas, on a cos $c = -$ OP; la projection a donc pour expression cos c cos b, comme dans le premier cas. La droite PB étant parallèle à OM et de même sens, sa projection est PB $\times$ cos COM, ou sin c cos COM; on a donc

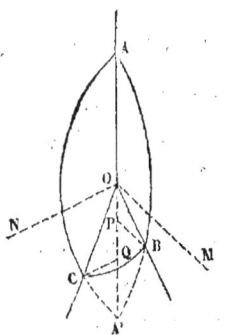

Fig. 42.

$$\cos a = \cos c \cos b + \sin c \cos \text{COM}.$$

Projetons maintenant sur la droite OM la ligne droite OC et la ligne brisée OQC. La projection de OC est cos COM; la droite OQ faisant avec OM un angle droit, sa projection est nulle. La droite QC, étant parallèle à la droite ON qui fait avec OM l'angle A, a pour projection QC $\times$ cos A, ou sin b cos A; on a donc

$$\cos \text{COM} = \sin b \cos A.$$

Si l'on remplace cos COM par sa valeur dans la relation précédente, il vient

$$\cos a = \cos c \cos b + \sin c \sin b \cos A.$$

On obtient ainsi les relations de première espèce, entre les trois côtés et un angle,

(1) $\begin{cases} \cos a = \cos b \cos c + \sin b \sin c \cos A, \\ \cos b = \cos c \cos a + \sin c \sin a \cos B, \\ \cos c = \cos a \cos b + \sin a \sin b \cos C. \end{cases}$

Puisqu'on peut prendre arbitrairement trois des six éléments d'un triangle sphérique, il n'existe que trois relations distinctes entre ces six éléments. Des trois relations précédentes, que l'on nomme équations fondamentales, il sera donc possible de déduire toutes les autres par des transformations algébriques.

RELATIONS ENTRE DEUX CÔTÉS ET LES DEUX ANGLES OPPOSÉS.

105. — On demande, par exemple, la relation qui existe entre les côtés a et b et les deux angles opposés A et B. Il faut, entre les équations (1), éliminer c et C ; comme C n'entre pas dans les deux premières, il suffit d'éliminer c entre ces deux équations. Si on les ajoute et si on les retranche membre à membre, elles donnent

$$(\cos a + \cos b)(1 - \cos c) = \sin c (\sin b \cos A + \sin a \cos B),$$
$$(\cos a - \cos b)(1 + \cos c) = \sin c (\sin b \cos A - \sin a \cos B);$$

si l'on multiplie membre à membre ces deux dernières, le premier membre contient le facteur $1 - \cos^2 c$, le second le facteur $\sin^2 c$; si l'on supprime ces facteurs égaux, c est éliminé, et l'on a

$$\cos^2 a - \cos^2 b = \sin^2 b \cos^2 A - \sin^2 a \cos^2 B,$$

d'où

$$\sin^2 a \sin^2 B = \sin^2 b \sin^2 A,$$

et, puisque les sinus sont positifs,

$$\sin a \sin B = \sin b \sin A,$$

ou

$$\frac{\sin a}{\sin A} = \frac{\sin b}{\sin B}.$$

On a donc les trois rapports égaux

(2) $$\frac{\sin a}{\sin A} = \frac{\sin b}{\sin B} = \frac{\sin c}{\sin C}.$$

Ainsi, *dans un triangle sphérique, les sinus des côtés sont proportionnels aux sinus des angles opposés.*

On obtient directement ces relations de la manière suivante: du point C, abaissons une perpendiculaire CD sur le plan AOB (fig. 43) : du pied D, menons dans ce plan les droites DP et DQ perpendiculaires sur OA et OB, et joignons CP et CQ. Les

PROPRIÉTÉS DES TRIANGLES SPHÉRIQUES.

droites CP et CQ, en vertu d'un théorème connu, sont aussi perpendiculaires sur OA et OB, et, par conséquent, les angles CPD et CQD mesurent les angles A et B du triangle sphérique. Mais les triangles rectangles CDP, CDQ donnent

$$CD = \sin b \, \sin A = \sin a \, \sin B\,;$$

donc $\dfrac{\sin a}{\sin A} = \dfrac{\sin b}{\sin B}$.

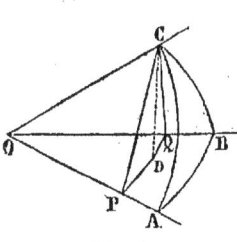

Fig. 43.

RELATIONS ENTRE DEUX CÔTÉS, L'ANGLE COMPRIS, ET L'ANGLE OPPOSÉ A L'UN D'EUX.

106. — On demande, par exemple, la relation qui existe entre a, b, C, A. Il faut éliminer c et B. Si, dans la première des équations (1), on remplace $\cos c$ par $\cos a \cos b + \sin a \sin b \cos C$, et $\sin c$ par $\sin a \dfrac{\sin C}{\sin A}$, il vient

$$\cos a \, \sin^2 b = \sin a \, \sin b \left(\cos b \cos C + \sin C \dfrac{\cos A}{\sin A} \right),$$

et, si on divise par $\sin a \sin b$,

$$\cot a \, \sin b = \cos b \cos C + \sin C \cot A.$$

Les formules de cette espèce sont au nombre de six :

(3)
$$\begin{cases} \cot a \sin b = \cos b \cos C + \sin C \cot A, \\ \cot a \sin c = \cos c \cos B + \sin B \cot A, \\ \cot b \sin c = \cos c \cos A + \sin A \cot B, \\ \cot b \sin a = \cos a \cos C + \sin C \cot B, \\ \cot c \sin a = \cos a \cos B + \sin B \cot C, \\ \cot c \sin b = \cos b \cos A + \sin A \cot C. \end{cases}$$

RELATION ENTRE UN CÔTÉ ET LES TROIS ANGLES.

107. — Considérons le triangle polaire du triangle ABC et désignons par a', b', c' ses côtés, par A', B', C' ses angles. Les côtés de chacun des triangles étant supplémentaires des angles de l'autre, on a

$$a' = \pi - A, \quad b' = \pi - B, \quad c' = \pi - C,$$
$$A' = \pi - a, \quad B' = \pi - b, \quad C' = \pi - c.$$

En appliquant au triangle polaire la relation fondamentale, on a

$$\cos a' = \cos b' \cos c' + \sin b' \sin c' \cos A';$$

si l'on remplace les éléments de ce triangle par leurs valeurs, il vient

$$-\cos A = \cos B \cos C - \sin B \sin C \cos a;$$

ou

$$\cos A = -\cos B \cos C + \sin B \sin C \cos a.$$

On obtient ainsi les trois relations de quatrième espèce

(4) $\begin{cases} \cos A = -\cos B \cos C + \sin B \sin C \cos a, \\ \cos B = -\cos C \cos A + \sin C \sin A \cos b, \\ \cos C = -\cos A \cos B + \sin A \sin B \cos c. \end{cases}$

108. — On peut déduire ces relations des équations (1), par une transformation algébrique.

On demande, par exemple, la relation qui existe entre les angles et le côté a. Il faut éliminer b et c. Si, dans la première des équations (1), on remplace $\cos c$ par

$$\cos a \cos b + \sin a \sin b \cos C,$$

on a

$$\cos a \sin^2 b = \sin a \sin b \cos b \cos C + \sin b \sin c \cos A;$$

si on divise par $\sin b$ et si on remplace $\sin a$, $\sin b$, $\sin c$ par les quantités proportionnelles $\sin A$, $\sin B$, $\sin C$, il vient

$$\cos a \sin B = \cos b \sin A \cos C + \sin C \cos A.$$

On aurait de même, en remplaçant $\cos c$ par sa valeur, dans la seconde des équations (1),

$$\cos b \sin A = \cos a \sin B \cos C + \sin C \cos B.$$

L'élimination de b entre ces deux dernières équations donne la relation cherchée

$$\cos A = -\cos B \cos C + \sin B \sin C \cos a.$$

PROPRIÉTÉS DES TRIANGLES RECTANGLES.

109. — Soit A l'angle droit. Celles des relations précédentes qui renferment l'angle A deviennent

$$\cos a = \cos b \cos c;$$
$$\sin b = \sin a \sin B, \qquad \sin c = \sin a \sin C;$$
$$\tang b = \tang a \cos C, \qquad \tang c = \tang a \cos B,$$
$$\tang b = \sin c \tang B, \qquad \tang c = \sin b \tang C;$$
$$\cos a = \cot B \cot C,$$
$$\cos B = \sin C \cos b, \qquad \cos C = \sin B \cos c.$$

On obtient toutes ces relations à l'aide d'une règle mnémonique très-simple. Sur les côtés de l'angle droit du triangle rectangle (fig. 44), on écrit $\frac{\pi}{2} - b$, $\frac{\pi}{2} - c$ à la place de b et c, et l'on considère les cinq quantités $\frac{\pi}{2} - b$, C, a, B, $\frac{\pi}{2} - c$ comme formant une suite fermée; les relations précédentes sont données par la règle suivante : *Le cosinus de l'une quelconque des cinq quantités est égal au produit des cotangentes des deux adjacentes ou au produit des sinus des deux opposées.* D'après cela, il est facile d'avoir la relation entre trois quelconques des éléments d'un triangle rectangle ; car, si l'on prend au hasard trois des cinq quantités que nous venons de considérer, ou elles seront toutes trois adjacentes, ou deux seront adjacentes et la troisième isolée des deux autres ; dans les deux cas la règle précédente donnera entre elles une relation binôme.

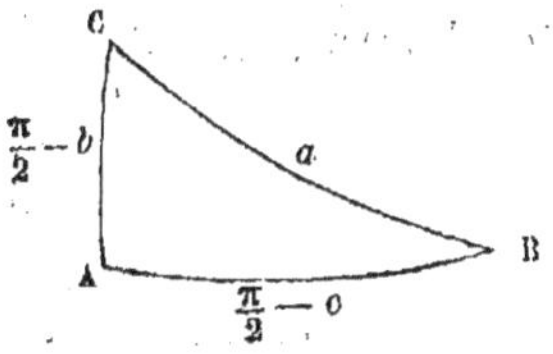

Fig. 44.

1° On demande, par exemple, une relation entre les trois éléments b, C, a ; puisque les quantités $\frac{\pi}{2} - b$, C, a sont consécutives, on a

$$\cos C = \cot\left(\frac{\pi}{2} - b\right) \cot a,$$

ou

$$\tang b = \tang a \cos C.$$

2° On demande une relation entre les éléments b, C, B ; comme $\frac{\pi}{2} - b$ et C sont adjacents et B isolé, on a

$$\cos B = \sin\left(\frac{\pi}{2} - b\right) \sin C = \cos b \sin C.$$

0. — *Remarques.* Les relations précédentes conduisent à quelques propriétés des triangles rectangles qu'il est bon d'indiquer.

1° La formule $\cos a = \cos b \cos c$ montre que les trois côtés a, b, c sont aigus, ou que deux sont obtus et l'autre aigu.

2° La formule $\tang b = \sin c \tang B$ exige que b et B soient simultanément aigus ou obtus, c'est-à-dire qu'un côté de l'angle droit et l'angle opposé sont toujours de même espèce.

3° On peut construire un triangle rectangle en prenant arbitrairement, soit les deux côtés de l'angle droit, soit l'hypoténuse et un angle, soit un côté de l'angle droit et l'angle adjacent ; il en résulte que trois éléments qui satisfont à l'une des relations précédentes appartiennent à un triangle sphérique rectangle, pourvu toutefois que b et B, ou c et C soient de même espèce, si cette relation est l'une de celles où entrent ces éléments.

EXPRESSION DES ANGLES EN FONCTION DES COTÉS.

111. — Parmi les diverses relations établies entre les éléments d'un triangle sphérique quelconque, les relations (2) sont les seules qui se prêtent au calcul par logarithmes ; on transforme les autres de manière à en obtenir de nouvelles qui présentent le même avantage.

La première des équations (1) donne

$$\cos A = \frac{\cos a - \cos b \cos c}{\sin b \sin c} ;$$

si, dans les formules

$$\sin \frac{A}{2} = \sqrt{\frac{1 - \cos A}{2}}, \quad \cos \frac{A}{2} = \sqrt{\frac{1 + \cos A}{2}},$$

PROPRIÉTÉS DES TRIANGLES SPHÉRIQUES.

on remplace cos A par sa valeur, il vient

$$\sin \frac{A}{2} = \sqrt{\frac{\cos b \cos c + \sin b \sin c - \cos a}{2 \sin b \sin c}} = \sqrt{\frac{\cos(b-c) - \cos a}{2 \sin b \sin c}}$$

$$= \sqrt{\frac{\sin \frac{a+c-b}{2} \sin \frac{a+b-c}{2}}{\sin b \sin c}},$$

$$\cos \frac{A}{2} = \sqrt{\frac{\cos a - \cos b \cos c + \sin b \sin c}{2 \sin b \sin c}} = \sqrt{\frac{\cos a - \cos(b+c)}{2 \sin b \sin c}}$$

$$= \sqrt{\frac{\sin \frac{a+b+c}{2} \sin \frac{b+c-a}{2}}{\sin b \sin c}}.$$

En posant $a + b + c = 2p$, on en déduit

$$(5) \quad \begin{cases} \sin \dfrac{A}{2} = \sqrt{\dfrac{\sin (p-b) \sin (p-c)}{\sin b \sin c}}, \\ \cos \dfrac{A}{2} = \sqrt{\dfrac{\sin p \sin (p-a)}{\sin b \sin c}}, \\ \tang \dfrac{A}{2} = \sqrt{\dfrac{\sin (p-b) \sin (p-c)}{\sin p \sin (p-a)}}, \end{cases}$$

EXPRESSION DES CÔTÉS EN FONCTION DES ANGLES.

112. — Les équations (4), par des transformations analogues aux précédentes, donnent, si l'on pose $2S = A + B + C - \pi$,

$$(6) \quad \begin{cases} \cos \dfrac{a}{2} = \sqrt{\dfrac{\sin (B-S) \sin (C-S)}{\sin B \sin C}}, \\ \sin \dfrac{a}{2} = \sqrt{\dfrac{\sin S \sin (A-S)}{\sin B \sin C}}, \\ \cot \dfrac{a}{2} = \sqrt{\dfrac{\sin (B-S) \sin (C-S)}{\sin S \sin (A-S)}}, \end{cases}$$

La quantité $2S$ s'appelle l'*excès sphérique* du triangle.

Ces dernières relations se déduisent aussi des relations (5) à l'aide du triangle polaire.

FORMULES DE DELAMBRE.

113. — Ces formules sont

$$(7)\begin{cases}\dfrac{\sin\dfrac{A+B}{2}}{\cos\dfrac{C}{2}}=\dfrac{\cos\dfrac{a-b}{2}}{\cos\dfrac{c}{2}}, & \dfrac{\sin\dfrac{A-B}{2}}{\cos\dfrac{C}{2}}=\dfrac{\sin\dfrac{a-b}{2}}{\sin\dfrac{c}{2}},\\[2ex] \dfrac{\cos\dfrac{A+B}{2}}{\sin\dfrac{C}{2}}=\dfrac{\cos\dfrac{a+b}{2}}{\cos\dfrac{c}{2}}, & \dfrac{\cos\dfrac{A-B}{2}}{\sin\dfrac{C}{2}}=\dfrac{\sin\dfrac{a+b}{2}}{\sin\dfrac{c}{2}}.\end{cases}$$

En effet, la relation

$$\sin\frac{A+B}{2}=\sin\frac{A}{2}\cos\frac{B}{2}+\cos\frac{A}{2}\sin\frac{B}{2},$$

au moyen des formules (5), devient

$$\sin\frac{A+B}{2}=\frac{\sin(p-a)+\sin(p-b)}{\sin c}\sqrt{\frac{\sin p\sin(p-c)}{\sin a\sin b}},$$

$$\sin\frac{A+B}{2}=\frac{2\sin\dfrac{c}{2}\cos\dfrac{a-b}{2}}{2\sin\dfrac{c}{2}\cos\dfrac{c}{2}}\cos\frac{C}{2}=\frac{\cos\dfrac{a-b}{2}\cos\dfrac{C}{2}}{\cos\dfrac{c}{2}}.$$

On démontrerait de la même manière chacune des trois autres formules.

Voici un procédé mnémonique assez commode pour se rappeler les formules de Delambre : si l'on met les angles dans le premier membre, les côtés dans le second : 1° le premier membre contient deux lignes trigonométriques différentes, le second membre deux lignes semblables ; 2° en ne considérant que les numérateurs, à un sinus dans l'un des deux membres correspond dans l'autre un signe —, à un cosinus le signe +.

ANALOGIES DE NÉPER.

114. — Si l'on divise membre à membre la première des relations (7) par la troisième, la seconde par la quatrième,

PROPRIÉTÉS DES TRIANGLES SPHÉRIQUES.

la quatrième par la troisième, et enfin la seconde par la première, on obtient les quatre formules

$$(8) \begin{cases} \dfrac{\tang \dfrac{A+B}{2}}{\cot \dfrac{C}{2}} = \dfrac{\cos \dfrac{a-b}{2}}{\cos \dfrac{a+b}{2}}, & \dfrac{\tang \dfrac{A-B}{2}}{\cot \dfrac{C}{2}} = \dfrac{\sin \dfrac{a-b}{2}}{\sin \dfrac{a+b}{2}}, \\[2ex] \dfrac{\tang \dfrac{a+b}{2}}{\tang \dfrac{c}{2}} = \dfrac{\cos \dfrac{A-B}{2}}{\cos \dfrac{A+B}{2}}, & \dfrac{\tang \dfrac{a-b}{2}}{\tang \dfrac{c}{2}} = \dfrac{\sin \dfrac{A-B}{2}}{\sin \dfrac{A+B}{2}}. \end{cases}$$

EXPRESSIONS DIVERSES DE L'EXCÈS SPHÉRIQUE.

115. — La surface d'un triangle sphérique dépend de son excès sphérique ; nous indiquerons diverses formules pour obtenir cette quantité.

Cherchons d'abord l'expression de l'excès sphérique au moyen de deux côtés et de l'angle compris. Si l'on multiplie membre à membre les formules qui donnent $\cot \dfrac{a}{2}$ et $\cot \dfrac{b}{2}$ en fonction des angles (n° 112), il vient

$$\cot \frac{a}{2} \cot \frac{b}{2} = \frac{\sin(C-S)}{\sin S} = \frac{\sin C \cos S - \sin S \cos C}{\sin S}$$
$$= \sin C \cot S - \cos C,$$

d'où

$$(9) \qquad \cot S = \frac{\cot \dfrac{a}{2} \cot \dfrac{b}{2} + \cos C}{\sin C}.$$

Il en résulte que l'angle C restant fixe, si l'on fait varier les côtés a et b sans altérer la surface, le produit $\cot \dfrac{a}{2} \cot \dfrac{b}{2}$ reste constant.

116. — Cehrchons maintenant l'expression de l'excès sphérique en fonction des côtés. Si, dans les formules de Delambre

$$\frac{\sin \dfrac{A+B}{2}}{\cos \dfrac{C}{2}} = \frac{\cos \dfrac{a-b}{2}}{\cos \dfrac{c}{2}}, \qquad \frac{\cos \dfrac{A+B}{2}}{\sin \dfrac{C}{2}} = \frac{\cos \dfrac{a+b}{2}}{\cos \dfrac{c}{2}},$$

on remplace
$$\frac{A+B}{2} \quad \text{par} \quad \frac{\pi}{2}-\left(\frac{C}{2}-S\right),$$
il vient
$$\frac{\cos\left(\frac{C}{2}-S\right)}{\cos\frac{C}{2}}=\frac{\cos\frac{a-b}{2}}{\cos\frac{c}{2}}, \quad \frac{\sin\left(\frac{C}{2}-S\right)}{\sin\frac{C}{2}}=\frac{\cos\frac{a+b}{2}}{\cos\frac{c}{2}},$$

La première de ces équations donne
$$\frac{\cos\left(\frac{C}{2}-S\right)-\cos\frac{C}{2}}{\cos\left(\frac{C}{2}-S\right)+\cos\frac{C}{2}}=\frac{\cos\frac{a-b}{2}-\cos\frac{c}{2}}{\cos\frac{a-b}{2}+\cos\frac{c}{2}},$$

et, par suite,
$$\tang\frac{S}{2}\tang\frac{C-S}{2}=\tang\frac{p-a}{2}\tang\frac{p-b}{2}.$$

La seconde donne de la même manière
$$\frac{\tang\frac{S}{2}}{\tang\frac{C-S}{2}}=\tang\frac{p}{2}\tang\frac{p-c}{2};$$

en multipliant ces deux équations membre à membre, on obtient la relation

$$(10)\quad \tang\frac{S}{2}=\sqrt{\tang\frac{p}{2}\tang\frac{p-a}{2}\tang\frac{p-b}{2}\tang\frac{p-c}{2}}.$$

CERCLE INSCRIT.

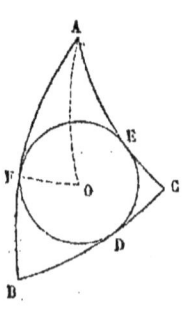

Fig. 45.

117. — Soient O le centre du cercle inscrit à un triangle sphérique ABC, D, E, F les points de contact (fig. 45). Appelons r l'arc de grand cercle OF qui joint le centre à l'un des points de contact, c'est-à-dire le rayon sphérique du cercle inscrit. Les distances des sommets aux points de contact étant égales deux à deux, la somme des trois arcs BD, DC, AE est égale au demi-périmètre du triangle ; on a donc
$$AE = AF = p-a, \quad BD = BF = p-b,$$
$$CE = CD = p-c.$$

PROPRIÉTÉS DES TRIANGLES SPHÉRIQUES.

Le triangle rectangle AOF donne

$$\tang r = \tang \frac{A}{2} \sin(p-a).$$

Si l'on remplace $\tang \frac{A}{2}$ par sa valeur en fonction des côtés, on a la formule

$$(11) \quad \tang r = \sqrt{\frac{\sin(p-a)\sin(p-b)\sin(p-c)}{\sin p}}.$$

CERCLE CIRCONSCRIT.

118. — Soit O le centre du cercle circonscrit au triangle ABC (fig. 46); joignons le point O aux trois sommets, et abaissons l'arc OD perpendiculaire sur BC. Les trois triangles AOB, BOC, COA sont isocèles; si l'on désigne par α les deux angles égaux OBC, OCB, par β les deux angles égaux OCA, OAC, et par γ les deux angles égaux OAB, OBA, on a

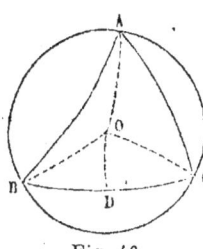

Fig. 46.

$$\beta+\gamma = A, \quad \gamma+\alpha = B, \quad \alpha+\beta = C;$$

on en déduit

$$\alpha = \frac{B+C-A}{2} = \frac{\pi}{2} - (A-S).$$

Si l'on appelle R l'arc OB ou le rayon sphérique du cercle circonscrit, le triangle rectangle OBD donne

$$\cot R = \cot \frac{a}{2} \cos \alpha = \cot \frac{a}{2} \sin(A-S);$$

en remplaçant $\cot \frac{a}{2}$ par sa valeur en fonction des angles (n° 112), on obtient la formule

$$(12) \quad \cot R = \sqrt{\frac{\sin(A-S)\sin(B-S)\sin(C-S)}{\sin S}}.$$

119. — *Remarque.* Trois grands cercles partagent la surface de la sphère en huit triangles qui sont deux à deux

9

symétriques; les cercles inscrits ou circonscrits à deux triangles symétriques sont égaux. Les formules précédentes se rapportent au triangle dont les éléments sont a, b, c, A, B, C. On démontre aisément que l'on obtient les rayons des cercles inscrits à ces différents triangles par les relations

$$\tan r \sin p$$
$$= \tan r_a \sin(p-a) = \tan r_b \sin(p-b) = \tan r_c \sin(p-c)$$
$$= \sqrt{\sin p \sin(p-a) \sin(p-b) \sin(p-c)},$$

et les rayons des cercles circonscrits par les relations

$$\cot R \sin S$$
$$= \cot R_a \sin(A-S) = \cot R_b \sin(B-S) = \cot R_c \sin(C-S)$$
$$= \sqrt{\sin S \sin(A-S) \sin(B-S) \sin(C-S)},$$

dans lesquelles r_a, R_a désignent le rayon du cercle inscrit et le rayon du cercle circonscrit au triangle qui a pour sommets B, C et le point A′ symétrique de A.

CHAPITRE II

Résolution des triangles sphériques.

120. — On peut prendre à volonté trois des six éléments d'un triangle sphérique. Supposons que l'on donne les trois côtés a, b, c ; on a vu en géométrie élémentaire que les conditions nécessaires et suffisantes pour l'existence d'un triangle sphérique sont : 1° que le plus grand côté soit plus petit que la somme des deux autres ; 2° que la somme des trois côtés soit moindre qu'une circonférence de grand cercle.

Nous rappellerons ici la démonstration de ce théorème important. Sur une circonférence de grand cercle prenons un arc BC (fig. 47) égal au plus grand côté a, et soient BD $= c$ et CF $= b$ les deux autres côtés ; du point B comme pôle, avec une ouverture de compas égale à la corde qui sous-tend l'arc BD, décrivons un petit cercle DAE ; du point C comme pôle, avec une ouverture de compas égale à la corde CF, décrivons de même un petit cercle FAG. Il est aisé de voir que ces deux petits cercles se coupent en un point A. Considérons, en effet, la calotte sphérique limitée par le petit cercle DAE et ayant pour pôle le point B ; puisque l'arc BC est plus petit que BD $+$ CF, le point F est situé entre B et D, et par conséquent à l'intérieur de la calotte sphérique. D'autre part, la somme des côtés du triangle, savoir EB $+$ BC $+$ CG, étant moindre que la circonférence du grand cercle, le point G est situé sur l'arc CB'E, et par conséquent

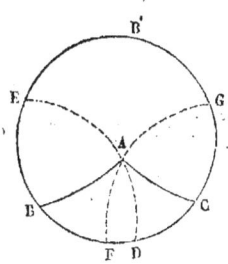

Fig. 47.

à l'extérieur de la calotte. Ainsi la circonférence de petit cercle FAG va d'un point intérieur F à un point extérieur G ; donc elle coupe nécessairement en un certain point A la circonférence DAE qui limite cette calotte. En joignant les points B et C au point A par des arcs de grand cercle, on obtiendra le triangle sphérique demandé ABC.

Les deux petits cercles se coupent en un second point, ce qui donne un second triangle symétrique du premier. Mais, en trigonométrie sphérique, on ne compte ces deux triangles symétriques que comme une seule solution, puisque les éléments sont les mêmes et seront donnés par un même calcul.

121. — Il est facile d'en déduire les conditions d'existence du triangle sphérique quand on donne les trois angles. Quand on donne les trois angles A, B, C d'un triangle, on donne les trois côtés $a' = \pi - A$, $b' = \pi - B$, $c' = \pi - C$ du triangle polaire ; pour que l'on puisse construire le triangle polaire, et par suite le triangle proposé, il faut que la somme des trois côtés de ce triangle polaire soit moindre que 2π et que le plus grand côté a' soit plus petit que la somme des deux autres, ce qui donne les deux conditions

$$a' + b' + c' < 2\pi, \quad a' < b' + c';$$

si l'on remplace les côtés a', b', c' par leurs valeurs, ces deux conditions deviennent

$$A + B + C > \pi, \quad A + \pi > B + C.$$

D'ailleurs elles sont suffisantes : car, lorsqu'elles sont remplies, on peut construire le triangle polaire, et par suite le triangle demandé. Ainsi, quand on donne les angles d'un triangle sphérique, les conditions d'existence du triangle sont : 1° que la somme des angles soit plus grande que deux angles droits ; 2° que le plus petit angle augmenté de deux angles droits soit plus grand que la somme des deux autres

RÉSOLUTION DES TRIANGLES RECTANGLES.

La résolution des triangles rectangles est comprise dans la règle mnémonique indiquée au n° 109; mais il est bon d'examiner séparément les différents cas qui sont au nombre de six. On peut donner : 1° les deux côtés de l'angle droit; 2° un côté de l'angle droit et l'hypoténuse ; 3° un côté de l'angle droit et l'angle adjacent ; 4° un côté de l'angle droit et l'angle opposé ; 5° l'hypoténuse et un angle ; 6° les deux angles.

122. — *Premier cas.* — Données : b, c.

Le triangle est toujours possible et les éléments inconnus sont donnés sans ambiguïté par les formules

$$\cos a = \cos b \cos c, \quad \tang B = \frac{\tang b}{\sin c}, \quad \tang C = \frac{\tang c}{\sin b}.$$

Il peut arriver que l'hypoténuse a soit donnée avec peu de précision par son cosinus. Dans ce cas, on calculera d'abord l'angle B, puis on déterminera a par la formule

$$\cot a = \cos B \cot c.$$

123. — *Deuxième cas.* — Données : a, b.

Soient ABA', APA' (fig. 48) deux grands cercles perpendiculaires entre eux, qui se coupent suivant le diamètre AA'. Prenons AC $= b$. Tous les arcs menés du point C aux divers points du grand cercle ABA' sont compris entre b et $\pi - b$; le triangle ne sera donc possible qu'autant que a sera compris entre ces mêmes limites. Lorsque cette condition est satisfaite, on décrit du point C comme pôle, avec la corde de l'arc a pour rayon, un petit cercle qui coupera la circonférence ABA' en deux points B et B'; on joindra chacun d'eux au point C par un arc de grand cercle, et l'on aura deux triangles symétriques. On

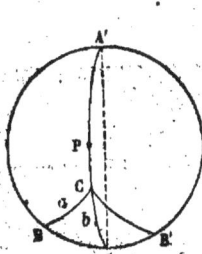

Fig. 48.

calcule les éléments inconnus par les formules

$$(1) \quad \sin B = \frac{\sin b}{\sin a}, \quad \cos c = \frac{\cos a}{\cos b}, \quad \cos C = \frac{\tang b}{\tang a}.$$

On prend B, qui est donné par son sinus, de même espèce que b.

Ces formules, déterminant les éléments par des sinus ou des cosinus, pourraient ne pas donner une approximation suffisante. Dans ce cas, on calculera les inconnues par leurs tangentes ; on a en effet

$$\tang \frac{c}{2} = \sqrt{\frac{1-\cos c}{1+\cos c}} = \sqrt{\frac{\cos b - \cos a}{\cos b + \cos a}} = \sqrt{\tang \frac{a+b}{2} \tang \frac{a-b}{2}},$$

$$\tang \frac{C}{2} = \sqrt{\frac{1-\cos C}{1+\cos C}} = \sqrt{\frac{\tang a - \tang b}{\tang a + \tang b}} = \sqrt{\frac{\sin(a-b)}{\sin(a+b)}},$$

$$\tang\left(45° - \frac{B}{2}\right) = \pm\sqrt{\frac{1-\sin B}{1+\sin B}} = \pm\sqrt{\frac{\sin a - \sin b}{\sin a + \sin b}} = \pm\sqrt{\frac{\tang \frac{a-b}{2}}{\tang \frac{a+b}{2}}},$$

Dans cette dernière formule, on prendra le signe $+$ ou le signe $-$, suivant que le côté donné b est aigu ou obtus, puisque l'angle B est de même espèce que le côté b.

124. — *Troisième cas.* — Données ; c, B.

Le triangle existe toujours. On obtient les inconnues, sans ambiguïté, par les formules

$$\tang b = \sin c \tang B, \quad \cos C = \sin B \cos c, \quad \tang a = \frac{\tang c}{\cos B}.$$

Afin d'éviter l'inconvénient que présente la détermination de l'angle C par un cosinus, on pourra, après avoir trouvé le côté b, calculer l'angle C par la formule

$$\tang C = \frac{\tang c}{\sin b}.$$

RÉSOLUTION DES TRIANGLES SPHÉRIQUES.

125. — *Quatrième cas.* — Données : b, B.

Supposons d'abord B aigu. Soient BDB′, BEB′ (fig. 49) deux
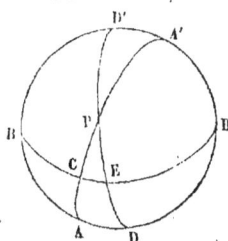
demi-grands cercles qui se coupent suivant le diamètre BB′, en faisant un angle égal à B. Il s'agit de mener un grand cercle perpendiculaire à BDB′, et tel que l'arc AC de ce cercle, compris dans le fuseau BDB′E soit égal à b. Les divers cercles perpendiculaires au grand cercle BDB′ passent par le pôle P de ce cercle;

Fig. 49.

soit PED, celui qui est perpendiculaire à la fois à BDB′ et à BEB′; ce cercle a son pôle en B et l'arc DE, compris dans le fuseau, mesure l'angle B ; l'arc PE est plus petit que PC, il en résulte CA < ED, ou CA < B. La condition de possibilité est donc $b <$ B ; lorsqu'elle est satisfaite, on obtient le sommet C en décrivant un petit cercle, du pôle P, avec un rayon sphérique égal à $\frac{\pi}{2} - b$; ce petit cercle coupera l'arc BEB′ en deux points ; un grand cercle passant par l'un de ces points et le pôle P partagera le fuseau en deux triangles BAC, B′AC, qui satisferont tous deux à la question.

Supposons maintenant B obtus. Soient BD′B′, BEB′ les demi-grands cercles qui font entre eux l'angle donné. Parmi tous les arcs perpendiculaires à BD′B′ et compris dans le fuseau BD′B′E, le plus petit est l'arc D′E qui mesure l'angle B ; pour que le triangle soit possible, il faut que l'on ait $b >$ B ; si cette condition est remplie, on obtient le sommet C en décrivant du point P comme pôle, avec un rayon sphérique égal à $b - \frac{\pi}{2}$, un petit cercle ; il y a deux solutions B′AC, B′A′C.

Lorsqu'on a reconnu que le triangle existe, on détermine les inconnues par les formules

$$\sin c = \frac{\tang b}{\tang B}, \quad \sin C = \frac{\cos B}{\cos b}, \quad \sin a = \frac{\sin b}{\sin B}.$$

Chaque élément, étant donné par son sinus, a deux valeurs ; on choisira c à volonté, puis C de même espèce que c ; enfin a

sera aigu ou obtus suivant que b et c seront ou ne seront pas de même espèce.

Il vaut mieux calculer les éléments cherchés par les formules

$$\operatorname{tang}\left(45° - \frac{c}{2}\right) = \pm \sqrt{\frac{\sin(B-b)}{\sin(B+b)}},$$

$$\operatorname{tang}\left(45° - \frac{C}{2}\right) = \pm \sqrt{\operatorname{tang}\frac{B+b}{2}\operatorname{tang}\frac{B-b}{2}},$$

$$\operatorname{tang}\left(45° - \frac{a}{2}\right) = \pm \sqrt{\frac{\operatorname{tang}\frac{B-b}{2}}{\operatorname{tang}\frac{B+b}{2}}}.$$

Les doubles signes correspondent aux deux solutions.

126. — *Cinquième cas.* — Données : a, B.
Le triangle existe toujours, et l'on a

$$\cot C = \frac{\cos a}{\cot B}, \quad \operatorname{tang} c = \operatorname{tang} a \cos B, \quad \sin b = \sin a \sin B.$$

On prendra b de même espèce que B.

On évitera l'inconvénient que présente la détermination du côté b par un sinus, en calculant ce côté par la formule

$$\operatorname{tang} b = \sin c \operatorname{tang} B,$$

après avoir trouvé c.

127. — *Sixième cas.* — Données : B, C. (On suppose $B > C$.)
Pour que le triangle existe, il faut que l'on puisse construire le triangle polaire avec les côtés $\frac{\pi}{2}$, $\pi - B$, $\pi - C$, suppléments des angles A, B, C ; cette construction sera possible, lorsque chacun des côtés sera plus petit que la somme des deux autres, et qu'en même temps la somme des trois côtés sera moindre que 2π. Ainsi les conditions de possibilité sont

$$B - C < \frac{\pi}{2}, \quad B + C < 3\frac{\pi}{2}, \quad B + C > \frac{\pi}{2}.$$

RÉSOLUTION DES TRIANGLES SPHÉRIQUES.

Lorsqu'elles sont remplies, on détermine les inconnues par les formules

$$\cos a = \cot B \cot C, \quad \cos b = \frac{\cos B}{\sin C}, \quad \cos c = \frac{\cos C}{\sin B}.$$

On emploiera de préférence les formules suivantes :

$$\tang \frac{a}{2} = \sqrt{-\frac{\cos(B+C)}{\cos(B-C)}},$$

$$\tang \frac{b}{2} = \sqrt{\tang\left(\frac{B+C}{2} - 45°\right) \tang\left(\frac{B-C}{2} + 45°\right)},$$

$$\tang \frac{c}{2} = \sqrt{\tang\left(\frac{B+C}{2} - 45°\right) \tang\left(\frac{C-B}{2} + 45°\right)}.$$

128. — *Remarques.* Lorsqu'un élément inconnu est déterminé par un cosinus, une tangente ou une cotangente, ayant une valeur négative, on cherche son supplément. Par exemple, dans le premier cas (n° 112), si le côté b est obtus, l'angle B sera aussi obtus, et l'on écrira

$$\tang(\pi - B) = \frac{\tang(\pi - b)}{\sin c}.$$

Le calcul logarithmique s'applique à cette dernière formule.

La résolution de certains triangles obliquangles se ramène immédiatement à celle d'un triangle rectangle.

1° Si le triangle donné a un côté égal à 90°, le triangle polaire aura un angle droit ; on connaît en outre deux autres éléments de ce triangle ; on pourra donc le résoudre, et l'on aura les éléments du triangle proposé en prenant les suppléments de ceux du triangle polaire.

2° Si l'on donne $a = b$, ou $A = B$, le triangle est isocèle ; on le résout en le partageant en deux triangles rectangles.

3° Si l'on donne $a + b = 180°$, ou $A + B = 180°$, en prolongeant les côtés a et c jusqu'à leur rencontre en B', on formera un triangle isocèle ACB' ; on résoudra ce dernier et on connaîtra les éléments du triangle proposé.

RÉSOLUTION DES TRIANGLES QUELCONQUES.

Il y a également six cas à examiner. On peut donner : 1° les trois côtés; 2° les trois angles; 3° deux côtés et l'angle compris; 4° un côté et les deux angles adjacents; 5° deux côtés et l'angle opposé à l'un d'eux ; 6° deux angles et le côté opposé à l'un d'eux. On pourrait d'ailleurs ramener trois de ces six cas aux trois autres par la considération du triangle polaire ; mais on préfère calculer directement les éléments du triangle proposé.

129. — *Premier cas.* — Données : a, b, c.

Pour que le triangle existe, il est nécessaire que la somme des côtés soit plus petite que 360° et que le plus grand côté soit moindre que la somme des deux autres. Si ces conditions sont remplies, il y a une solution unique et l'on détermine les angles par les formules du n° 111. On prendra de préférence les formules qui donnent les angles par leurs tangentes,

$$\tang \frac{A}{2} = \sqrt{\frac{\sin(p-b)\sin(p-c)}{\sin p \sin(p-a)}},$$

$$\tang \frac{B}{2} = \sqrt{\frac{\sin(p-c)\sin(p-a)}{\sin p \sin(p-b)}},$$

$$\tang \frac{C}{2} = \sqrt{\frac{\sin(p-a)\sin(p-b)}{\sin p \sin(p-c)}}.$$

130. — *Deuxième cas.* — Données : A, B, C.

Le triangle existe lorsque la somme des angles est plus grande que deux angles droits et que le plus petit angle augmenté de deux angles droits est plus grand que la somme des deux autres. Ces conditions étant remplies, il y a une solution unique, et l'on obtient les côtés par les formules n° 112,

$$\tang \frac{a}{2} = \sqrt{\frac{\sin S \sin(A-S)}{\sin(B-S)\sin(C-S)}},$$

$$\tang \frac{b}{2} = \sqrt{\frac{\sin S \sin(B-S)}{\sin(C-S)\sin(A-S)}},$$

$$\tang \frac{c}{2} = \sqrt{\frac{\sin S \sin(C-S)}{\sin(A-S)\sin(B-S)}}.$$

RÉSOLUTION DES TRIANGLES SPHÉRIQUES.

131. — *Troisième cas.* — Données : a, b, C. (On suppose $a > b$.)

Le triangle est toujours possible. On déterminera A et B par deux analogies de Néper (n° 114),

$$\frac{\operatorname{tang}\frac{A+B}{2}}{\cot\frac{C}{2}} = \frac{\cos\frac{a-b}{2}}{\cos\frac{a+b}{2}}, \qquad \frac{\operatorname{tang}\frac{A-B}{2}}{\cot\frac{C}{2}} = \frac{\sin\frac{a-b}{2}}{\sin\frac{a+b}{2}},$$

qui donnent la demi-somme et la demi-différence des angles A et B ; on calculera ensuite le côté c par une autre analogie

$$\frac{\operatorname{tang}\frac{a-b}{2}}{\operatorname{tang}\frac{c}{2}} = \frac{\sin\frac{A-B}{2}}{\sin\frac{A+B}{2}}.$$

L'angle $\frac{A+B}{2}$, compris entre 0 et π, est déterminé par sa tangente sans ambiguïté ; il en est de même de l'angle $\frac{A-B}{2}$, qui est compris entre 0 et $\frac{\pi}{2}$.

132. — *Remarques.* — Souvent dans les applications on n'a besoin que du côté c ; alors on le détermine par la formule

$$\cos c = \cos a \cos b + \sin a \sin b \cos C,$$

ou

$$\cos c = \cos b \,(\cos a + \sin a \operatorname{tang} b \cos C),$$

que l'on rend calculable par logarithmes, à l'aide d'un angle auxiliaire. Si l'on pose

$$\operatorname{tang} \varphi = \operatorname{tang} b \cos C,$$

on a

$$\cos c = \frac{\cos b \cos (a - \varphi)}{\cos \varphi}.$$

La même méthode pourrait être employée pour le calcul des angles A et B ; mais elle n'offre pas d'avantage sur la première. En effet, les formules qui établissent des relations entre chacun des éléments inconnus et les données sont

$$\cot a \sin b = \cos b \cos C + \sin C \cot A,$$
$$\cot b \sin a = \cos a \cos C + \sin C \cot B,$$

ou

$$\sin C \cot A = \cot a (\sin b - \cos b \tang a \cos C),$$
$$\sin C \cot B = \cot b (\sin a - \cos a \tang b \cos C).$$

La seconde devient calculable par logarithmes, à l'aide de l'angle auxiliaire φ considéré précédemment,

$$\cot B = \frac{\cot C \sin (a - \varphi)}{\sin \varphi}.$$

De la première on déduit pareillement

$$\cot A = \frac{\cot C \sin (b - \psi)}{\sin \psi}.$$

en posant

$$\tang \psi = \tang a \cos C.$$

133. — L'emploi des angles auxiliaires φ et ψ équivaut à la décomposition du triangle en deux triangles rectangles.

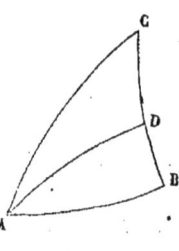

Fig. 50.

Soit AD (fig. 50) l'arc mené du point A perpendiculairement à BC ; dans le triangle ADC, on a

$$\tang CD = \tang b \cos C,$$

ce qui indique que l'angle auxiliaire φ est égal à l'arc CD. On a ensuite

$$\cos AD = \frac{\cos b}{\cos \varphi}, \quad \tang AD = \frac{\sin \varphi}{\cot C}.$$

Le triangle ADB donne

$$\cos c = \cos AD \cos (a - \varphi) = \frac{\cos b \cos (a - \varphi)}{\cos \varphi},$$

$$\cot B = \frac{\sin (a - \varphi)}{\tang AD} = \frac{\cot C \sin (a - \varphi)}{\sin \varphi}.$$

On obtiendrait de même l'angle A par une perpendiculaire menée du point B sur AC.

124. — *Quatrième cas.* — Données : A, B, c. (On suppose A > B.)

Le triangle est toujours possible. On déterminera a et b par deux des analogies de Néper

$$\frac{\tang\frac{a+b}{2}}{\tang\frac{c}{2}} = \frac{\cos\frac{A-B}{2}}{\cos\frac{A+B}{2}}, \quad \frac{\tang\frac{a-b}{2}}{\tang\frac{c}{2}} = \frac{\sin\frac{A-B}{2}}{\sin\frac{A+B}{2}},$$

qui donnent la demi-somme et la demi-différence des côtés a et b ; puis on calculera C par une autre analogie

$$\frac{\tang\frac{A-B}{2}}{\cot\frac{C}{2}} = \frac{\sin\frac{a-b}{2}}{\sin\frac{a+b}{2}}.$$

125. — *Remarques.* — Si l'on ne demandait que l'angle C, on l'obtiendrait par la formule

$$\cos C = -\cos A \cos B + \sin A \sin B \cos c,$$

ou

$$\cos C = \cos B (-\cos A + \sin A \tang B \cos c).$$

Si l'on pose

$$\cot \varphi = \tang B \cos c,$$

cette formule devient

$$\cos C = \frac{\cos B \sin (A - \varphi)}{\sin \varphi}.$$

Pour calculer par la même méthode les côtés a et b, on se servirait des formules

$$\cot a \sin c = \cos c \cos B + \sin B \cot A,$$
$$\cot b \sin c = \cos c \cos A + \sin A \cot B.$$

qui lient chacun des éléments inconnus aux données. La seconde devient calculable par logarithmes au moyen de l'angle

auxiliaire φ, et l'on a
$$\cot b = \frac{\cot c \cos (A - \varphi)}{\cos \varphi}.$$
Si l'on pose
$$\cot \psi = \tang A \cos c,$$
on déduit de la première
$$\cot a = \frac{\cot c \cos (B - \psi)}{\cos \psi}.$$

On peut interpréter, comme précédemment, cette seconde méthode de résolution du triangle par une décomposition en deux triangles rectangles. Soit, en effet, AD (fig. 50) l'arc perpendiculaire à BC; dans le triangle BAD on a
$$\cot BAD = \cos c \tang B,$$
l'angle auxiliaire φ est donc égal à BAD; puis,
$$\cos AD = \frac{\cos B}{\sin \varphi}, \quad \tang AD = \frac{\cos \varphi}{\cot c}.$$
Le triangle DAC donne ensuite
$$\cos C = \cos AD \sin CAD = \frac{\cos B \sin (A - \varphi)}{\sin \varphi},$$
$$\cot b = \frac{\cos (A - \varphi)}{\tang AD} = \frac{\cot c \cos (A - \varphi)}{\cos \varphi}.$$

On obtiendrait a, en menant du point B un arc perpendiculaire à AC.

136. — *Cinquième cas.* — Données : a, b, A.
On détermine B par la formule
$$\sin B = \frac{\sin b \sin A}{\sin a}.$$

Pour que le triangle soit possible, il faut d'abord que l'on trouve pour log sin B une quantité négative ; si cette condition est remplie, la formule donne pour B deux angles supplémentaires. On sait que, dans un triangle sphérique, de deux côtés, le plus grand est opposé au plus grand angle ; il faut donc que les deux différences $a - b$ et $A - B$ aient le même signe. Si aucune des valeurs de B, comparée à A, ne satisfait à cette condition, il est évident qu'il n'existe pas de

RÉSOLUTION DES TRIANGLES SPHÉRIQUES.

triangle admettant les éléments donnés. Si une seule des valeurs de B satisfait à la condition énoncée, on la conservera et on rejettera l'autre. Si les deux valeurs de B satisfont à la condition, on les conservera toutes les deux. Nous démontrerons que toute valeur de B satisfaisant à la condition dont il s'agit donne une solution de la question.

Quand on connaît B, on calcule C par l'une des analogies de Néper,

$$\cot \frac{C}{2} = \frac{\sin \frac{a+b}{2} \tang \frac{A-B}{2}}{\sin \frac{a-b}{2}}.$$

Puisque la valeur de B que l'on considère est telle que les deux différences $a-b$ et $A-B$ ont même signe, cette formule donnera pour $\frac{C}{2}$ un angle aigu et, par conséquent, pour C une valeur convenable.

On calcule de même c par l'analogie de Néper

$$\tang \frac{c}{2} = \frac{\sin \frac{A+B}{2} \tang \frac{a-b}{2}}{\sin \frac{A-B}{2}}.$$

Il est aisé de reconnaître que les éléments C et c ainsi calculés, joints aux éléments donnés a, b, A et à l'angle B que l'on considère, constituent bien un triangle. En effet, avec l'angle C, deux côtés et les a et b qui le comprennent on peut toujours former un triangle. Appelons c_1, A_1 et B_1 les trois autres éléments de ce triangle. Dans ce triangle on a

$$\cot \frac{C}{2} = \frac{\sin \frac{a+b}{2} \tang \frac{A_1-B_1}{2}}{\sin \frac{a-b}{2}}$$

on a d'ailleurs, en vertu du calcul même de C,

$$\cot \frac{C}{2} = \frac{\sin \frac{a+b}{2} \tang \frac{A-B}{2}}{\sin \frac{a-b}{2}};$$

donc
$$A_1 - B_1 = A - B.$$

Dans ce même triangle on a, d'autre part,
$$\frac{\sin a}{\sin b} = \frac{\sin A_1}{\sin B_1}.$$

On a d'ailleurs, en vertu du calcul même de B,
$$\frac{\sin a}{\sin b} = \frac{\sin A}{\sin B}.$$

Il en résulte
$$\frac{\sin A_1}{\sin B_1} = \frac{\sin A}{\sin B},$$

et par suite
$$\frac{\sin A_1 - \sin B_1}{\sin A_1 + \sin B_1} = \frac{\sin A - \sin B}{\sin A + \sin B},$$

ou
$$\frac{\tang \frac{A_1 - B_1}{2}}{\tang \frac{A_1 + B_1}{2}} = \frac{\tang \frac{A - B}{2}}{\tang \frac{A + B}{2}}.$$

Les angles $A_1 - B_1$ et $A - B$ étant égaux, on en conclut
$$\tang \frac{A_1 + B_1}{2} = \tang \frac{A + B}{2}.$$

Les angles $\frac{A_1 + B_1}{2}$ et $\frac{A + B}{2}$, compris entre 0 et π, ayant même tangente, sont égaux. On a ainsi $A_1 = A$, $B_1 = B$.

Dans le triangle on a encore
$$\tang \frac{c_1}{2} = \frac{\sin \frac{A_1 + B_1}{2} \tang \frac{a - b}{2}}{\sin \frac{A_1 - B_1}{2}}.$$

En comparant cette formule avec celle qui a servi à déterminer c, on voit que $c_1 = c$.

Ainsi, immédiatement après le calcul de B, on sait le nombre des solutions. Lorsqu'il y a deux solutions, on calcule successivement les deux valeurs de C et les deux valeurs de c qui correspondent aux deux valeurs de B, et on obtient ainsi les éléments des deux triangles.

RÉSOLUTION DES TRIANGLES SPHÉRIQUES.

Remarques. — On pourrait déterminer directement les éléments c et C par les formules

$$\cos a = \cos b \cos c + \sin b \sin c \cos A,$$
$$\cot a \sin b = \cos b \cos C + \sin C \cot A.$$

Si l'on pose

$$\tang \varphi = \tang b \cos A, \quad \cot \psi = \cos b \tang A,$$

on a

$$\cos(c - \psi) = \frac{\cos a \cos \varphi}{\cos b}, \quad \cos(C - \psi) = \cos \psi \tang b \cot a.$$

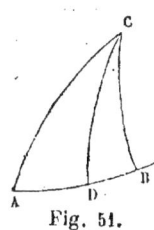

Fig. 51.

Comme on peut construire un triangle en prenant à volonté deux côtés et l'angle compris, chacune des valeurs de c ou de C donnée par ces formules est admissible. Si l'on abaisse du point C l'arc CD perpendiculaire sur AB, l'angle auxiliaire φ est égal à AD et l'angle ψ à l'angle ACD; il en résulte que les deux différences $c - \varphi$ et $C - \psi$ ont le même signe; elles sont positives ou négatives, suivant que les angles A et B sont ou ne sont pas de même espèce.

137. — *Sixième cas.* — Données : A, B, a.

On détermine b par la formule

$$\sin b = \frac{\sin a \sin B}{\sin A},$$

qui donne pour b deux valeurs supplémentaires. On conserve seulement celles qui rendent les deux différences $a - b$ et $A - B$ de même signe, et on voit ainsi combien la question admet de solutions.

On calcule ensuite c et C par les analogies de Néper employées dans le cas précédent.

Remarques. — On déterminerait directement les inconnues C, c par les formules

$$\cos A = -\cos B \cos C + \sin B \sin C \cos a,$$
$$\cot a \sin c = \cos c \cos B + \sin B \cot A.$$

Si l'on pose

$$\cot \psi = \cos a \tang B, \quad \cot \varphi = \frac{\cot a}{\cos B},$$

il vient

$$\sin(C-\psi) = \frac{\cos A \sin \psi}{\cos B}, \quad \sin(c-\varphi) = \sin\varphi \cot A \tang B.$$

En abaissant l'arc CD perpendiculaire sur AB (fig. 51), on voit que l'angle φ est égal à l'arc BD et l'angle ψ à l'angle BCD.

Les valeurs absolues des différences $c-\varphi$, $C-\psi$ représentent un côté et l'angle opposé du triangle rectangle CBD; donc ces différences sont de même espèce.

Lorsqu'on prend $c-\varphi$ aigu, les deux côtés CA, CD du triangle CAD doivent être de même espèce, et comme CD est de même espèce que B, il en résulte que b et B sont à la fois aigus ou obtus; c'est le contraire qui a lieu lorsqu'on suppose $c-\varphi$ obtus.

138. — Lorsqu'on applique la méthode des angles auxiliaires, et qu'un angle est déterminé par un cosinus, une tangente ou une cotangente ayant une valeur négative, on opère comme il a été indiqué pour les triangles rectangles (n° 128), c'est-à-dire que l'on calcule le supplément de l'angle considéré.

EXPRESSION DES CÔTÉS EN MÈTRES.

139. — Dans toutes les formules précédentes, les côtés a, b, c n'entrent que par leurs lignes trigonométriques; on peut donc les appliquer toutes les fois que les côtés sont évalués en degrés, minutes et secondes, quelle que soit la grandeur du rayon de la sphère par rapport à l'unité linéaire. Supposons que ce rayon rapporté à une certaine unité, au mètre, par exemple, ait pour mesure R; lorsqu'on connaîtra le nombre des secondes a contenues dans un côté, il sera facile de trouver le nombre de mètres a_1 correspondant. Si l'on désigne par ω la longueur de l'arc d'une seconde dans un cercle dont le rayon est pris pour unité, l'arc d'une seconde dans le grand cercle de la sphère aura pour mesure $R\omega$, on aura donc

$$a_1 = aR\omega.$$

Les sept premières décimales de log sin ω ou de log sin 1″

RÉSOLUTION DES TRIANGLES SPHÉRIQUES.

étant les mêmes que celles de log ω, on peut, dans les calculs logarithmiques, remplacer cette formule par la suivante

$$a_1 = a\mathrm{R} \sin 1''.$$

On en tire, inversement, quand la longueur a_1 est connue,

$$a = \frac{a_1}{\mathrm{R} \sin 1''}.$$

EXPRESSION DE LA SURFACE EN MÈTRES CARRÉS.

140. — La surface de la sphère de rayon R a pour expression $4\pi\mathrm{R}^2$; celle du triangle tri-rectangle, qui est la huitième partie de la sphère, a pour valeur $\dfrac{\pi\mathrm{R}^2}{2}$; si donc on désigne par T l'aire d'un triangle dont l'excès sphérique est 2S, on aura

$$\mathrm{T} = \frac{\pi \mathrm{R}^2}{2} \times \frac{2\mathrm{S}}{\mathrm{D}}.$$

L'excès sphérique 2S et l'angle droit D étant évalués en secondes, le quotient $\dfrac{\pi}{2\mathrm{D}}$ est égal au nombre ω que nous remplaçons par sin 1"; il en résulte

$$\mathrm{T} = 2\mathrm{R}^2\mathrm{S} \sin 1''.$$

Dans les applications géodésiques, en considérant la terre comme une sphère dont un grand cercle a pour circonférence 40000000 de mètres, on aura la longueur Rω de l'arc d'une seconde par la formule

$$\mathrm{R}\omega = \frac{20000000}{648000} = \frac{10000}{324};$$

d'où

$$a_1 = a \cdot \frac{10000}{324},$$

$$\mathrm{T} = \frac{2\mathrm{S}}{\sin 1''} \left(\frac{10000}{324} \right)^2.$$

DES FORMULES DE LA TRIGONOMÉTRIE SPHÉRIQUE DÉDUIRE CELLES DE LA TRIGONOMÉTRIE RECTILIGNE.

141 — Imaginons un triangle sphérique tracé sur une sphère d'un très-grand rayon, et prenons pour unité de longueur une ligne quelconque ; soient a_1, b_1, c_1, R les nombres qui représentent les côtés et le rayon mesurés avec cette unité, on aura

$$a = \frac{a_1}{R}, \quad b = \frac{b_1}{R}, \quad c = \frac{c_1}{R}.$$

Si l'on fait croître R indéfiniment, tandis que les côtés a_1, b_1, c_1 conservent des longueurs finies, le triangle sphérique a pour limite un triangle rectiligne. Les arcs a, b, c tendent vers zéro, et les produits $R \sin a$, $R \sin b$, $R \sin c$, vers a_1, b_1, c_1 ; on a en effet, $R \sin a = Ra \frac{\sin a}{a} = a_1 \frac{\sin a}{a}$; or $\lim \frac{\sin a}{a} = 1$; donc $\lim (R \sin a) = a_1$; on trouverait de même $\lim \left(R \sin \frac{a}{2} \right) = \frac{a_1}{2}$. Cela posé, les relations

$$\frac{\sin a}{\sin A} = \frac{\sin b}{\sin B} = \frac{\sin c}{\sin C}, \quad \text{ou} \quad \frac{R \sin a}{\sin A} = \frac{R \sin b}{\sin B} = \frac{R \sin c}{\sin C},$$

quand R augmente indéfiniment, deviennent

$$\frac{a_1}{\sin A} = \frac{b_1}{\sin B} = \frac{c_1}{\sin C}.$$

La formule $\cos a = \cos b \cos c + \sin b \sin c \cos A$, quand on y remplace $\cos a$ par $1 - 2 \sin^2 \frac{a}{2}$ et de même $\cos b$ et $\cos c$, s'écrit

$$\sin^2 \frac{a}{2} = \sin^2 \frac{b}{2} + \sin^2 \frac{c}{2} - 2 \sin^2 \frac{b}{2} \sin^2 \frac{c}{2} - \frac{1}{2} \sin b \sin c \cos A,$$

ou

$$\left(R \sin \frac{a}{2} \right)^2 = \left(R \sin \frac{b}{2} \right)^2 + \left(R \sin \frac{c}{2} \right)^2 - \frac{2}{R^2} \left(R \sin \frac{b}{2} \right)^2 \left(R \sin \frac{c}{2} \right)^2$$

$$- \frac{1}{2} (R \sin b)(R \sin c) \cos A$$

Quand R augmente indéfiniment, elle se réduit à

$$\left(\frac{a_1}{2} \right)^2 = \left(\frac{b_1}{2} \right)^2 + \left(\frac{c_1}{2} \right)^2 - \frac{1}{2} b_1 c_1 \cos A,$$

ou

$$a_1^2 = b_1^2 + c_1^2 - 2 b_1 c_1 \cos A.$$

CHAPITRE III

Applications.

Réduire un angle à l'horizon.

142. — On connaît l'angle AOB de deux droites OA, OB, ainsi que l'angle que fait chacune d'elles avec la verticale OZ, et l'on demande l'angle A'OB' formé par les projections des droites OA et OB sur un plan horizontal (fig. 52).

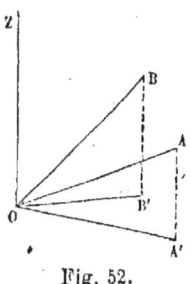

Fig. 52.

Les droites OA, OB, OZ forment un trièdre dont les trois faces sont connues. L'angle inconnu A'OB' mesure l'angle dièdre opposé à la face AOB; on l'obtient au moyen de l'une des formules qui correspondent au premier cas des triangles quelconques (n° 129).

Remarque. — Lorsqu'on se sert du théodolite, l'instrument donne directement l'angle dièdre OZ; on peut mesurer également chacun des angles ZOA, **ZOB**; on en déduirait par le calcul l'angle AOB, au moyen des formules du troisième cas des triangles quelconques. Si l'on ne demande que l'angle AOB, on devra employer la seconde méthode (n° 132).

Trouver la distance de deux points A, B *placés à la surface de la terre, connaissant leurs longitudes et leurs latitudes.*

143. — Soit P le pôle boréal (fig. 53); joignons les points P, A, B par des arcs de grands cercles, et cherchons d'abord le côté AB en degrés, minutes et secondes.

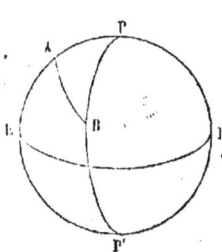

Fig. 53.

Les longitudes étant comptées de 0 à 360° l'angle P est égal à la différence entre les longitudes l et l' des deux points, si cette différence est inférieure à 180°, ou à l'excès de 360° sur la différence, si elle surpasse 180°. Les côtés PA, PB, évalués en degrés, sont 90°∓λ, 90° ∓ λ', suivant que les latitudes λ et λ' sont boréales ou australes.

Il faudra appliquer les formules du troisième cas, deuxième méthode (n° 132).

Connaissant le côté AB en degrés, on détermine sa longueur en mètres par la formule du n° 139.

On connaît les longitudes et les latitudes de trois points A, B, C placés à la surface de la terre et on demande l'aire du triangle ABC.

144. — En formant comme précédemment les triangles PAB, PAC, PBC (fig. 54), dans chacun desquels on connaît deux côtés et l'angle compris, les formules du troisième cas, première méthode, donneront

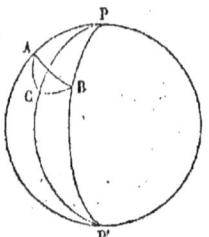

Fig. 54

$$x = \frac{PAB + PBA}{2}, \quad y = \frac{PAC + PCA}{2},$$
$$z = \frac{PBC + PCB}{2}.$$

Pour fixer les idées, supposons que le point C soit compris dans le fuseau APB, la quantité

$$\left(y + z - x - \frac{\pi}{2}\right)$$

est positive ou négative, suivant que le point C est extérieur ou intérieur au triangle APB; d'ailleurs sa valeur absolue est égale à la moitié de l'excès sphérique du triangle ABC. Dès que l'on connaît l'excès sphérique, la formule du n° 140 donne la surface en mètres carrés.

Volume d'un parallélipipède en fonction de trois arêtes contiguës et des angles qu'elles font entre elles.

145. — Soient OA, OB, OC trois arêtes contiguës d'un parallélipipède; appelons f, g, h leurs longueurs, A, B, C les angles dièdres du trièdre qui a son sommet en O, a, b, c les faces opposées, et V le volume demandé. Du point C abaissons la perpendiculaire CI sur la face AOB, et joignons le point O au point I. L'aire du parallélogramme, dont les côtés sont f et g, est

$$fg \sin AOB = fg \sin c;$$

la perpendiculaire CI a pour expression

$$CI = h \sin COI;$$

mais, dans le trièdre rectangle OCAI, on a

$$\sin COI = \sin COA \sin A = \sin b \sin A,$$

d'où

$$V = fgh \sin b \sin c \sin A = 2fgh \sin b \sin c \sin \frac{A}{2} \cos \frac{A}{2}.$$

Si l'on remplace $\sin \frac{A}{2}$, $\cos \frac{A}{2}$ par leurs valeurs en fonctions de a, b, c, (n° 111), il vient

APPLICATIONS.

$$V = 2fgh \sqrt{\sin p \sin(p-a) \sin(p-b) \sin(p-c)}.$$

Le volume de tétraèdre qui aurait pour arêtes contiguës f, g, h est le sixième du volume précédent.

APPLICATIONS NUMÉRIQUES.

146.—*Premier exemple.*—Données $a = 65°24'32'',6$, $b = 75°23'08'',4$, $c = 56°15'24'',8$.

On détermine les inconnues A, B, C, par les formules

$$\tan \frac{A}{2} = \sqrt{\frac{\sin(p-b)\sin(p-c)}{\sin p \sin(p-a)}}, \quad \tan \frac{B}{2} = \ldots$$

$a = 65°24'32'',6$	$p-a = 33°07'\ 0'',3$	$\log \sin(p-a) = \overline{1},7374685$
$b = 75°23'08'',4$	$p-b = 23°08'24'',5$	$\log \sin(p-b) = \overline{1},5943720$
$c = 56°15'24'',8$	$p-c = 42°16'08'',1$	$\log \sin(p-c) = \overline{1},8277641$
$\overline{2p = 197°03'05'',8}$	$p = 98°31'32'',9$	$\log \sin p\ \ = \overline{1},9951740$

Calcul de A.

$\log \sin(p-b) = \overline{1},5943720$
$\log \sin(p-c) = \overline{1},8277641$
$-\log \sin p\ \ = 0,0048260$
$-\log \sin(p-a) = 0,2625315$
$\overline{\ \ \ \ \ \ \ \ \ \ \ \ \ \ \ \ \ \ }$
$\ \ \ \ \ \ \ \ \ \ \ \ \ \ \overline{1},6894936$

$\log \tan \frac{A}{2} = \overline{1},8447468$

$\frac{A}{2} = 34°58'12'',92$

Calcul de C.

$\log \sin(p-a) = \overline{1},7374685$
$\log \sin(p-b) = \overline{1},5943720$
$-\log \sin p\ \ = 0,0048260$
$-\log \sin(p-c) = 0,1722359$
$\overline{\ \ \ \ \ \ \ \ \ \ \ \ \ \ \ \ \ \ }$
$\ \ \ \ \ \ \ \ \ \ \ \ \ \ \overline{1},5089024$

$\log \tan \frac{C}{2} = \overline{1},7544512$

$\frac{C}{2} = 29°36'08'',65$

Calcul de B

$\log \sin(p-c) = \overline{1},8277641$
$\log \sin(p-a) = \overline{1},7374685$
$-\log \sin p\ \ = 0,0048260$
$-\log \sin(p-b) = 0,4056280$
$\overline{\ \ \ \ \ \ \ \ \ \ \ \ \ \ \ \ \ \ }$
$\ \ \ \ \ \ \ \ \ \ \ \ \ \ \overline{1},9876866$

$\log \tan \frac{B}{2} = \overline{1},9878433$

$\frac{B}{2} = 44°11'53'',52$

$A = 69°56'25'',84$
$B = 88°23'47'',04$
$C = 59°12'17'',30$

$A+B+C = \overline{217°32'30'',18}$

d'où l'excès sphérique

$2S = 37°22'30'',18$

Calcul direct de l'excès sphérique.

$$\tan\frac{S}{2} = \sqrt{\tan\frac{p}{2}\,\tan\frac{p-a}{2}\,\tan\frac{p-b}{2}\,\tan\frac{p-c}{2}}.$$

$\log \tan \frac{p}{2} = 0{,}0648643$	$\log \tan \frac{S}{2} = \overline{1}{,}2182404$
$\log \tan \frac{p-a}{2} = \overline{1}{,}4732272$	$\frac{S}{2} = 9°23'07'',54$
$\log \tan \frac{p-b}{2} = \overline{1}{,}3111734$	$2S = 37°32'30'',16$
$\log \tan \frac{p-c}{2} = \overline{1}{,}5872158$	La différence avec la première valeur est $0'',02$.
$\overline{2}{,}4364807$	

147.—*Deuxième exemple.*—Calculer la distance de Paris à Moscou.

Données :

Paris, longitude $0°$, latitude $48°50'02''$, complément $41°09'48''$;
Moscou $35°17'30''$, $55°45'13''$, $34°14'47''$.

Formules :

$$\tan\varphi = \tan b\,\cos C, \quad \cos c = \frac{\cos b\,\cos(a-\varphi)}{\cos \varphi},$$

$b = 34°41'47''$, $a = 41°09'48''$, $C = 35°17'30''$.

Calcul de φ.	Calcul de c.
$\log \tan b = \overline{1}{,}8330090$	$\log \cos b = \overline{1}{,}9173087$
$\log \cos C = \overline{1}{,}9118081$	$\log \cos (a-\varphi) = \overline{1}{,}9902366$
	$-\log \cos \varphi = 0{,}0584315$
$\log \tan \varphi = \overline{1}{,}7448171$	
$\varphi = 29°03'34'',61$	$\log \cos c = \overline{1}{,}9659768$
$a - \varphi = 12°06'13'',36$	$c = 22°23'4''37 = 80584''37$

Calcul de c en mètres.

Formule : $\quad c = \dfrac{80584{,}37 \times 10000}{324}.$

$\log 80584{,}37 = 4{,}9062508$
$\log \quad 10000 = 4$
$\log \quad 234 = \overline{3}{,}4894550$
$\log c = 6{,}3956995$
$c = 2487131$ mètres $= 2487$ kilom.

APPLICATIONS.

Questions à résoudre.

1 — Étant donné un triangle sphérique rectangle ayant les éléments a, c, B, démontrer qu'un second triangle rectangle admet les éléments

$$a' = \frac{\pi}{2} - c, \quad c' = \frac{\pi}{2} - a, \quad B' = B.$$

2 — Si on applle l_a, l_b, l_c, les médianes d'un triangle sphérique, on a

$$\cos l_a = \frac{\cos b + \cos c}{\cos \frac{a}{2}}, \quad \cos l_b = \frac{\cos c + \cos a}{\cos \frac{b}{2}}, \quad \cos l_c = \frac{\cos a + \cos b}{\cos \frac{c}{2}}.$$

3 — Si on appelle d_a, d_b, d_c, les bissectrices des angles d'un triangle sphérique, on a

$$\tang d_a = \frac{\sin b \sin c \cos \frac{A}{2}}{\sin(b+c)}, \quad \tang d_b = \frac{\sin c \sin a \cos \frac{B}{2}}{\sin(c+a)}, \quad \tang d_c = \frac{\sin a \sin b \cos \frac{C}{2}}{\sin(a+b)}.$$

4 — On donne un petit cercle sur la sphère et un point P sur la sphère, par le point P on mène un grand cercle quelconque coupant le petit cercle en A et B ; démontrer que le produit $\tang \frac{PA}{2} \tang \frac{PB}{2}$ est constant.

5 — Si l'on appelle 2S l'excès sphérique d'un triangle, on a

$$\cot S = \frac{1 + \cos a + \cos b + \cos c}{2\Delta},$$

$$\sin S = \frac{\Delta}{2 \cos \frac{a}{2} \cos \frac{b}{2} \cos \frac{c}{2}},$$

$$\cos S = \frac{1 + \cos a + \cos b + \cos c}{4 \cos \frac{a}{2} \cos \frac{b}{2} \cos \frac{c}{2}} = \frac{\cos^2 \frac{a}{2} + \cos^2 \frac{b}{2} + \cos^2 \frac{c}{2} - 1}{2 \cos \frac{a}{2} \cos \frac{b}{2} \cos \frac{c}{2}}.$$

$$\tang \frac{S}{2} = \frac{1 - \cos^2 \frac{a}{2} - \cos^2 \frac{b}{2} - \cos^2 \frac{c}{2} + 2 \cos \frac{a}{2} \cos \frac{b}{2} \cos \frac{c}{2}}{\Delta}.$$

Dans ces formules, p désigne le demi-périmètre et Δ la quantité $\sqrt{\sin p \sin(p-a) \sin(p-b) \sin(p-c)}$.

6 — Quand le triangle est rectangle, on a

$$\tang S = \tang \frac{b}{2} \tang \frac{c}{2}.$$

7 — Si on appelle α, β, γ les arcs qui joignent deux à deux les milieux des côtés d'un triangle sphérique, on a

$$\frac{\cos \alpha}{\cos \frac{a}{2}} = \frac{\cos \beta}{\cos \frac{b}{2}} = \frac{\cos \gamma}{\cos \frac{c}{2}} = \frac{1 + \cos a + \cos b + \cos c}{4 \cos \frac{a}{2} \cos \frac{b}{2} \cos \frac{c}{2}} = \cos S.$$

8 — Si l'on prolonge l'arc α jusqu'à sa rencontre en D avec le côté a et que l'on porte à partir du point D sur l'arc α une longueur DE égale à α, sur le côté a une longueur DF égale à $\frac{a}{2}$, le triangle DEF est rectangle en F, et l'arc EF est égal au demi-excès sphérique S.

9 — Soient A, B, C et A′, B′, C′ les sommets de deux triangles polaires tracés sur une sphère qui a son centre en O, et dont le rayon est pris pour unité, λ, μ, ν les angles AOA′, BOB′, COC′, enfin v et V les volumes des parallélipipèdes qui auraient pour arêtes contiguës, le premier OA, OB, OC et le second OA′, OB′, OC′; on a

$$v = \sin a \cos \lambda = \sin b \cos \mu = \sin c \cos \nu,$$
$$V = \sin A \cos \lambda = \sin B \cos \mu = \sin C \cos \nu,$$
$$\frac{v}{V} = \frac{\sin a}{\sin A} = \frac{\sin b}{\sin B} = \frac{\sin c}{\sin C},$$
$$\cos \lambda \cos \mu \cos \nu = \sin a \sin b \sin c \sin A \sin B \sin C,$$
$$vV = \cos \lambda \cos \mu \cos \nu,$$
$$\frac{v^2}{V} = \sin a \sin b \sin c, \quad \frac{V^2}{v} = \sin A \sin B \sin C.$$

10 — Étant donnés le nombre et la grandeur des faces d'un angle solide régulier, calculer son angle dièdre, l'angle du cône inscrit et celui du cône circonscrit. Application aux polyèdres réguliers.

11 — Lorsqu'un rayon lumineux traverse un prisme obliquement à sa section principale, le rayon incident et le rayon émergent font le même angle avec cette section principale.

12 — Résoudre un triangle sphérique rectangle, connaissant l'hypoténuse et le rayon du cercle inscrit.

13 — Résoudre un triangle sphérique connaissant :
1° La base, la hauteur et l'angle au sommet ;
2° La base, la hauteur et la somme ou la différence des deux autres côtés ;
3° La base, l'angle au sommet et la somme ou la différence des deux autres côtés.

14 — Calculer les distances du pôle du cercle inscrit dans un triangle à ses trois sommets, et les distances du pôle du cercle circonscrit aux trois côtés.

APPLICATIONS.

15 — Résoudre un triangle sphérique, connaissant la base, un des angles adjacents, et la somme ou la différence des deux autres côtés.

16 — Lorsque les éléments d'un triangle sphérique satisfont aux relations

$$\frac{\sin A}{\sin a} = \frac{\sin B}{\sin b} = \frac{\sin C}{\sin c} = 1,$$

deux des côtés sont respectivement égaux aux angles opposés, tandis que le troisième côté est le supplément de l'angle opposé.

17 — Résoudre un triangle sphérique, connaissant les sommes obtenues en ajoutant à chaque côté l'angle opposé.

18 — Sur la surface d'une sphère de rayon R, on trace un petit cercle de rayon r, on divise la circonférence de ce petit cercle en trois parties proportionnelles aux nombres 1, 2, 3, et l'on joint les points de division A, B, C par des arcs de grand cercle.

Cela posé, on demande de calculer les côtés du triangle sphérique ABC en mètres, la surface en mètres carrés, et les angles en degrés, minutes, secondes.

On prendra

$$R = 6366\,198 \text{ mètres},$$
$$r = R \cos(48°50'13'').$$

(Composition pour le Concours d'admission à l'École Polytechnique en 1856.)

19 — Les arcs de grand cercle menés d'un même point aux sommets d'un triangle sphérique déterminent sur les côtés six segments ; démontrer que le produit des sinus de trois segments qui n'ont pas d'extrémité commune est égal au produit des sinus des trois autres segments. Réciproque.

20 — Un grand cercle quelconque détermine sur les côtés d'un triangle six segments ; démontrer que le produit des sinus de trois segments qui n'ont pas d'extrémité commune est égal et de signe contraire au produit des sinus des trois autres. Réciproque.

21 — Les arcs menés des sommets d'un triangle au milieu des côtés opposés se coupent au même point.

Les arcs qui divisent les angles en deux parties égales se coupent au même point.

Les arcs menés des sommets perpendiculairement sur les côtés opposés se coupent au même point.

Les arcs menés par les sommets de façon qu'ils partagent l'aire du triangle en deux parties égales se coupent au même point.

22 — Étant donné un petit cercle dont le pôle est C et un point P, par le point P on mène un grand cercle quelconque rencontrant le petit cercle en A et B, démontrer que le produit $\tang \frac{ACP}{2} \tang \frac{BCP}{2}$ est constant.

LIVRE IV

COMPLÉMENT DE LA THÉORIE DES FONCTIONS CIRCULAIRES.

CHAPITRE I

Multiplication et division.

FORMULE DE MOIVRE.

148. — Afin de simplifier l'écriture, nous représenterons par la lettre i le symbole $\sqrt{-1}$ et par $a + bi$ une quantité imaginaire quelconque, a et b étant deux quantités réelles, positives ou négatives.

Soit r un nombre positif, α un angle; on peut toujours poser
$$a = r \cos \alpha, \quad b = r \sin \alpha;$$
d'où
$$r = \sqrt{a^2 + b^2}, \quad \cos \alpha = \frac{a}{r}, \quad \sin \alpha = \frac{b}{r}.$$

De cette manière, la quantité imaginaire se met sous la forme
$$r(\cos \alpha + i \sin \alpha).$$

Le nombre r s'appelle le *module*, l'angle α l'*argument* de la quantité imaginaire. Le module est parfaitement déterminé; mais l'argument a une infinité de valeurs; comme cet argument est donné par son sinus et son cosinus, c'est l'un quelconque des arcs qui aboutissent en un même point de la circonférence. Pour que deux quantités imaginaires soient égales, il est nécessaire et il suffit que leurs modules soient égaux et que leurs arguments soient égaux ou diffèrent d'un multiple de 2π.

Les quantités réelles sont comprises sous cette forme générale des quantités imaginaires; car
$$r (\cos 0 + i \sin 0) = r,$$
$$r (\cos \pi + i \sin \pi) = -r.$$

Ainsi une quantité réelle positive peut être considérée comme une

158 — LIVRE IV, CHAPITRE I.

quantité imaginaire dont l'argument est 0, une quantité négative comme une quantité imaginaire dont l'argument est π.

Lorsqu'on donne une quantité imaginaire $a + bi$, et que l'on veut trouver son module et son argument, on calcule d'abord l'argument par la formule $\tang \alpha = \dfrac{b}{a}$, puis le module par la formule $r = \dfrac{b}{\sin \alpha}$ ou $r = \dfrac{a}{\cos \alpha}$. On prendra pour α un arc compris entre 0 et π, ou entre π et 2π, suivant que b est positif ou négatif.

149. — Si l'on fait le produit des expressions $\cos a + i \sin a$, $\cos b + i \sin b$, d'après les règles du calcul des quantités imaginaires, on trouve

$$(\cos a + i \sin a)(\cos b + i \sin b)$$
$$= (\cos a \cos b - \sin a \sin b) + i(\sin a \cos b + \cos a \sin b),$$

ou

$$(\cos a + i \sin a)(\cos b + i \sin b) = \cos(a+b) + i \sin(a+b).$$

Si l'on multiplie ces deux quantités égales par le facteur $\cos c + i \sin c$, on a de même

$$(\cos a + i \sin a)(\cos b + i \sin b)(\cos c + \sin i \sin c)$$
$$= \cos(a+b+c) + i \sin(a+b+c).$$

On a en général

(1) $\quad (\cos a + i \sin a)(\cos b + i \sin b) \ldots (\cos h + i \sin h)$
$$= \cos(a+b+\ldots+h) + i \sin(a+b+\ldots+h).$$

Supposons maintenant que l'on effectue le produit sans faire aucune réduction, la partie réelle donnera $\cos(a+b+\ldots+h)$, le coefficient de i donnera $\sin(a+b+\ldots+h)$, en fonction des sinus et des cosinus des arcs $a, b, \ldots, h$. On a

$$(\cos a + i \sin a)(\cos b + i \sin b)(\cos c + i \sin c)\ldots$$
$$= \cos a \cos b \cos c \ldots (1 + i \tang a)(1 + i \tang b)(1 + i \tang c)\ldots$$

Si l'on appelle S_1 la somme des tangentes, S_2 la somme des produits de ces tangentes deux à deux, etc., il vient

$$(1 + i \tang a)(1 + i \tang b)(1 + i \tang c)\ldots$$
$$= 1 + S_1 i - S_2 - S_3 i + S_4 + S_5 i - \ldots$$
$$= (1 - S_2 + S_4 - \ldots) + i(S_1 - S_3 + S_5 - \ldots).$$

On en déduit

(2) $\quad \cos(a+b+c+\ldots) = \cos a \cos b \cos c \ldots (1 - S_2 + S_4 - \ldots);$
(3) $\quad \sin(a+b+c+\ldots) = \cos a \cos b \cos c \ldots (S_1 - S_3 + S_5 + \ldots).$

MULTIPLICATION ET DIVISION.

En divisant membre à membre, on en conclut

(4) $\qquad \tang(a+b+c+\ldots) = \dfrac{S_1 - S_3 + S_5 \ldots}{1 - S_2 + S_4 \ldots}.$

Si dans la formule (1) on suppose que les m arcs $a, b, c,\ldots$, deviennent égaux entre eux, on obtient la formule

(5) $\qquad [(\cos a + i \sin a)]^m = \cos m\, a + i \sin m\, a,$

connue sous le nom de formule de Moivre.

150. — Soient r et r' les modules, α et α' les arguments de deux quantités imaginaires, on a

$$r(\cos \alpha + i \sin \alpha) \times r'(\cos \alpha' + i \sin \alpha')$$
$$= rr'[\cos(\alpha + \alpha') + i \sin(\alpha + \alpha')].$$

Ainsi, *le produit de plusieurs quantités imaginaires est une nouvelle quantité imaginaire qui a pour module le produit des modules, et pour argument la somme des arguments.*

On a aussi

$$\frac{r(\cos \alpha + i \sin \alpha)}{r'(\cos \alpha' + i \sin \alpha')} = \frac{r}{r'}[\cos(\alpha - \alpha') + i \sin(\alpha - \alpha')];$$

car, si l'on multiplie le second membre par le diviseur, on reproduit le dividende. Ainsi, *le quotient de deux quantités imaginaires a pour module le quotient des modules et pour argument la différence des arguments.*

On a encore

$$[r(\cos \alpha + i \sin \alpha)]^m = r^m(\cos m\, \alpha + i \sin m\, \alpha).$$

Ainsi, *la puissance* m^e *d'une quantité imaginaire a pour module la puissance* m^e *du module et pour argument le produit de l'argument par* m.

151. — Proposons-nous maintenant d'extraire la raison m^e d'une quantité imaginaire $r(\cos \alpha + i \sin \alpha)$; il s'agit de trouver une quantité imaginaire $\rho(\cos \omega + i \sin \omega)$, qui, élevée à la puissance m, reproduise la quantité donnée ; on doit donc avoir

$$\rho^m(\cos m\, \omega + i \sin m\, \omega) = r(\cos \alpha + i \sin \alpha).$$

Pour que ces deux quantités imaginaires soient égales, il est nécessaire que leurs modules soient égaux, et que leurs arguments soient égaux ou diffèrent d'un multiple quelconque de 2π. On aura donc

$$\rho^m = r, \quad m\omega = \alpha + 2k\pi,$$

d'où
$$\rho = r^{\frac{1}{m}}, \quad \omega = \frac{\alpha + 2k\pi}{m},$$

et les diverses valeurs de la racine cherchée seront données pour la formule

$$r^{\frac{1}{m}}\left(\cos\frac{\alpha + 2k\pi}{m} + i\sin\frac{\alpha + 2k\pi}{m}\right),$$

dans laquelle $r^{\frac{1}{m}}$ est la racine arithmétique de r, et la lettre k désigne un nombre entier quelconque, positif ou négatif.

Il est aisé de voir, d'après cette formule, que l'inconnue admet m valeurs distinctes. En effet, si l'on donne à k les m valeurs consécutives

$$0, 1, 2, 3, \ldots, (m-1),$$

on obtient m valeurs qui ont même module $r^{\frac{1}{m}}$ et pour argument les arcs

$$\frac{\alpha}{m}, \quad \frac{\alpha}{m} + \frac{2\pi}{m}, \quad \frac{\alpha}{m} + 2\frac{2\pi}{m}, \quad \ldots, \quad \frac{\alpha}{m} + (m-1)\frac{2\pi}{m},$$

en progression arithmétique. Deux quelconques de ces arcs, ayant une différence moindre que 2π, ne peuvent avoir à la fois même sinus et même cosinus ; ainsi les m quantités qui leur correspondent sont distinctes. Si l'on donnait à k les valeurs $m, m+1, m+2, \ldots$, en négligeant un multiple de 2π, on retrouverait les arguments déjà obtenus, et les mêmes racines se reproduiraient dans le même ordre. Si l'on donnait à k les valeurs négatives $-1, -2, -3, \ldots$, on retrouverait encore les mêmes racines, mais dans un ordre inverse. Ainsi, la racine m^e d'une quantité donnée admet m valeurs distinctes et n'en admet que m.

MULTIPLICATION DES ARCS.

152. — Nous avons indiqué dans le livre I (n° 35) une règle pour calculer de proche en proche les sinus et les cosinus des multiples successifs d'un arc a. La formule de Moivre donne immédiatement le sinus et le cosinus d'un multiple quelconque. En développant la formule du binôme, on a, en effet

$$(\cos a + i\sin a)^m = \cos^m a + \frac{m}{1}i\cos^{m-1}a\sin a - \frac{m(m-1)}{1.2}\cos^{m-2}a\sin^2 a$$
$$- \frac{m(m-1)(m-2)}{1.2.3}i\cos^{m-3}a\sin^3 a + \ldots$$
$$= \left[\cos^m a - \frac{m(m-1)}{1.2}\cos^{m-2}a\sin^2 a + \ldots\ldots\ldots\ldots\right]$$
$$+ i\left[\frac{m}{1}\cos^{m-1}a\sin a - \frac{m(m-1)(m-2)}{1.2.3}\cos^{m-3}a\sin^3 a + \ldots\right]$$

Mais on sait que
$$(\cos a + i \sin a)^m = \cos ma + i \sin ma;$$
on en conclut

(6) $\cos ma = \cos^m a - \dfrac{m(m-1)}{1.2} \cos^{m-2} a \sin^2 a + \ldots$

(7) $\sin ma = \dfrac{m}{1} \cos^{m-1} a \sin a - \dfrac{m(m-1)(m-2)}{1.2.3} \cos^{m-3} a \sin^3 a + \ldots$

En divisant $\sin ma$ par $\cos ma$, et divisant ensuite les deux termes de la fraction par $\cos^m a$, on en déduit

(8) $\tan ma = \dfrac{\dfrac{m}{1} \tan a - \dfrac{m(m-1)(m-2)}{1.2.3} \tan^3 a + \ldots}{1 - \dfrac{m(m-1)}{1.2} \tan^2 a + \dfrac{m(m-1)(m-2)(m-3)}{1.2.3.4} \tan^4 a - \ldots}$.

La formule (6) ne contenant que des puissances paires de $\sin a$, si l'on remplace $\sin^2 a$ par $1 - \cos^2 a$, on voit que $\cos ma$ sera exprimé par un polynome entier du degré m en $\cos a$, et que, de plus, ce polynome ne contiendra que des puissances paires, si m est pair, et des puissances impaires, si m est impair.

Quant à la formule (7), il faut distinguer deux cas. Lorsque m est un nombre impair, la formule ne renferme que des puissances paires de $\cos a$; si l'on remplace $\cos^2 a$ par $1 - \sin^2 a$, on remarque que $\sin ma$ sera exprimé par un polynome entier du degré m et ne renfermant que des puissances impaires de $\sin a$. Lorsque m est pair, la formule ne renferme que des puissances impaires de $\cos a$, on mettra $\cos a$ en facteur; la quantité placée entre parenthèses sera un polynome entier du degré $m - 1$ et ne renfermant que des puissances impaires de $\sin a$.

DIVISION DES ARCS.

C'est la question inverse de la précédente : *Étant données les fonctions circulaires d'un arc, trouver celles d'un arc sous-multiple du premier*. Nous nous sommes déjà occupés du cas le plus simple, celui où l'on divise l'arc en deux parties égales (n° 37). Nous traiterons maintenant la question d'une manière générale, et d'abord nous supposerons que l'on divise l'arc en trois parties égales.

153. — *Étant donné le cosinus d'un arc, trouver le cosinus du tiers de cet arc.* De la relation (6) on déduit, en faisant $m = 3$,
$$\cos 3a = \cos^3 a - 3 \cos a \sin^2 a = 4 \cos^3 a - 3 \cos a;$$

en remplaçant a par $\frac{a}{3}$, on a

$$\cos a = 4 \cos^3 \frac{a}{3} - 3 \cos \frac{a}{3}.$$

Si, pour simplifier, on représente par x l'inconnue $\cos \frac{a}{3}$ et par b la quantité donnée $\cos a$, on obtient l'équation du troisième degré.

(9) $$x^3 - \frac{3}{4} x - \frac{b}{4} = 0.$$

On démontre aisément que cette équation a ses trois racines réelles. En effet, au cosinus donné correspondent deux séries d'arcs terminés en M et en M' (fig. 55); prenons l'arc AN égal au tiers de l'arc AM. Puisque l'arc AM peut être augmenté ou diminué de une, deux, trois,..., circonférences, il faut augmenter ou diminuer l'arc AN de un, deux,

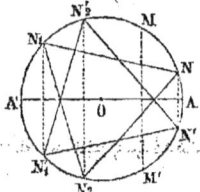

Fig. 55.

trois,.., arcs égaux au tiers de la circonférence, ce qui donne trois séries d'arcs aboutissant aux sommets d'un triangle équilatéral inscrit NN_1N_2. Prenons de même le tiers — AN' de l'arc — AM', et, à partir du point N', portons à la suite les uns des autres des arcs égaux au tiers de la circonférence, nous obtiendrons trois nouvelles séries d'arcs aboutissant aux sommets d'un second triangle équilatéral $N'N'_1N'_2$. Les deux points N et N' sont symétriques par rapport au diamètre AA', et il en est de même des points N_1 et N'_1, N_2 et N'_2. Il en résulte que les arcs terminés aux sommets du second triangle ont mêmes cosinus que les arcs terminés aux sommets du premier triangle. En général, les arcs terminés aux sommets de ce triangle admettent trois cosinus différents; ainsi l'équation a ses trois racines réelles et différentes; ces trois racines sont comprises entre -1 et $+1$.

Pour que deux racines de l'équation soient égales, il est nécessaire et il suffit que deux sommets du premier triangle soient symétriques par rapport au diamètre AA'; mais alors l'autre sommet coïncidera avec le point A ou avec le point A', ce qui indique que l'un des arcs $\frac{a}{3}$ est 0 ou π; la valeur correspondante de l'arc a sera 0 ou 3π, et par conséquent le cosinus donné sera égal à $+1$ ou à -1. L'équation admet, dans le premier cas, la racine simple $+1$ et la racine double $-\frac{1}{2}$; dans le second cas, la racine simple -1 et la racine double $+\frac{1}{2}$.

Il est facile de vérifier ces résultats sur l'équation.

154. — *Étant donné le sinus d'un arc, trouver le sinus du tiers de cet arc.* De la relation (7) on déduit, en faisant $m = 3$,

$$\sin 3a = 3\cos^2 a \sin a - \sin^3 a = 3\sin a - 4\sin^3 a,$$

et, en remplaçant a par $\frac{a}{3}$,

$$\sin a = 3\sin\frac{a}{3} - 4\sin^3\frac{a}{3}.$$

Si l'on représente par x l'inconnue $\sin\frac{a}{3}$, et par b la quantité donnée $\sin a$, on obtient l'équation du troisième degré

$$(10) \qquad x^3 - \frac{3}{4}x + \frac{b}{4} = 0.$$

On démontre aisément que cette équation a ses trois racines réelles. En effet, au sinus donné correspondent deux séries d'arcs aboutissant à deux points M et M' (fig. 56) situés sur une parallèle au diamètre AA' ; α désignant l'un d'eux, tous ces arcs sont compris dans les deux formules $2k\pi + \alpha$, $(2k+1)\pi - \alpha$.

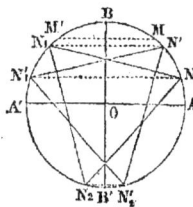

Fig. 56.

Si l'on prend le tiers des arcs terminés en M, on a trois séries d'arcs qui aboutissent aux sommets d'un triangle équilatéral NN_1N_2, et qui sont représentés par la formule $\frac{2k\pi}{3} + \frac{\alpha}{3}$. Si l'on prend le tiers des arcs terminés en M', on a trois nouvelles séries d'arcs qui aboutissent aux sommets du triangle équilatéral $N'N'_1N'_2$, et qui sont représentés par la formule $\frac{(2k'+1)\pi}{3} - \frac{\alpha}{3}$.

La somme d'un arc des premières séries et d'un arc des secondes séries est $\frac{[2(k+k')+1]\pi}{3}$. Si l'on attribue à k et à k' des valeurs satisfaisant à la relation $k + k' = 3h + 1$, dans laquelle h est un nombre entier, cette somme deviendra $(2h+1)\pi$; mais on sait (n° 12) que, lorsque la somme de deux arcs est un multiple impair de π, ces arcs ont même sinus, et, par conséquent, leurs extrémités sont situées sur une parallèle au diamètre AA'. Ainsi les deux triangles ont leurs sommets situés respectivement sur des parallèles au diamètre AA' ; les arcs terminés aux sommets du second triangle ayant mêmes sinus que les arcs terminés aux sommets du premier, on peut se borner à considérer le premier triangle. En général, les arcs terminés aux sommets de ce triangle admettent trois sinus différents, et l'équation a ses trois racines réelles et différentes ; ces racines sont comprises entre -1 et $+1$.

Pour que deux racines de l'équation soient égales, il faut que deux sommets du triangle soient situés sur une parallèle au diamètre AA', et alors l'autre sommet coïncidera avec le point B ou le point B', ce qui indique que l'un des arcs $\frac{a}{3}$ est $+\frac{\pi}{2}$ ou $-\frac{\pi}{2}$; la valeur correspondante de l'arc a sera $+\frac{3\pi}{2}$ ou $-\frac{3\pi}{2}$, et par conséquent le sinus donné sera égal à -1 ou à $+1$. L'équation admet, dans le premier cas, la racine simple $+1$ et la racine double $-\frac{1}{2}$, dans le second cas la racine simple -1 et la racine double $+\frac{1}{2}$.

155. — *Étant donnée la tangente d'un arc, trouver la tangente du tiers de cet arc.* De la relation (8) on déduit

$$\tang 3a = \frac{3\tang a - \tang^3 a}{1 - 3\tang^2 a},$$

et, en remplaçant a par $\frac{a}{3}$,

$$\tang a = \frac{3\tang \frac{a}{3} - \tang^3 \frac{a}{3}}{1 - 3\tang^2 \frac{a}{3}}.$$

Si l'on représente par x l'inconnue $\tang \frac{a}{3}$ et par b la quantité donnée $\tang a$, on obtient l'équation du troisième degré

(11) $\qquad x^3 - 3bx^2 - 3x + b = 0.$

Cette équation a ses trois racines réelles. En effet, à la tangente donnée correspondent les arcs compris dans la formule $k\pi + \alpha$, et aboutissant à deux points diamétralement opposés. Si l'on prend le tiers de ces arcs, on a d'abord l'arc $\frac{\alpha}{3}$; à l'arc α on ajoute π autant de fois que l'on veut; à l'arc $\frac{\alpha}{3}$ il faudra donc ajouter $\frac{\pi}{3}$, c'est-à-dire la sixième partie de la circonférence, plusieurs fois successivement; on obtiendra ainsi six séries d'arcs aboutissant aux sommets d'un hexagone régulier. Les arcs qui aboutissent à deux sommets diamétralement opposés ayant même tangente, on a trois tangentes différentes; d'où l'on conclut que l'équation a ses trois racines réelles et différentes. Il est impossible que l'équation ait des racines égales, puisque trois sommets consécutifs de l'hexagone sont situés sur une même demi-circonférence.

MULTIPLICATION ET DIVISION.

156. — *Étant donné* $\cos a$, *trouver* $\cos \dfrac{a}{m}$. La relation (6), dans laquelle on remplace a par $\dfrac{a}{m}$, donne, pour déterminer $\cos \dfrac{a}{m}$, une équation du degré m de la forme

$$b = A_0 x^m - A_2 x^{m-2} + A_4 x^{m-4} + \ldots$$

Les arcs qui admettent le cosinus donné aboutissent à deux points M et M', symétriques par rapport au diamètre AA'; si l'on prend la m^e partie des arcs terminés en M, on obtient m séries d'arcs aboutissant aux sommets d'un polygone régulier de m côtés; si l'on prend la m^e des arcs terminés en M', on obtient m nouvelles séries d'arcs aboutissant aux sommets d'un second polygone régulier symétrique du premier par rapport au diamètre AA'. Les arcs terminés aux sommets du second polygone ayant même cosinus que les arcs terminés aux sommets du premier, on obtient ainsi m valeurs différentes pour $\cos \dfrac{a}{m}$, et par conséquent l'équation a ses m racines réelles différentes et comprises entre -1 et $+1$.

Pour que l'équation ait des racines égales, il est nécessaire et il suffit que deux des sommets du premier polygone soient symétriques par rapport au diamètre AA', et alors tous les sommets, excepté ceux qui coïncident avec les points A ou A', seront symétriques deux à deux par rapport au diamètre AA'. Si m est impair, l'un des sommets coïncidera avec l'un des points A et A'; l'une des valeurs de l'arc $\dfrac{a}{m}$ sera 0 ou π; la valeur correspondante de a sera elle-même 0 ou $m\pi$, et par conséquent le cosinus donné sera égal à $+1$ ou à -1. L'équation admet la racine simple $+1$ ou -1; les autres racines étant égales deux à deux, si l'on divise le premier membre de l'équation par $x - 1$ ou par $x + 1$, on obtiendra un quotient carré parfait. Quand m est pair, il y a deux cas à distinguer : 1° Le polygone peut avoir deux sommets sur le diamètre, l'un en A, l'autre en A'; l'une des valeurs de $\dfrac{a}{m}$ étant égale à zéro, la valeur correspondante de a est aussi égale à zéro, et le cosinus donné est égal à $+1$; l'équation admet les racines simples $+1$ et -1; ses autres racines étant égales deux à deux, si l'on divise le polynome par $x^2 - 1$, le quotient sera un carré parfait. 2° Si aucun des sommets du polygone n'est placé sur le diamètre AA', la distance du point A au point voisin sera la moitié de l'un des arcs sous-tendus par les côtés du polygone, et par conséquent égale à $\dfrac{\pi}{m}$; la valeur correspondante de a sera π, et le cosinus donné sera égal à -1. Dans ce cas, toutes les racines sont doubles et le polynome est un carré.

157.—*Étant donné* $\sin a$, *trouver* $\sin \dfrac{a}{m}$. Il faut distinguer deux cas : quand m est un nombre impair, la formule (7) conduit à une équation entière du m^e degré ne renfermant que des puissances impaires de x. Au sinus donné correspondent tous les arcs compris dans les deux formules $2k\pi + \alpha$, $(2k'+1)\pi - \alpha$, et aboutissant à deux points M et M′ situés sur une parallèle au diamètre AA′. Si l'on prend la m^e partie des arcs terminés en M, on a m séries d'arcs représentés par la formule $\dfrac{2k\pi + \alpha}{m}$ et aboutissant aux sommets d'un polygone régulier de m côtés ; si l'on prend la m^e partie des arcs terminés en M′, on a m nouvelles séries d'arcs représentés par la formule $\dfrac{(2k'+1)\pi - \alpha}{m}$ et aboutissant aux sommets d'un second polygone régulier de m côtés. La somme d'un arc des premières séries et d'un arc des secondes séries est $\dfrac{[2(k+k')+1]\pi}{m}$; si l'on attribue à k et à k' des valeurs satisfaisant à la relation $k + k' = mh + \dfrac{m-1}{2}$, dans laquelle h est un entier, cette somme devient $(2h+1)\pi$, ce qui prouve que les sommets correspondants sont situés sur une parallèle au diamètre AA′. Les deux polygones, étant symétriques par rapport au diamètre BB′, donnent les mêmes sinus, et l'on voit que l'équation doit avoir m racines réelles, qui sont en général différentes.

Pour que l'équation ait des racines égales, il faut que deux sommets du premier polygone soient symétriques par rapport au diamètre BB′, et alors tous les sommets sont symétriques deux à deux, à l'exception d'un sommet qui coïncide avec le point B ou le point B′. L'une des valeurs de $\dfrac{a}{m}$ étant $+\dfrac{\pi}{2}$ ou $-\dfrac{\pi}{2}$, la valeur correspondante de a est $\dfrac{m\pi}{2}$ ou $-\dfrac{m\pi}{2}$; dans le premier cas, le sinus donné sera égal à $+1$ ou à -1 suivant que le nombre impair m est de la forme $4m'+1$ ou de la forme $4m'-1$; dans le second cas, le sinus donné sera égal à -1 ou à $+1$ dans les mêmes circonstances. L'équation admettant la racine simple $+1$ ou -1, le premier membre sera divisible par $x-1$ ou par $x+1$, et le quotient sera carré parfait.

Lorsque m est pair, on peut dans le second membre de la formule (7) mettre $\sin a \cos a$ en facteur commun et exprimer la parenthèse par un polinome entier pair en $\sin a$ du degré $m-2$; on en déduit

$$b = \pm\, x\, \sqrt{1-x^2}\, (A_2 x^{m-2} - A_4 x^{m-4} + \ldots);$$

en élevant au carré, on obtient une équation entière du degré $2m$, ne contenant que des puissances paires de l'inconnue. Les deux polygones ne sont plus disposés symétriquement par rapport au diamètre BB'. En effet, pour que deux sommets fussent symétriques par rapport au diamètre BB', il faudrait que la somme $\dfrac{[2(k+k')+1]\pi}{m}$ des arcs correspondants fût un multiple impair de π, ce qui est impossible, puisque le nombre impair $2(k+k')+1$ n'est pas divisible par le nombre pair m. Ainsi les deux polygones donnent $2m$ valeurs distinctes pour $\sin\dfrac{a}{m}$; les valeurs qui correspondent aux sommets opposés d'un même polygone sont égales et de signes contraires.

Pour que l'équation ait des racines égales, il faut, ou que deux sommets de l'un et l'autre polygone coïncident, ou que deux sommets d'un même polygone soient symétriques par rapport au diamètre BB'. Dans le premier cas, les deux polygones coïncideront, et l'on aura pour des valeurs convenables de k et k',

$$\frac{2k\pi+\alpha}{m} = \frac{(2k'+1)\pi-\alpha}{m},$$

d'où
$$2\alpha = 2(k'-k)\pi + \pi,$$
$$\alpha = (k'-k)\pi + \frac{\pi}{2};$$

le sinus donné sera égal à $+1$ ou à -1. Lorsque le sinus donné est égal à $+1$ ou à -1, les deux points M et M' se confondent en B ou en B', il est clair que les deux polygones se confondent et que, chaque racine devenant double, le polynome est le carré d'un polynome entier pair du degré m.

Supposons maintenant que deux sommets du premier polygone soient symétriques par rapport au diamètre BB', on aura

$$\frac{2k\pi+\alpha}{m} + \frac{2k'\pi+\alpha}{m} = (2h+1)\pi,$$

d'où
$$\alpha = \frac{(2h+1)m\pi}{2} - (k+k')\pi;$$

l'arc α étant un multiple de π, le sinus donné sera égal à zéro. De même, si deux sommets du second polygone sont symétriques par rapport au diamètre BB', on aura

$$\frac{(2k+1)\pi-\alpha}{m} + \frac{(2k'+1)\pi-\alpha}{m} = (2h+1)\pi,$$

d'où
$$\alpha = (k + k' + 1)\pi - \frac{(2h+1)m\pi}{2};$$

l'arc α étant un multiple de π, le sinus donné est encore égal à zéro. Lorsque le sinus donné est égal à zéro, on a $a = k\pi$, d'où $\frac{a}{m} = \frac{k\pi}{m}$; les valeurs de $\frac{a}{m}$ aboutissent aux sommets d'un polygone régulier de $2m$ côtés, dont le premier sommet coïncide avec le point A; le nombre des côtés étant un multiple de 4, un sommet coïncide avec le point A', et deux autres avec les points B et B'; l'équation admet la racine double zéro et les racines simples $+1$ et -1; si l'on divise le premier membre par $x^2(x^2-1)$, le quotient sera le carré d'un polynôme entier pair; ce quotient est le polynôme placé entre parenthèses.

158. — *Étant donné* $\tang a$, *trouver* $\tang \frac{a}{m}$. La formule (8) conduit à une équation du m^e degré

$$b\left[1 - \frac{m(m-1)}{1.2}x^2 + \ldots\right] - \left[\frac{m}{1}x - \frac{m(m-1)(m-2)}{1.2.3}x^3 + \ldots\right] = 0.$$

A la tangente donnée correspondent les arcs $k\pi + a$; si l'on prend la m^e partie de ces arcs, on a les arcs compris dans la formule $\frac{k\pi + a}{m}$. Ces arcs sont terminés aux sommets d'un polygone régulier de $2m$ côtés; mais, comme les sommets sont deux à deux diamétralement opposés, on n'a pour $\tang \frac{a}{m}$ que m valeurs distinctes.

159. — *Remarque.* On peut toujours ramener la division des arcs à la division par des nombres premiers. Soit, par exemple, $m = pq$, et proposons-nous de trouver $\cos \frac{a}{m}$, connaissant $\cos a$. Posons $y = \cos \frac{a}{p}$, $x = \cos \frac{a}{pq} = \cos \frac{a}{m}$; l'inconnue auxiliaire y sera donnée par une équation du degré p,

$$b = A_0 y^p - A_2 y^{p-2} + \ldots;$$

on obtiendra ensuite l'inconnue x par une équation du degré q,

$$y = B_0 x^q - B_2 x^{q-2} + \ldots.$$

Chacune des p valeurs de y donnera q valeurs de x.

160. — EXEMPLE I. L'équation qui détermine $\cos \dfrac{a}{5}$, quand on donne $\cos a$, est
$$x^5 - 10x^3(1-x^2) + 5x(1-x^2)^2 = b,$$
ou
(12) $\qquad 16x^5 - 20x^3 + 5x - b = 0.$

L'équation admet des racines égales, quand le cosinus donné est égal à $+1$ ou à -1 ; le premier membre de l'équation devient, dans le premier cas,
$$16x^5 - 20x^3 + 5x - 1 = (x-1)(4x^2 + 2x - 1)^2 ;$$
dans le second cas
$$16x^5 - 20x^3 + 5x + 1 = (x+1)(4x^2 - 2x + 1)^2.$$
Cette dernière égalité est d'ailleurs une conséquence de la précédente; on l'obtient par le changement de x en $-x$ dans celle-ci.

Les racines de l'équation
(13) $\qquad 4x^2 + 2x - 1 = 0$

sont les valeurs de $\cos \dfrac{2\pi}{5}$ et de $\cos \dfrac{4\pi}{5}$; mais on a
$$\cos \frac{2\pi}{5} = \sin \frac{\pi}{10}, \quad \cos \frac{4\pi}{5} = -\sin \frac{3\pi}{10} ;$$
ainsi les valeurs absolues des racines de l'équation (13) sont les moitiés des côtés des deux décagones réguliers; les longueurs de ces côtés sont
$$\frac{\sqrt{5} \mp 1}{2}.$$

Quand $b = 0$, l'équation (12) devient
(14) $\qquad 16x^5 - 20x^3 + 5x = 0 ;$
elle admet pour racines les valeurs de
$$\cos \frac{\pi}{10}, \quad \cos \frac{5\pi}{10}, \quad \cos \frac{9\pi}{10}, \quad \cos \frac{13\pi}{10}, \quad \cos \frac{17\pi}{10},$$
ou
$$\cos \frac{\pi}{10}, \quad \cos \frac{\pi}{2}, \quad -\cos \frac{\pi}{10}, \quad -\cos \frac{3\pi}{10}, \quad \cos \frac{3\pi}{10},$$
ou enfin
$$\sin \frac{2\pi}{5}, \quad 0, \quad -\sin \frac{2\pi}{5}, \quad -\sin \frac{\pi}{5}, \quad \sin \frac{\pi}{5}.$$

En doublant les deux racines positives, on a les côtés des deux pentagones réguliers, savoir : $\dfrac{1}{2} \sqrt{10 \mp 2\sqrt{5}}$.

161. — EXEMPLE II. L'équation de laquelle on déduit $\cos\dfrac{a}{6}$, quand on donne $\cos a$, est

(15) $\qquad 32x^6 - 48x^4 + 18x^2 - 1 - b = 0.$

Si b est égal à 1, elle devient

$$32x^6 - 48x^4 + 18x^2 - 2 = 2(x^2 - 1)(4x^2 - 1)^2;$$

et, si b est égal à -1,

$$32x^6 - 48x^4 + 18x^2 = 2x^2(4x^2 - 3)^2.$$

Le diviseur 6 étant égal à 2×3, la résolution de l'équation (15) du sixième degré se ramène à la résolution d'une équation du troisième degré (n° 153)

$$4y^3 - 3y - b = 0;$$

puis d'une équation du second degré

$$2x^2 - 1 - y = 0.$$

162. — EXEMPLE III. L'équation qui détermine $\sin\dfrac{a}{5}$, quand on donne $\sin a$, est

$$5x(1 - x^2)^2 - 10x^3(1 - x^2) + x^5 = b,$$

ou

(16) $\qquad 16x^5 - 20x^3 + 5x - b = 0.$

Cette équation, étant la même que celle de l'exemple I (n° 160), conduit aux mêmes conséquences.

Remarque. Il est facile de voir que, lorsque m est un nombre de la forme $4m' + 1$, les équations qui déterminent $\cos\dfrac{a}{m}$ au moyen de $\cos a$, ou $\sin\dfrac{a}{m}$ au moyen de $\sin a$, sont les mêmes ; tandis que si m est de la forme $4m' - 1$, on déduit l'une des équations de l'autre en changeant le signe de b.

163. — EXEMPLE IV. L'équation qui détermine $\sin\dfrac{a}{6}$, quand on donne $\sin a$, est

$$b = \pm\, 2x\sqrt{1 - x^2}\,[3(1 - x^2)^2 - 10x^2(1 - x^2) + 3x^4],$$

ou

$$b = \pm\, 2x\sqrt{1 - x^2}\,(16x^4 - 16x^2 + 3).$$

Si on élève au carré, on obtient l'équation du douzième degré
$$4x^2(x^2-1)(16x^4-16x^2+3)^2+b^2=0,$$
ou
(17) $\quad 1024x^{12}-3072x^{10}+3456x^8-1792x^6+420x^4-36x^2+b^2=0.$

L'équation admet des racines égales, quand le sinus donné b est égal à ± 1 ou à 0. Dans le premier cas, le premier membre de l'équation est le carré d'un polynome pair du sixième degré
$$32x^6-48x^4+18x^2-1.$$

Quand $b=0$, l'équation devient
$$4x^2(x^2-1)(16x^4-16x^2+3)^2=0,$$
elle admet deux racines simples $+1$ et -1, et cinq racines doubles.

On ramène la résolution de l'équation (17) du douzième degré à celle d'une équation du troisième degré (n° 159)
$$4y^3-3y+b=0,$$
puis d'une équation bicarrée
$$4x^4-4x^2+y^2=0.$$

164. — *Relation entre deux lignes trigonométriques de deux arcs commensurables donnés a et b.* Soit $a=m\alpha$, $b=n\alpha$, les nombres entiers m et n étant premiers entre eux ; on demande, par exemple, la relation qui existe entre $\cos a$ et $\cos b$; d'après la formule (6) on a

$$\cos mn\alpha = \cos mb = \cos^m b - \frac{m(m-1)}{1.2}\cos^{m-2}b\sin^2 b + \ldots,$$
$$\cos mn\alpha = \cos na = \cos^n a - \frac{n(n-1)}{1.2}\cos^{n-2}a\sin^2 a + \ldots.$$

On en déduit l'équation

(18) $\quad \cos^n a - \dfrac{n(n-1)}{1.2}\cos^{n-2}a\sin^2 a + \ldots$
$$-\cos^m b + \frac{m(m-1)}{1.2}\cos^{n-2}b\sin^2 b - \ldots = 0,$$

qui est du degré n en $\cos a$ et du degré m en $\cos b$.

SOMMATION DES SINUS OU DES COSINUS D'ARCS EN PROGRESSION ARITHMÉTIQUE.

165. — On demande de déterminer les sommes
$$\cos a+\cos(a+b)+\cos(a+2b)\ldots+\cos[a+(m-1)b],$$
$$\sin a+\sin(a+b)+\sin(a+2b)\ldots+\sin[a+(m-1)b],$$
que nous désignerons par x et y.

Représentons par q la quantité imaginaire $\cos b + i \sin b$, on aura $q^n = \cos nb + i \sin nb$ (n° 149). Si l'on multiplie y par i et que l'on ajoute le produit à x, en remarquant que

$$\cos(a + nb) + i \sin(a + nb)$$

est égal à $(\cos a + i \sin a)(\cos nb + i \sin nb)$, ou $(\cos a + i \sin a) q^n$, on a

$$x + yi = (\cos a + i \sin a)(1 + q + q^2 \ldots + q^{m-1})$$
$$= (\cos a + i \sin a)\frac{1 - q^m}{1 - q} = (\cos a + i \sin a)\frac{1 - \cos mb - i \sin mb}{1 - \cos b - i \sin b}.$$

Si l'on remplace actuellement les quantités $1 - \cos mb$, $\sin mb$, $1 - \cos b$, $\sin b$, respectivement par $2 \sin^2 \frac{mb}{2}$, $2 \sin \frac{mb}{2} \cos \frac{mb}{2}$, $2 \sin^2 \frac{b}{2}$, $2 \sin \frac{b}{2} \cos \frac{b}{2}$, il vient

$$x + yi = \frac{\sin \frac{mb}{2}}{\sin \frac{b}{2}} (\cos a + i \sin a) \frac{\sin \frac{mb}{2} - i \cos \frac{mb}{2}}{\sin \frac{b}{2} - i \cos \frac{b}{2}}$$

$$= \frac{\sin \frac{mb}{2}}{\sin \frac{b}{2}} (\cos a + i \sin a) \frac{\cos \frac{mb}{2} + i \sin \frac{mb}{2}}{\cos \frac{b}{2} + i \sin \frac{b}{2}},$$

et, en effectuant le produit et le quotient des facteurs imaginaires suivant les règles du n° 150,

$$x + yi = \frac{\sin \frac{mb}{2}}{\sin \frac{b}{2}} \left[\cos\left(a + \frac{m-1}{2} b\right) + i \sin\left(a + \frac{m-1}{2} b\right) \right].$$

Égalant les termes réels et les multiplicateurs de i, on obtient les sommes demandées :

$$(19) \quad x = \frac{\sin \frac{mb}{2}}{\sin \frac{b}{2}} \cos\left(a + \frac{m-1}{2} b\right), \quad y = \frac{\sin \frac{mb}{2}}{\sin \frac{b}{2}} \sin\left(a + \frac{m-1}{2} b\right).$$

EXPRESSION DE $\sin^m a$ ET DE $\cos^m a$ EN FONCTION DES SINUS ET DES COSINUS DES MULTIPLES DE L'ANGLE a.

166. — C'est la question inverse de celle résolue par la formule de Moivre. Si l'on pose

$$u = \cos a + i \sin a, \quad v = \cos a - i \sin a,$$

on a

$$u^n + v^n = 2 \cos na, \quad u^n - v^n = 2i \sin na, \quad u^n v^n = 1.$$

MULTIPLICATION ET DIVISION.

En élevant à la puissance m les deux membres de l'égalité $2\cos a = u+v$, et développant d'après la loi du binome, on a

$$2^m \cos^m a = u^m + \frac{m}{1} u^{m-1} v + \frac{m(m-1)}{1.2} u^{m-2} v^2 \ldots + \frac{m}{1} u v^{m-1} + v^m;$$

si l'on groupe les termes également distants des extrêmes, il vient

$$2^m \cos^m a = (u^m + v^m) + \frac{m}{1} uv (u^{m-2} + v^{m-2}) + \ldots$$

On en déduit, si m est pair,

(20) $\quad 2^{m-1} \cos^m a = \cos ma + \dfrac{m}{1} \cos (m-2)a$

$+ \dfrac{m(m-1)}{1.2} \cos (m-4) a \ldots + \dfrac{m(m-1) \ldots \left(\dfrac{m}{2}+1\right)}{1.2 \ldots \dfrac{m}{2}} \times \dfrac{1}{2},$

et si m est impair,

(21) $\quad 2^{m-1} \cos^m a = \cos ma + \dfrac{m}{1} \cos (m-2) a + \ldots$

$+ \dfrac{m(m-1) \ldots \dfrac{m+3}{2}}{1.2 \ldots \dfrac{m-1}{2}} \cos a.$

En élevant de même à la puissance m les deux membres de l'égalité $2i \sin a = u - v$, on trouve

$$2^m i^m \sin^m a = u^m - \frac{m}{1} u^{m-1} v + \frac{m(m-1)}{1.2} u^{m-2} v^2 \ldots$$

$$\mp \frac{m}{1} u v^{m-1} \pm v^m;$$

il faut prendre les signes supérieurs ou les signes inférieurs, suivant que m est pair ou impair. En réunissant les termes également distants des extrêmes, on a, dans le premier cas,

(22) $\quad 2^{m-1} (-1)^{\frac{m}{2}} \sin^m a = \cos ma - \dfrac{m}{1} \cos (m-2)a$

$+ \dfrac{m(m-1)}{1.2} \cos (m-4) a \ldots + (-1)^{\frac{m}{2}} \dfrac{m(m-1) \ldots \left(\dfrac{m}{2}+1\right)}{1.2 \ldots \dfrac{m}{2}} \times \dfrac{1}{2};$

et, dans le second cas,

(23) $\quad 2^{m-1} (-1)^{\frac{m-1}{2}} \sin^m a = \sin ma - \dfrac{m}{1} \sin (m-2) a$

$+ \dfrac{m(m-1)}{1.2} \sin (m-4) a \ldots + (-1)^{\frac{m-1}{2}} \dfrac{m(m-1) \ldots \left(\dfrac{m+3}{2}\right)}{1.2 \ldots \dfrac{m-1}{2}} \sin a.$

CHAPITRE II

Résolution des équations du troisième degré.

ÉQUATION BINOME.

167.—Soit l'équation binome $x^m - A = 0$, dans laquelle A désigne une quantité réelle ou imaginaire que l'on peut représenter par $R(\cos\alpha + i\sin\alpha)$. Résoudre cette équation, c'est trouver les quantités réelles ou imaginaires qui, mises à la place de x, satisfont à cette équation.

Cette question est la même que celle dont nous nous sommes occupés au n° 151, lorsque nous avons cherché les valeurs de la racine m^e d'une quantité donnée A. Les valeurs de x sont données par la formule

(1) $\qquad x = R^{\frac{1}{m}}\left(\cos\dfrac{(\alpha + 2k\pi)}{m} + i\sin\dfrac{(\alpha + 2k\pi)}{m}\right),$

dans laquelle le nombre k reçoit m valeurs entières consécutives.

Dans le cas particulier où $A = 1$, on a $R = 1$, $\alpha = 0$, et les racines de l'équation $x^m - 1 = 0$ sont données par la formule

(2) $\qquad x = \cos\dfrac{2k\pi}{m} + i\sin\dfrac{2k\pi}{m}.$

La formule (1) peut être mise sous la forme

$x = R^{\frac{1}{m}}\left(\cos\dfrac{\alpha + 2k_1\pi}{m} + i\sin\dfrac{\alpha + 2k_1\pi}{m}\right)\left(\cos\dfrac{2(k-k_1)\pi}{m} + i\sin\dfrac{2(k-k_1)\pi}{m}\right).$

Le facteur

$R^{\frac{1}{m}}\left(\cos\dfrac{\alpha + 2k_1\pi}{m} + i\sin\dfrac{\alpha + 2k_1\pi}{m}\right),$

dans lequel k_1 est un nombre entier arbitraire, désigne l'une quelconque des racines de l'équation $x^m - A = 0$; le second facteur

$\cos\dfrac{2(k-k_1)\pi}{m} + i\sin\dfrac{2(k-k_1)\pi}{m},$

dans lequel k et par suite $k - k_1$ est un nombre entier quelconque, représente les diverses racines de l'équation $x^m - 1 = 0$. Ainsi, on obtient les m racines de l'équation $x^m - A = 0$ en multipliant l'une quelconque d'entre elles par les m racines de l'équation $x^m - 1 = 0$.

Considérons, par exemple, l'équation binome $x^3 - 1 = 0$. Si l'on attribue à k les trois valeurs 0, 1, 2, la formule

$$x = \cos\frac{2k\pi}{3} + i\sin\frac{2k\pi}{3}$$

donne les trois racines

$$x_0 = 1,$$

$$x_1 = \cos\frac{2\pi}{3} + i\sin\frac{2\pi}{3} = -\frac{1}{2} + i\frac{\sqrt{3}}{2},$$

$$x_2 = \cos\frac{4\pi}{3} + i\sin\frac{4\pi}{3} = -\frac{1}{2} - i\frac{\sqrt{3}}{2}.$$

On peut remarquer que la troisième racine x_2 est le carré de la seconde x_1, si donc on pose

$$j = \frac{-1 + i\sqrt{3}}{2},$$

les trois racines de l'équation $x^3 - 1 = 0$ seront représentées par 1, j, j^2. Puisque $j^3 = 1$, les puissances suivantes reproduisent les trois mêmes racines dans le même ordre.

ÉQUATION DU TROISIÈME DEGRÉ.

168. — Comme on peut toujours faire disparaître le second terme de l'équation, on supposera cette simplification opérée, et on prendra l'équation du troisième degré sous la forme

(1) $\qquad x^3 + px + q = 0,$

dans laquelle les lettres p et q désignent des quantités réelles, positives ou négatives.

Si l'on pose
$$x = y + z,$$
l'équation devient

(2) $\qquad (y + z)(3yz + p) + (y^3 + z^3 + q) = 0.$

L'inconnue x ayant été remplacée par la somme $y+z$, on peut établir entre les nouvelles inconnues telle relation que l'on voudra. On posera

$$3yz + p = 0,$$

ce qui réduit l'équation (2) à

$$y^3 + z^3 + q = 0.$$

De cette manière, l'équation proposée à une seule inconnue x est remplacée par le système des deux équations

(3) $\qquad yz = -\dfrac{p}{3}, \quad y^3 + z^3 = -q,$

à deux inconnues y et z. Si l'on élève au cube les deux membres de la première de ces équations, on arrive au système des deux équations

$$(4) \qquad y^3 z^3 = -\left(\frac{p}{3}\right)^3, \quad y^3 + z^3 = -q.$$

Mais ce système n'est pas équivalent au précédent; il est évident d'abord que les valeurs de y et de z qui vérifient le système (3) vérifient le système (4). Considérons maintenant des valeurs de y et de z satisfaisant à l'équation $y^3 z^3 = -\left(\frac{p}{3}\right)^3$; il faut que le produit yz soit l'une des racines cubiques de $-\left(\frac{p}{3}\right)^3$; on obtient ces trois racines cubiques en multipliant l'une d'elles $-\frac{p}{3}$ par les trois racines cubiques de l'unité, savoir $1, j, j^2$; ainsi yz sera égal à l'une des quantités $-\frac{p}{3}, -\frac{p}{3}j, -\frac{p}{3}j^2$. On en conclut que les valeurs de y et de z qui vérifient le système (4) vérifient l'un des trois systèmes

$$yz = -\frac{p}{3}, \quad y^3 + z^3 = -q;$$

$$yz = -\frac{p}{3}j, \quad y^3 + z^3 = -q;$$

$$yz = -\frac{p}{3}j^2, \quad y^3 + z^3 = -q.$$

On voit d'ailleurs que toutes les valeurs de y et de z qui vérifient l'un de ces derniers systèmes vérifient le système (4). Parmi les solutions du système (4), il faudra donc choisir celles qui conviennent au système (3); pour qu'un couple de valeurs de y et z vérifiant le système (4) satisfasse au système (3), il est nécessaire et il suffit que le produit yz soit réel.

Les valeurs de y^3 et de z^3 qui vérifient le système (4) sont les racines de l'équation du second degré

$$(5) \qquad u^2 + qu - \left(\frac{p}{3}\right)^3 = 0.$$

On en déduit

$$(6) \quad y^3 = -\frac{q}{2} + \sqrt{\left(\frac{q}{2}\right)^2 + \left(\frac{p}{3}\right)^3}, \quad z^3 = -\frac{q}{2} - \sqrt{\left(\frac{q}{2}\right)^2 + \left(\frac{p}{3}\right)^3};$$

et, par suite

$$(7) \quad y = \sqrt[3]{-\frac{q}{2} + \sqrt{\left(\frac{q}{2}\right)^2 + \left(\frac{p}{3}\right)^3}}, \quad z = \sqrt[3]{-\frac{q}{2} - \sqrt{\left(\frac{q}{2}\right)^2 + \left(\frac{p}{3}\right)^3}};$$

d'où

$$(8) \quad x = \sqrt[3]{-\frac{q}{2} + \sqrt{\left(\frac{q}{2}\right)^2 + \left(\frac{p}{3}\right)^3}} + \sqrt[3]{-\frac{q}{2} - \sqrt{\left(\frac{q}{2}\right)^2 + \left(\frac{p}{3}\right)^3}}.$$

Chacun des radicaux cubiques a trois valeurs; si on les combinait deux à deux de toutes les manières possibles, on trouverait pour x neuf valeurs différentes. Mais, comme on l'a dit plus haut, ces combinaisons ne sont pas toutes admissibles. Désignons par a et b deux valeurs particulières des radicaux cubiques; les trois valeurs du premier radical sont a, aj, aj^2; celles du second sont b, bj, bj^2. On peut supposer les valeurs a et b choisies de façon que leur produit soit égal à $-\frac{p}{3}$; car, si cela n'avait pas lieu, ce produit serait égal à $-\frac{p}{3}j$, ou à $-\frac{p}{3}j^2$, et alors, avec a, on prendrait la valeur particulière bj^2 ou bj du second radical. Les valeurs particulières a et b satisfaisant à cette condition, on a trois combinaisons admissibles, savoir :

$$y = a, \quad y = aj, \quad y = aj^2,$$
$$z = b, \quad z = bj^2, \quad z = bj.$$

On en déduit pour x les trois valeurs

$$(9) \quad x_0 = a + b, \quad x_1 = aj + bj^2, \quad x_2 = aj^2 + bj.$$

On voit par là que l'on peut prendre pour y l'une quelconque des valeurs du premier radical; à cette valeur en correspond une du second, qui est égale à $-\frac{p}{3y}$; les trois racines de l'équation proposée seront donc représentées sans ambiguïté par la formule

$$(10) \quad x = \sqrt[3]{-\frac{q}{2} + \sqrt{\left(\frac{q}{2}\right)^2 + \left(\frac{p}{3}\right)^3}} - \frac{p}{3\sqrt[3]{-\frac{q}{2} + \sqrt{\left(\frac{q}{2}\right)^2 + \left(\frac{p}{3}\right)^3}}}$$

dans laquelle le radical cubique a trois valeurs.

Lorsque la quantité $\left(\frac{q}{2}\right)^2 + \left(\frac{p}{3}\right)^3$ est positive, les deux radicaux cubiques ont chacun une valeur réelle; on prendra pour a et b ces valeurs réelles; comme on connaît d'ailleurs les quantités j et j^2, on voit que, dans ce cas, les trois racines de l'équation sont exprimées algébriquement au moyen des coefficients et sous la forme $\alpha + \beta i$.

Lorsque la quantité $\left(\frac{q}{2}\right)^2 + \left(\frac{p}{3}\right)^3$ est négative, les valeurs des radicaux cubiques sont toutes imaginaires, et l'on ne peut les transformer algébriquement pour les mettre sous la forme $\alpha + \beta i$; dans ce cas, on ne doit pas regarder la formule (10) comme résolvant véritablement l'équation, elle indique seulement que la résolution est ramenée à celle d'une équation binome.

169. — Occupons-nous maintenant du calcul numérique des racines. Il y a trois cas à distinguer, suivant que la quantité $\left(\dfrac{q}{2}\right)^2 + \left(\dfrac{p}{3}\right)^3$ est négative, positive ou nulle. Considérons d'abord le cas où cette quantité est négative; l'équation du second degré (5) a ses racines imaginaires; posons

$$\left(\dfrac{q}{2}\right)^2 + \left(\dfrac{p}{3}\right)^3 = -h^2;$$

d'où

$$y^3 = -\dfrac{q}{2} + hi, \quad z^3 = -\dfrac{q}{2} - hi.$$

Si l'on appelle r le module et α l'argument de la quantité imaginaire $-\dfrac{q}{2} + hi$, on a

$$(11) \quad \begin{cases} r = \sqrt{\left(\dfrac{q}{2}\right)^2 + h^2} = \left(-\dfrac{p}{3}\right)^{\frac{3}{2}}, \\ \cos \alpha = -\dfrac{q}{2r}, \quad \sin \alpha = \dfrac{h}{r}. \end{cases}$$

Comme on peut supposer h positive, on prendra pour α un angle compris entre 0 et π. Les deux équations binomes deviennent ainsi

$$y^3 = r(\cos \alpha + i \sin \alpha),$$
$$z^3 = r(\cos \alpha - i \sin \alpha).$$

Les seconds membres de ces équations étant des quantités imaginaires conjuguées, leurs racines sont conjuguées deux à deux; elles sont représentées par les formules

$$y = r^{\frac{1}{3}}\left(\cos \dfrac{\alpha + 2k\pi}{3} + i \sin \dfrac{\alpha + 2k\pi}{3}\right),$$
$$z = r^{\frac{1}{3}}\left(\cos \dfrac{\alpha + 2k'\pi}{3} - i \sin \dfrac{\alpha + 2k'\pi}{3}\right),$$

dans lesquelles on donne à k et à k' les trois valeurs 0, 1, 2.

Les valeurs de y et de z ayant pour arguments

$$\dfrac{\alpha + 2k\pi}{3}, \quad -\dfrac{\alpha + 2k'\pi}{3},$$

et l'argument du produit s'obtenant par l'addition, on a

ÉQUATIONS DU TROISIÈME DEGRÉ.

$$yz = r^{\frac{2}{3}}\left(\cos\frac{2(k-k')\pi}{3} + i\sin\frac{2(k-k')\pi}{3}\right).$$

Pour que ce produit soit réel, il faut faire $k' = k$; ce qui donne

(12) $\qquad x = y + z = 2r^{\frac{1}{3}}\cos\frac{\alpha + 2k\pi}{3}.$

En donnant à k les trois valeurs 0, 1, 2, on obtient pour x les trois racines

(13) $\quad x_0 = 2r^{\frac{1}{3}}\cos\frac{\alpha}{3},\quad x_1 = 2r^{\frac{1}{3}}\cos\frac{2\pi+\alpha}{3},\quad x_2 = 2r^{\frac{1}{3}}\cos\frac{4\pi+\alpha}{3},$

qui sont toutes trois réelles. Les trois arcs $\frac{\alpha}{3}$, $\frac{2\pi+\alpha}{3}$, $\frac{4\pi+\alpha}{3}$ aboutissent aux sommets d'un triangle équilatéral; pour que deux cosinus fussent égaux, il faudrait que l'un des sommets fût placé à l'origine des arcs ou au point diamétralement opposé et, par conséquent, que $\cos\alpha$ fût égal à ± 1; la condition $\cos^2\alpha = 1$ donnerait $h^2 = 0$, ce qui est contraire à l'hypothèse.

Ainsi, *lorsque la quantité* $\left(\frac{p}{3}\right)^3 + \left(\frac{q}{2}\right)^2$ *est négative, l'équation* $x^3 + px + q = 0$ *admet trois racines réelles et inégales.*

A l'aide des tables de logarithmes, on calculera d'abord $\log r$, puis α par les formules

$$r = \left(-\frac{p}{3}\right)^{\frac{3}{2}}, \qquad \cos\alpha = \frac{-q}{2r};$$

et enfin successivement les trois racines x_0, x_1, x_2. On vérifiera que la somme de ces trois racines est nulle.

170. — Considérons actuellement le cas où la quantité $\left(\frac{p}{3}\right)^3 + \left(\frac{q}{2}\right)^2$ est positive; les deux radicaux cubiques admettent alors chacun une valeur réelle, et l'on peut prendre ces valeurs réelles pour a et b. Si, dans les formules (9) on remplace j et j^2 par leurs valeurs $\frac{-1\pm\sqrt{3}}{2}$, les expressions des racines deviennent

(14) $\qquad a+b, \qquad -\frac{a+b}{2} \pm i\frac{a-b}{2}\sqrt{3}.$

Ainsi, *lorsque la quantité* $\left(\frac{p}{3}\right)^3 + \left(\frac{q}{2}\right)^2$ *est positive, l'équation admet une racine réelle et deux racines imaginaires.*

Il s'agit de rendre calculables par logarithmes les formules qui donnent a et b ; on y parvient à l'aide d'un angle auxiliaire, en les écrivant ainsi :

$$a = \sqrt[3]{\frac{q}{2}\left(-1 + \sqrt{1+H}\right)}, \quad b = -\sqrt[3]{\frac{q}{2}\left(1 + \sqrt{1+H}\right)},$$

dans ces formules, H représente le quotient $\dfrac{\left(\dfrac{p}{3}\right)^3}{\left(\dfrac{q}{2}\right)^2}$.

Il y a deux cas à distinguer, suivant le signe de p.

1° Soit $p > 0$; on posera $\tan^2 \varphi = H$,

d'où $\quad a = -\sqrt[3]{\dfrac{q \sin^2 \dfrac{\varphi}{2}}{\cos \varphi}}, \quad b = -\sqrt[3]{\dfrac{q \cos^2 \dfrac{\varphi}{2}}{\cos \varphi}}.$

2° Soit $p < 0$; on posera $\sin^2 \varphi = -H$,

d'où $\quad a = -\sqrt[3]{q \sin^2 \dfrac{\varphi}{2}}, \quad b = -\sqrt[3]{q \cos^2 \dfrac{\varphi}{2}}.$

Dans la pratique, on peut abréger un peu le calcul en déterminant d'abord a, puis b par la formule $b = -\dfrac{p}{3a}$. Quand on connaît a et b, on obtient aisément les racines.

171. — Si la quantité $\left(\dfrac{p}{3}\right)^3 + \left(\dfrac{q}{2}\right)^2$ est égale à zéro, les quantités a et b sont égales entre elles, et l'équation admet une racine simple

$$x_0 = 2a = 2\sqrt[3]{-\dfrac{q}{2}} = \dfrac{3q}{p},$$

et une racine double

$$x_1 = x_2 = -a = -\dfrac{3q}{2p}.$$

172. — *Remarque.* — Lorsque l'équation du troisième degré

(15) $\qquad x^3 + px + q = 0$

a ses trois racines réelles, on arrive facilement à la résolution de cette équation en la comparant à celle qui sert à la trissection de l'angle. Quand on donne $\cos a$ et que l'on cherche $\cos \dfrac{a}{3}$, nous avons vu (n° 153) que l'inconnue est déterminée par l'équation du troisième degré

(16) $\qquad x'^3 - \dfrac{3}{4} x' - \dfrac{\cos a}{4} = 0,$

et que les racines de l'équation sont représentées par la formule

$$x' = \cos\frac{a + 2k\pi}{3},$$

dans laquelle on attribue à k trois valeurs entières consécutives. Mais on ne peut pas identifier l'équation (16) avec l'équation (15), puisque la première ne contient qu'une quantité arbitraire a, tandis que la seconde contient deux paramètres arbitraires p et q. Pour rendre l'identification possible, on multiplie les racines de l'équation (16) par un nombre arbitraire r, ce que l'on fait en remplaçant x' par $\dfrac{x}{r}$; on obtient ainsi l'équation

(17) $$x^3 - \frac{3}{4}r^2 x - \frac{r^3 \cos a}{4} = 0,$$

dont les trois racines sont données par la formule

(18) $$x = r\cos\frac{a + 2k\pi}{3}.$$

On peut maintenant identifier les deux équations (15) et (17); il suffit de poser

$$-\frac{3}{4}r^2 = p, \qquad -\frac{r^3 \cos a}{4} = q;$$

d'où

(19) $$r = 2\sqrt{-\frac{p}{3}}, \qquad \cos a = \frac{-4q}{r^3}.$$

La quantité $\left(\dfrac{p}{3}\right)^3 + \left(\dfrac{q}{2}\right)^2$ étant négative, le coefficient p est négatif; le nombre r est réel et on peut le supposer positif. On voit aussi que la valeur de $\cos^2 a$ est plus petite que l'unité; car on a

$$\cos^2 a = \frac{\left(\dfrac{q}{2}\right)^2}{\left(-\dfrac{p}{3}\right)^3},$$

et de l'inégalité $\left(\dfrac{p}{3}\right)^3 + \left(\dfrac{q}{2}\right)^2 < 0$ on déduit $\left(\dfrac{q}{2}\right)^2 < \left(-\dfrac{p}{3}\right)^3$. Les valeurs de r et de a étant déterminées de cette manière, la formule (18) donne les trois racines de l'équation proposée (15). Il est bon de remarquer que le calcul numérique est exactement le même que celui auquel nous avons été conduits par la première méthode.

CHAPITRE III

Propriétés des racines de l'équation binome.

---

173. — Nous avons vu (n° 167) que les m racines de l'équation binome $x^m - 1 = 0$ sont représentées par la formule

$$x = \cos \frac{2k\pi}{m} + i \sin \frac{2k\pi}{m},$$

dans laquelle k reçoit m valeurs entières consécutives, par exemple

$$0, 1, 2, 3, \ldots, m-1.$$

Ces m racines ont l'unité pour module et pour arguments les arcs en progression arithmétique

$$0, \quad \frac{2\pi}{m}, \quad 2\frac{2\pi}{m}, \quad 3\frac{2\pi}{m}, \ldots, \quad (m-1)\frac{2\pi}{m}.$$

Si l'on divise en m parties égales une circonférence dont le rayon est pris pour unité, chacune des racines de l'équation binome, que nous désignerons par

$$x_0, \quad x_1, \quad x_2, \quad x_3, \ldots, \quad x_{m-1},$$

dans l'ordre établi précédemment, correspond à un des points de division de la circonférence. Les racines de l'équation binome $x^m - 1 = 0$ jouissent de propriétés importantes; nous indiquerons les plus simples.

Théorème I.

174. — *Les racines imaginaires de l'équation binome sont deux à deux conjuguées et réciproques.*

1° Les racines imaginaires, dont les arguments forment une somme égale à 2π, sont conjuguées. Soient, en effet, les racines x_a et x_{m-a} dont les arguments sont $a \frac{2\pi}{m}$ et $(m-a) \frac{2\pi}{m}$; si de ce dernier argument on retranche 2π, ce qui ne change pas la valeur de l'expression, on a deux arguments $a\dfrac{2\pi}{m}$ et $-a\dfrac{2\pi}{m}$ égaux et de signes contraires; les cosinus étant égaux, et les sinus égaux et de signes contraires, les racines x_a et x_{m-a} sont conjuguées.

2° Deux racines conjuguées sont en même temps *réciproques*, c'est-à-dire que leur produit est égal à l'unité. On sait que l'on effectue le produit de deux quantités imaginaires en multipliant les modules et ajoutant les arguments ; le produit de deux racines conjuguées a donc pour module 1 et pour argument 2π ou 0 ; ce produit est donc l'unité. Ainsi $x_a \, x_{m-a} = 1$.

Théorème II.

175. — *Le produit de deux racines de l'équation est une racine de la même équation.*

Soient les deux racines

$$x_a = \cos\frac{2a\pi}{m} + i\sin\frac{2a\pi}{m},$$
$$x_b = \cos\frac{2b\pi}{m} + i\sin\frac{2b\pi}{m};$$

leur produit, d'après la formule de Moivre, est égal à

$$\cos\frac{2(a+b)\pi}{m} + i\sin\frac{2(a+b)\pi}{m};$$

c'est la racine qui correspond à la valeur $a+b$ donnée à k ; donc

$$x_a \, x_b = x_{a+b}.$$

COROLLAIRE I. — *Le quotient de deux racines de l'équation est une racine de cette équation.*

Car le quotient

$$\frac{x^a}{x^b} = \cos\frac{2(a-b)\pi}{m} + i\sin\frac{2(a-b)\pi}{m}$$

est la racine qui correspond à la valeur $a-b$ donnée à k ; donc

$$\frac{x^a}{x^b} = x_{a-b}.$$

COROLLAIRE II. — *Les puissances d'une racine de l'équation sont aussi racines de l'équation.*

Ainsi

$$(x_a)^n = x_{na}.$$

Théorème III.

176. — *Si* a *est premier avec* m, *la racine* x_a, *par ses puissances successives, reproduit les* m *racines de l'équation binome*.

Nous démontrerons d'abord que, si l'on divise par m les multiples successifs

$$0a, \quad 1a, \quad 2a, \quad 3a, \ldots, \quad (m-1)a$$

d'un nombre a premier avec m, on obtient dans un certain ordre les restes

$$0, \quad 1, \quad 2, \quad 3, \ldots, \quad m-1.$$

En effet, il est impossible que deux multiples na et $n'a$ (n et n' étant plus petits que m) donnent le même reste ; car leur différence $(n-n')a$ serait divisible par m, et le nombre m, premier avec a, diviserait l'autre facteur $n-n'$ qui est plus petit que m. On a donc pour restes m nombres différents, tous plus petits que m ; ce sont les m premiers nombres à partir de 0. Si l'on continuait la série des multiples, on retrouverait les mêmes restes périodiquement dans le même ordre.

Imaginons, comme précédemment, la circonférence divisée en m parties égales, et supposons que l'on joigne ces points de division de a en a ; les nombres de divisions parcourues sont les multiples successifs de a ; pour avoir les numéros des points auxquels on arrive, il faut retrancher les circonférences ou les multiples de m ; ces numéros sont donc les restes que l'on obtient en divisant par m, les multiples de a. En vertu de ce qui précède, si a est premier avec m, on passera par tous les points avant de revenir au point de départ, et l'on formera ainsi un polygone régulier de m côtés.

Considérons d'abord la racine

$$x_1 = \cos\frac{2\pi}{m} + i\sin\frac{2\pi}{m}.$$

Les m racines

$$x_0, \quad x_1, \quad x_2, \quad x_3, \ldots, \quad x_{m-1}$$

sont égales respectivement aux termes de la progression géométrique

$$x_1^0, \quad x_1^1, \quad x_1^2, \quad x_1^3, \ldots, \quad x_1^{m-1}.$$

Car, en élevant la racine x_1 aux puissances successives, on obtient précisément les arguments

$$0, \quad \frac{2\pi}{m}, \quad 2\frac{2\pi}{m}, \quad 3\frac{2\pi}{m}, \ldots, \quad (m-1)\frac{2\pi}{m}.$$

Cette disposition des racines correspond au polygone régulier convexe de m côtés.

Considérons maintenant la racine

$$x_a = \cos\frac{2a\pi}{m} + i\sin\frac{2a\pi}{m},$$

dans laquelle a est premier avec m. Les puissances successives

$$x_a^0, \quad x_a^1, \quad x_a^2, \quad x_a^3, \ldots, \quad x_a^{m-1}$$

sont égales, d'après le théorème précédent, à

$$x_0, \quad x_a, \quad x_{2a}, \quad x_{3a}, \ldots, \quad x_{(m-1)a}.$$

On parcourt ainsi les divisions de a en a, et, par conséquent, on passe par tous les sommets, ce qui reproduit les m racines de l'équation binome, dans l'ordre qui correspond au polygone étoilé que l'on obtient en joignant les points de a en a.

Théorème IV.

177. — *Si a et m ont un plus grand commun diviseur d, la racine x_a, par ses puissances successives, ne reproduit que $\dfrac{m}{d}$ racines de l'équation.*

En effet, soit $m = dm'$, $a = da'$; la racine x_a peut s'écrire

$$x_a = \cos\frac{2a\pi}{m} + i\sin\frac{2a\pi}{m} = \cos\frac{2a'\pi}{m'} + i\sin\frac{2a'\pi}{m'};$$

sous cette forme, on voit qu'elle est aussi racine de l'équation $x^{m'} - 1 = 0$, et comme a' est premier avec m', par ses puissances, elle reproduit les m' racines de cette équation, et n'en reproduit aucune autre.

COROLLAIRE I. — On appelle *racines primitives* de l'équation binome $x^m - 1 = 0$ les racines qui par leurs puissances successives reproduisent toutes les autres. Des deux théorèmes précédents il résulte que *l'équation binome $x^m - 1 = 0$ a autant de racines primitives qu'il y a de nombres plus petits que m et premiers avec m.*

COROLLAIRE II. — *Toute racine non primitive de l'équation binome $x^m - 1 = 0$ est racine primitive d'une équation binome $x^{m'} - 1 = 0$ d'un degré m' sous-multiple de m.*

COROLLAIRE III. — *Les racines primitives de l'équation binome $x^m - 1 = 0$ jouissent de cette propriété caractéristique de n'être racine d'aucune équation binome d'un degré inférieur à m.*

COROLLAIRE IV. — *Si m est un nombre premier, toutes les racines, excepté la racine égale à l'unité, sont racines primitives.*

Théorème V.

178. — *La somme des puissances semblables des racines de l'équation binome* $x^m - 1 = 0$ *est nulle, excepté lorsque l'indice de la puissance est un multiple de* m.

On a vu que les racines de l'équation binome sont données par la série

$$x_1^0, \quad x_1^1, \quad x_1^2, \quad x_1^3, \ldots, \quad x_1^{m-1};$$

si on élève chacune d'elles à la puissance n, on obtient une progression géométrique

$$x_1^0, \quad x_1^n, \quad x_1^{2n}, \quad x_1^{3n}, \ldots, \quad x_1^{(m-1)n}$$

dont la raison est x_1^n et la somme des termes $\dfrac{x_1^{mn} - x_1^0}{x_1^n - 1}$. Mais puisque x_1 est racine, on a $x_1^m = 1$, et, par suite, $x_1^{mn} = 1$; donc la somme est nulle.

Cependant, lorsque n est un multiple de m, chacun des termes de la progression devient égal à l'unité, et la somme est m.

Théorème VI.

179. — *Les racines communes à deux équations binomes* $x^m - 1 = 0$, $x^n - 1 = 0$ *sont les racines de l'équation* $x^d - 1 = 0$, d *désignant le plus grand commun diviseur des deux nombres* m *et* n.

Les racines de l'équation $x^m - 1 = 0$ sont représentées par la formule

$$x = \cos\frac{2k\pi}{m} + i \sin\frac{2k\pi}{m},$$

dans laquelle on donne à k les m valeurs $0, 1, 2, \ldots m - 1$. Les racines de l'équation $x^n = 1$ sont représentées par la formule

$$x = \cos\frac{2k'\pi}{n} + i \sin\frac{2k'\pi}{n},$$

dans laquelle on donne à k' les n valeurs $0, 1, 2, \ldots n - 1$.

On voit d'abord que, si m et n sont premiers entre eux, les deux équations n'ont aucune racine commune autre que l'unité. En effet, pour que deux arguments $\dfrac{2k\pi}{m}$ et $\dfrac{2k'\pi}{n}$ fussent égaux, il faudrait que l'on eût $\dfrac{k}{m} = \dfrac{k'}{n}$ ou $kn = k'm$; le nombre m, divisant le produit kn et étant premier avec n, devrait diviser k, ce qui est impossible, puisque k est plus petit que m.

Supposons maintenant que m et n aient un plus grand commun diviseur det soient $m = dm'$, $n = dn'$; on obtiendra les racines communes en donnant à k et à k' toutes les valeurs qui satisfont à la relation $\dfrac{k}{m'} = \dfrac{k'}{n'}$ ou $kn' = k'm'$; on conclut de là que k et k' doivent être de la forme $k = m't$, $k' = n't$, et l'on pourra donner au nombre entier t les valeurs $0, 1, 2, \ldots d-1$; mais alors les arguments égaux se réduisent à la forme $\dfrac{2t\pi}{d}$; ainsi les deux équations ont d racines communes, et ce sont les racines de l'équation $x^d - 1 = 0$.

Théorème VII.

180. — *Si les deux nombres* m *et* n *sont premiers entre eux, on obtient les* mn *racines de l'équation* $x^{mn} - 1 = 0$ *en multipliant deux à deux les* m *racines de l'équation* $x^m - 1 = 0$ *par les* n *racines de l'équation* $x^n - 1 = 0$.

En effet, le produit de deux racines quelconques a pour argument

$$\frac{2k\pi}{m} + \frac{2k'\pi}{n} = \frac{2(kn + k'm)\pi}{mn};$$

on voit déjà que ce produit est racine de l'équation $x^{mn} - 1 = 0$. Il reste à démontrer que l'on obtient mn produits différents. Donnons à k et à k' d'autres valeurs k_1 et k'_1, et examinons si les deux arguments $\dfrac{2(kn + k'm)\pi}{mn}$ et $\dfrac{2(k_1n + k_1'm)\pi}{mn}$ peuvent être égaux ou différer d'un multiple $2h\pi$ de la circonférence. Pour cela il faudrait que l'on eût

$$\frac{kn + k'm}{mn} - \frac{k_1n + k_1'm}{mn} = h,$$

ou
$$(k - k_1)n + (k' - k_1')m = hmn;$$

le nombre m, divisant le second membre et le second terme du premier membre, devrait diviser le premier terme; et comme m est premier avec n, il diviserait $k - k_1$, ce qui est impossible, puisque k et k_1 sont plus petits que m. Ainsi l'on obtient mn produits différents, et ces produits sont les mn racines de l'équation $x^{mn} - 1 = 0$.

Théorème VIII.

181. — *Lorsque les deux nombres* m *et* n *sont premiers entre eux, on obtient les racines primitives de l'équation* $x^{mn} - 1 = 0$ *en multipliant deux à deux les racines primitives de l'équation* $x^m - 1 = 0$ *par les racines primitives de l'équation* $x^n - 1 = 0$.

Supposons k premier avec m, k' premier avec n ; les deux nombres $kn + k'm$ et mn seront aussi premiers entre eux. Car, si ces deux nombres avaient un diviseur premier commun c, ce facteur premier entrerait dans m ou dans n, par exemple dans m ; divisant la somme $kn + k'm$ et la seconde partie $k'm$, il devrait diviser la première partie kn, ce qui est impossible puisque aucun des nombres k et n, premiers avec m, ne contient le facteur c. Ainsi, dans ce cas, on a une racine primitive de l'équation $x^{mn} - 1 = 0$.

Si k n'est pas premier avec m, ou k' avec n, $kn + k'm$ aura un facteur commun avec mn, et l'on n'aura pas une racine primitive de l'équation $x^{mn} - 1 = 0$.

182. — COROLLAIRE I. — Les deux théorèmes précédents ont une grande importance, parce qu'ils ramènent la résolution de l'équation binome $x^{a^\alpha b^\beta c^\gamma \ldots} - 1 = 0$, dans laquelle $a, b, c, \ldots$ sont des nombres premiers différents, à la résolution des équations plus simples $x^{a^\alpha} - 1 = 0$, $x^{b^\beta} - 1 = 0$, $x^{c^\gamma} - 1 = 0$. . . . Il suffira de déterminer une racine primitive de chacune de ces dernières équations ; le produit sera une racine primitive de l'équation proposée, et l'on sait qu'une racine primitive, par ses puissances, donne toutes les autres racines.

183. — COROLLAIRE III. — On sait que les racines non primitives d'une équation binome satisfont à une équation binome d'un degré sous-multiple ; ainsi les racines non primitives de l'équation $x^{a^\alpha} - 1 = 0$ satisfont à l'équation $x^{a^{\alpha-1}} - 1 = 0$; donc le nombre des racines primitives de l'équation $x^{a^\alpha} - 1 = 0$ est $a^\alpha - a^{\alpha-1} = a^{\alpha-1}(a-1)$. De même les équations $x^{b^\beta} - 1 = 0$, $x^{c^\gamma} - 1 = 0$, ... ont respectivement $b^{\beta-1}(b-1)$, $c^{\gamma-1}(c-1)$, ... racines primitives. Il en résulte que l'équation $x^{a^\alpha b^\beta c^\gamma \ldots} - 1 = 0$ admet

$$a^{\alpha-1} b^{\beta-1} c^{\gamma-1} \ldots \times (a-1)(b-1)(c-1)\ldots$$

racines primitives.

Soit $m = a^\alpha b^\beta c^\gamma \ldots$ un nombre entier quelconque décomposé en facteurs premiers ; la formule

$$N = m\left(1 - \frac{1}{a}\right)\left(1 - \frac{1}{b}\right)\left(1 - \frac{1}{c}\right)\ldots$$

indique combien il y a de nombres plus petits que m et premiers avec m. On retrouve ainsi, par le moyen des équations binomes, cette formule que l'on démontre directement en arithmétique.

ÉQUATION BINOME.

POLYGONES RÉGULIERS.

184. — Nous avons vu (n° 176) que, si l'on conçoit la circonférence divisée en m parties égales, et si l'on joint les points de division de n en n, n étant premier avec m, on forme un polygone régulier de m côtés. Lorsque n est premier avec m, $m-n$ est aussi premier avec m; mais il est évident qu'en joignant les points de division de $m-n$ en $m-n$, on obtient le même polygone régulier en ordre inverse. Le nombre des polygones réguliers de m côtés est donc $\dfrac{N}{2}$.

Il n'existe qu'un seul triangle équilatéral, et un seul hexagone régulier. Mais il y a deux pentagones réguliers, le pentagone convexe que l'on obtient en joignant les points de division de un en un ou de quatre en quatre, et le pentagone étoilé que l'on obtient en joignant les points de deux en deux ou de trois en trois. De même, il existe deux décagones réguliers, le décagone convexe et le décagone étoilé; on obtient le décagone étoilé en joignant les points de division de trois en trois ou de sept en sept.

Il y a trois polygones réguliers de neuf côtés, puisque $9 = 3^2$ et $N = 9\left(1 - \dfrac{1}{3}\right) = 6$. Ces trois polygones sont : 1° le polygone ordi-

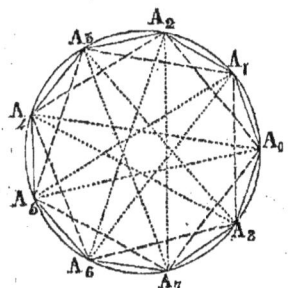

Fig. 57.

naire que l'on obtient en joignant les points de division de un en un ou de huit en huit (il est figuré en trait plein); 2° un polygone étoilé que l'on obtient en joignant les points de division de deux en deux ou de sept en sept (il est pointillé); 3° un second polygone étoilé que l'on obtient en joignant les points de division de quatre en quatre ou de cinq en cinq (il est ponctué).

La détermination des côtés des polygones réguliers de m côtés revient à la résolution de l'équation binome $x^m - 1 = 0$. Si l'on désigne par u_n la longueur du côté du polygone que l'on obtient en joignant les points de division de n en n, n étant premier avec m, on a

$$u_n = 2\sin\frac{n\pi}{m} = \sqrt{2 - 2\cos\frac{2n\pi}{m}}.$$

La quantité $\cos\dfrac{2n\pi}{m}$ est précisément la partie réelle de la racine primitive x_n de l'équation binome; ainsi quand on connaît les racines primitives de l'équation binome, on en déduit facilement les côtés des polygones réguliers.

Mais on peut, en général, procéder d'une manière plus simple. Lorsque m est impair, si n est pair et égal à $2n'$, la quantité $\sin\dfrac{n\pi}{m}$ ou $\sin\dfrac{2n'\pi}{m}$ est le coefficient de i dans la racine primitive $x_{n'}$; si n est impair, $m-n$ étant pair, on prendra $\sin\dfrac{(m-n)\pi}{m}$.

Il est un certain nombre d'équations binomes que l'on peut résoudre algébriquement ; la comparaison des racines ainsi trouvées avec la formule trigonométrique établie précédemment donne les valeurs des sinus et des cosinus de certains arcs ou les côtés de divers polygones réguliers. En voici quelques exemples.

Triangle équilatéral et hexagone régulier.

185. — La détermination des côtés de ces deux polygones réguliers dépend de l'équation binome $x^3 = 1$, que nous avons résolue algébriquement au n° 167. Nous avons trouvé les trois racines

$$1, \quad -\frac{1}{2} \pm i\frac{\sqrt{3}}{2}.$$

D'autre part, ces racines, déduites de la formule trigonométrique, sont

$$1, \quad \cos\frac{2\pi}{3} \pm i\sin\frac{2\pi}{3}.$$

En comparant les deux expressions des racines, on obtient

$$\cos\frac{2\pi}{3} = -\frac{1}{2}, \quad \sin\frac{2\pi}{3} = \frac{\sqrt{3}}{2}.$$

Si l'on remarque que l'arc $\dfrac{\pi}{3}$ est le supplément de $\dfrac{2\pi}{3}$ ou le complément de $\dfrac{\pi}{6}$, on en déduit

$$\sin\frac{\pi}{6} = \cos\frac{\pi}{3} = \frac{1}{2}, \quad \cos\frac{\pi}{6} = \sin\frac{\pi}{3} = \frac{\sqrt{3}}{2}.$$

Il n'existe qu'un seul hexagone régulier inscrit (fig. 58) et un seul triangle équilatéral (fig. 59).

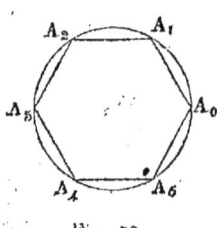

Le côté de l'hexagone a pour valeur $2\sin\dfrac{\pi}{6}$ ou l'unité. Le côté du triangle équilatéral est $2\sin\dfrac{\pi}{3}$, c'est-à-dire $\sqrt{3}$.

Fig. 58. Fig. 59.

Pentagone et décagone réguliers.

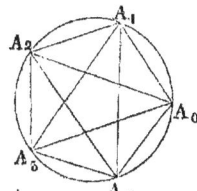

Fig. 60.

186. — La détermination de ces deux polygones dépend de la résolution de l'équation binome $x^5 - 1 = 0$.

En divisant par le facteur $x - 1$, on obtient l'équation du quatrième degré

$$x^4 + x^3 + x^2 + x + 1 = 0.$$

Si l'on divise tous les termes par x^2, on la met sous la forme

$$\left(x^2 + \frac{1}{x^2}\right) + \left(x + \frac{1}{x}\right) + 1 = 0.$$

Posons

$$x + \frac{1}{x} = y,$$

d'où, par l'élévation au carré,

$$x^2 + 2 + \frac{1}{x^2} = y^2, \quad \text{et} \quad x^2 + \frac{1}{x^2} = y^2 - 2 ;$$

l'équation se ramène à une équation du second degré

$$y^2 + y - 1 = 0.$$

On en déduit

$$y = -\frac{1}{2} \pm \frac{\sqrt{5}}{2} \begin{cases} y' = \dfrac{\sqrt{5} - 1}{2}, \\ y'' = -\dfrac{\sqrt{5} + 1}{2}. \end{cases}$$

Chacune des valeurs de y est la somme de deux racines réciproques ou conjuguées

$$y' = x_1 + x_4 = 2\cos\frac{2\pi}{5}, \qquad y'' = x_2 + x_3 = 2\cos\frac{4\pi}{5}.$$

On obtient ensuite ces quatre racines au moyen de deux équations du second degré

$$x^2 - y'x + 1 = 0,$$
$$x^2 - y''x + 1 = 0 ;$$

la première donne

$$x_1 = \frac{\sqrt{5} - 1}{4} + \frac{\sqrt{10 + 2\sqrt{5}}}{4}i, \quad x_4 = \frac{\sqrt{5} - 1}{4} - \frac{\sqrt{10 + 2\sqrt{5}}}{4}i,$$

la seconde

$$x_2 = -\frac{\sqrt{5} + 1}{4} + \frac{\sqrt{10 - 2\sqrt{5}}}{4}i, \quad x_3 = -\frac{\sqrt{5} + 1}{4} - \frac{\sqrt{10 - 2\sqrt{5}}}{4}i.$$

Telles sont les quatre racines primitives de l'équation proposée. On en conclut

$$\cos\frac{2\pi}{5} = \frac{\sqrt{5}-1}{4}, \quad \cos\frac{4\pi}{5} = -\frac{\sqrt{5}+1}{4},$$

$$\sin\frac{2\pi}{5} = \frac{\sqrt{10+2\sqrt{5}}}{4}, \quad \sin\frac{4\pi}{5} = \frac{\sqrt{10-2\sqrt{5}}}{4}.$$

Ces formules donnent les côtés des pentagones et des décagones réguliers. Le côté du pentagone convexe est

$$2\sin\frac{\pi}{5} = 2\sin\frac{4\pi}{5} = \frac{\sqrt{10-2\sqrt{5}}}{2},$$

celui du pentagone étoilé

$$2\sin\frac{2\pi}{5} = \frac{\sqrt{10+2\sqrt{5}}}{2}.$$

Le côté du décagone convexe est

$$2\sin\frac{\pi}{10} = 2\cos\frac{2\pi}{5} = \frac{\sqrt{5}-1}{2},$$

celui du décagone étoilé

$$2\sin\frac{3\pi}{10} = 2\cos\frac{\pi}{5} = -2\cos\frac{4\pi}{5} = \frac{\sqrt{5}+1}{2}.$$

Comme on a

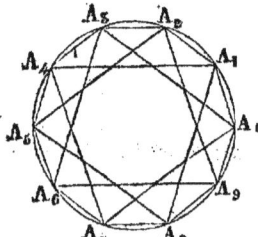

Fig. 61.

$$x^{10} - 1 = (x^5 - 1)(x^5 + 1),$$

la résolution de l'équation $x^{10} - 1 = 0$ est ramenée à celle des deux équations $x^5 - 1 = 0$, $x^5 + 1 = 0$; mais les racines de l'équation $x^5 + 1 = 0$ sont égales à celles de l'équation $x^5 - 1 = 0$ changées de signes. Ceci résulte d'ailleurs du théorème VII; car, les deux nombres 5 et 2 étant premiers entre eux, on obtient les dix racines de l'équation $x^{10} - 1 = 0$ en multipliant deux à deux les cinq racines de l'équation $x^5 - 1 = 0$ par les deux racines $+1$ et -1 de l'équation $x^2 - 1 = 0$. L'équation $x^{10} - 1 = 0$ admet quatre racines primitives; on les obtiendra en multipliant les quatre racines primitives de l'équation $x^5 - 1 = 0$ par la racine primitive -1 de l'équation $x^2 - 1 = 0$. Les mêmes remarques s'appliquent à l'équation $x^6 - 1 = 0$.

Pentédécagone régulier.

187. — Il existe quatre pentédécagones réguliers, le pentédécagone convexe et les trois pentédécagones étoilés que l'on obtient en joignant les points de division de deux en deux, ou de quatre en quatre, ou de sept en sept.

ÉQUATION BINOME.

La détermination des côtés de ces polygones dépend de la résolution de l'équation binome $x^{15} - 1 = 0$. L'exposant 15 étant le produit des deux nombres 3 et 5 premiers entre eux, on obtiendra les 15 racines de cette équation en multipliant chacune des 5 racines de l'équation $x^5 - 1 = 0$ par chacune des trois racines de l'équation $x^3 - 1 = 0$. On sait aussi que si l'on multiplie deux à deux les quatre racines primitives de l'équation $x^5 - 1 = 0$ par les deux racines primitives de l'équation $x^3 - 1 = 0$, on obtient les huit racines primitives de l'équation $x^{15} - 1 = 0$, lesquelles donnent les quatre pentédécagones.

On trouve ainsi les huit racines primitives

$$\cos\frac{2\pi}{15} \pm i\sin\frac{2\pi}{15} = \frac{1}{8}\left[1+\sqrt{5}+\sqrt{3(10-2\sqrt{5})}\right] \pm \frac{i}{8}\left(\sqrt{15}+\sqrt{3}-\sqrt{10-2\sqrt{5}}\right),$$

$$\cos\frac{4\pi}{15} \pm i\sin\frac{4\pi}{15} = \frac{1}{8}\left[1-\sqrt{5}+\sqrt{3(10+2\sqrt{5})}\right] \pm \frac{i}{8}\left(\sqrt{15}-\sqrt{3}+\sqrt{10+2\sqrt{5}}\right),$$

$$\cos\frac{8\pi}{15} \pm i\sin\frac{8\pi}{15} = \frac{1}{8}\left[1-\sqrt{5}-\sqrt{3(10-2\sqrt{5})}\right] \pm \frac{i}{8}\left(\sqrt{15}+\sqrt{3}+\sqrt{10-2\sqrt{5}}\right),$$

$$\cos\frac{14\pi}{15} \pm i\sin\frac{14\pi}{15} = \frac{1}{8}\left[1+\sqrt{5}+\sqrt{3(10+2\sqrt{5})}\right] \pm \frac{i}{8}\left(\sqrt{3}-\sqrt{15}+\sqrt{10+2\sqrt{5}}\right).$$

On en déduit les côtés des quatre pentédécagones réguliers

$$u_1 = 2\sin\frac{\pi}{15} = 2\sin\frac{14\pi}{15} = \frac{1}{4}\left(\sqrt{3}-\sqrt{15}+\sqrt{10+2\sqrt{5}}\right),$$

$$u_2 = 2\sin\frac{2\pi}{15} = 2\sin\frac{13\pi}{15} = \frac{1}{4}\left(\sqrt{3}+\sqrt{15}-\sqrt{10-2\sqrt{5}}\right),$$

$$u_4 = 2\sin\frac{4\pi}{15} = 2\sin\frac{11\pi}{15} = \frac{1}{4}\left(\sqrt{15}-\sqrt{3}+\sqrt{10^2+\sqrt{5}}\right),$$

$$u_7 = 2\sin\frac{7\pi}{15} = 2\sin\frac{8\pi}{15} = \frac{1}{4}\left(\sqrt{15}+\sqrt{3}+\sqrt{10-2\sqrt{5}}\right).$$

Si l'on voulait former une équation ayant pour racines les huit racines primitives de l'équation $x^{15} - 1 = 0$, on supprimerait d'abord les cinq racines de l'équation $x^5 - 1 = 0$, en divisant $x^{15} - 1$ par $x^5 - 1$, ce qui donne l'équation $x^{10} + x^5 + 1 = 0$; on supprimerait ensuite les deux racines imaginaires de l'équation $x^3 - 1 = 0$, en divisant par $x^2 + x + 1$; on obtient ainsi l'équation

$$x^8 - x^7 + x^5 - x^4 + x^3 - x + 1 = 0.$$

Cette équation, ayant ses racines réciproques deux à deux, peut être ramenée au quatrième degré. En divisant tous les termes par x^4, on la met sous la forme

$$\left(x^4 + \frac{1}{x^4}\right) - \left(x^3 + \frac{1}{x^3}\right) + \left(x + \frac{1}{x}\right) - 1 = 0.$$

Si l'on pose ensuite $x + \dfrac{1}{x} = y$, l'équation qui détermine y est

$$y^4 - y^3 - 4y^2 + 4y + 1 = 0.$$

On formera l'équation qui admet pour racines les côtés des quatre pentédécagones en remplaçant dans celle-ci y par $2 - u^2$; cette équation est

$$u^8 - 7u^6 + 14u^4 - 8u^2 + 1 = 0.$$

Théorème IX.

188. — *Les racines de l'équation binome* $x^m - 1 = 0$, *dans laquelle* m *est un nombre premier, s'expriment algébriquement par des formules ne contenant que des radicaux dont l'indice est* $m - 1$.

En divisant $x^m - 1$ par $x - 1$, on a à résoudre l'équation

(1) $\qquad x^p + x^{p-1} + x^{p-2} \ldots + x^2 + x + 1 = 0,$

dans laquelle p désigne le nombre $m - 1$. Chacune des p racines imaginaires de l'équation (1) est une racine primitive de l'équation proposée ; si on appelle r l'une quelconque de ces racines, la suite

$$r, \quad r^2, \quad r^3, \ldots, \quad r^p$$

donnera les p racines de l'équation (1).

Soit g une racine primitive du nombre premier m, c'est-à-dire un nombre tel que ses puissances successives

$$g, \quad g^2, \quad g^3, \ldots, \quad g^{m-1},$$

divisées par m, donnent, dans un certain ordre, les résidus $1, 2, 3, \ldots m-1$; on sait d'ailleurs que g^{m-1} donne le résidu 1 ; les racines de l'équation (1) pourront également être représentées par la suite

(R) $\qquad r, \quad r^g, \quad r^{g^2}, \ldots, \quad r^{g^{p-1}}.$

Dans cet ordre, chaque racine est la même fonction de la précédente ; on l'obtient en élevant cette dernière à la puissance g ; ainsi, $r^g = (r)^g$, $r^{g^2} = (r^g)^g$, $r^{g^3} = (r^{g^2})^g$, ... Appelons α l'une quelconque des racines de l'équation binome $x^p - 1 = 0$, et considérons la quantité

$$f(r, \alpha) = (r + \alpha r^g + \alpha^2 r^{g^2} \ldots + \alpha^{p-1} r^{g^{p-1}})^p.$$

Lorsqu'on remplace dans le polynome placé entre parenthèses r par r^g, et que l'on multiplie en même temps par α, ce polynome ne change pas ; or, la multiplication du polynome par α revient à multiplier $f(r, \alpha)$ par α^p ou par l'unité ; on a donc

$$f(r, \alpha) = f(r^g, \alpha) = f(r^{g^2}, \alpha) = \ldots = f(r^{g^{p-1}}, \alpha) ;$$

ainsi $f(r, \alpha)$ ne change pas quand on remplace r par l'une quelconque des racines de l'équation (1).

Après avoir développé $f(r, \alpha)$ on pourra retrancher des exposants de α tous les multiples de p et des exposants de r tous les multiples de $p+1$ ou de m qu'ils renferment; alors la valeur de $f(r, \alpha)$ prendra cette forme

$$f(r, \alpha) = a + a_1 r + a_2 r^2 \ldots + a_p r^p,$$

les coefficients $a, a_1, a_2 \ldots a_p$ étant des polynomes entiers en α, dont le degré ne dépasse pas $p-1$. Si l'on remplace la racine r successivement par les diverses racines de l'équation (1), et que l'on prenne la moyenne arithmétique des résultats, on a

$$f(r, \alpha) = \frac{a + a_1 S_1 + a_2 S_2 + \ldots + a_p S_p}{p},$$

en désignant par $S_1, S_2, \ldots S_p$ les sommes des racines de l'équation (1) élevées aux puissances $1, 2, \ldots p$; or, on sait exprimer algébriquement ces sommes avec les coefficients des divers termes de l'équation (1), il en résulte

$$f(r, \alpha) = H,$$

H étant un polynome du degré $p-1$ en α, dont les coefficients sont complétement déterminés. On en déduit

$$r + \alpha r^g + \alpha^2 r^{g^2} \ldots + \alpha^{p-1} r^{g^{p-1}} = \sqrt[p]{H}.$$

En conservant la même racine r de l'équation (1), et en supposant ensuite que α désigne successivement les diverses racines $\alpha_1, \alpha_2, \ldots \alpha_p$ de l'équation $x^p - 1 = 0$, on obtient la série d'équations

$$r + \alpha_1 r^g + \alpha_1^2 r^{g^2} \ldots + \alpha_1^{p-1} r^{g^{p-1}} = \sqrt[p]{H_1},$$

$$r + \alpha_2 r^g + \alpha_2^2 r^{g^2} \ldots + \alpha_2^{p-1} r^{g^{p-1}} = \sqrt[p]{H_2},$$

. . . .

. . . .

$$r + \alpha_p r^g + \alpha_p^2 r^{g^2} \ldots + \alpha_p^{p-1} r^{g^{p-1}} = \sqrt[p]{H_p}.$$

Ajoutons ces équations membre à membre; dans le premier membre, les termes de chaque colonne verticale, à l'exception de la première, donnent zéro pour somme (n° 178); on a donc

(2) $$r = \frac{\sqrt[p]{H_1} + \sqrt[p]{H_2} + \ldots \sqrt[p]{H_p}}{p}.$$

189. — La formule précédente, à cause des divers radicaux qu'elle contient, admet plus de p valeurs distinctes; mais il est facile de rejeter les valeurs inutiles. Pour cela, il faut définir d'une manière précise les racines de l'équation $x^p - 1 = 0$ que nous avons représentées par $\alpha_1, \alpha_2, \ldots \alpha_p$. Soit α l'une des racines primitives, les diverses racines de cette équation sont comprises dans la suite

$$\alpha^1, \alpha^2, \ldots, \alpha^p ;$$

nous supposerons $\alpha_n = \alpha^n$; il en résulte $\alpha_p = 1$, et par suite

$$r + \alpha_p r^g + \alpha_p^2 r^{g^2} \ldots + \alpha_p^{p-1} r^{g^{p-1}} = -1,$$

c'est-à-dire

$$\sqrt[p]{H_p} = -1.$$

Le produit

$$[r + \alpha^n r^g + \alpha^{2n} r^{g^2} \ldots + \alpha^{(p-1)n} r^{g^{p-1}}] [r + \alpha r^g + \alpha^2 r^{g^2} \ldots + \alpha^{p-1} r^{g^{p-1}}]^{p-n}$$

ne change pas lorsqu'on y remplace la racine r par r^g; car le premier facteur se trouve divisé par α^n et le second par α^{p-n}, c'est-à-dire que le produit est divisé par α^p ou par l'unité. On pourra donc calculer ce produit, qui est un polynome du degré $p - 1$ en α, ainsi qu'il a été expliqué pour $f(r, \alpha)$; désignons-le par G_n, il en résulte

(3) $\quad r + \alpha^n r^g + \alpha^{2n} r^{g^2} + \alpha^{(p-1)n} r^{g^{p-1}} = \sqrt[p]{H_n} = \dfrac{G_n}{H_1} (H_1)^{\frac{n}{p}}.$

Par cette transformation, l'expression de r ne contient plus que le radical $\sqrt[p]{H_1}$ et ses puissances; dès lors elle n'a plus que p valeurs.

190. — COROLLAIRE. — Si $m - 1$ est une puissance de 2, ou si le nombre premier m est de la forme $2^q + 1$, on sait calculer algébriquement, c'est-à-dire ramener à la forme $a + bi$, les valeurs des radicaux d'indice $m - 1$ qui entrent dans l'expression de r; dans ce cas, on peut ramener les racines à la forme $A + Bi$, A et B étant des quantités complétement déterminées qui ne renferment que des radicaux carrés. Après avoir choisi arbitrairement une ligne pour représenter l'unité, on pourra, avec la règle et le compas, obtenir les lignes qui ont pour mesure A et B, ce qui revient, comme on le sait, à inscrire dans la circonférence un polygone régulier de m côtés.

Les nombres les plus simples satisfaisant à la condition précédente sont

$$3, \quad 5, \quad 17, \quad 257, \ldots$$

Théorème X.

191. — *Quel que soit le nombre* m, 2 *et* 3 *exceptés,* m $- 1$ *est un nombre composé; si* m$-1 = $ p'q, *la résolution de l'équation* (1) *peut* être ramenée à celle d'une équation du degré p', dont les coefficients dépendent des racines d'une équation du degré q.

Prenons les termes de la suite (R) de q en q, de manière à former les q suites

$$(\text{R}')\begin{cases} r, & r^{g^q}, & r^{g^{2q}}, & \ldots, & r^{g^{(p'-1)q}} \\ r^g, & r^{g^{1+q}}, & r^{g^{1+2q}}, & \ldots, & r^{g^{1+\overline{p'-1}q}} \\ \cdot & \cdot & \cdot & & \cdot \\ r^{g^{q-1}}, & r^{g^{2q-1}}, & r^{g^{3q-1}}, & \ldots, & r^{g^{p'q-1}} \end{cases}$$

dont chacune renferme p' termes. Les suites (R') jouissent des mêmes propriétés que la suite (R); on obtient un terme de chacune d'elles en élevant le terme précédent à la puissance g^q.

Considérons ensuite l'équation

$$(4) \quad (y-r)(y-r^{g^q})(y-r^{g^{2q}})\ldots(y-r^{g^{(p'-1)q}})$$
$$= y^{p'} + A_1 y^{p'-1} + A_2 y^{p'-2} \ldots + A_{p'} = 0,$$

qui a pour racines les termes de l'une de ces séries, de la première par exemple. A cause de l'indétermination de la racine représentée par r, les coefficients A_1, A_2,..., $A_{p'}$ ont des valeurs multiples dont il est facile d'évaluer le nombre. En effet, ces coefficients conservent les mêmes valeurs lorsqu'on remplace la racine r par une racine appartenant à la même suite; mais ils changent lorsque l'on remplace r par une racine appartenant à une suite distincte de la première; les racines de l'équation (4) sont les termes de la suite à laquelle appartient la racine mise à la place de r. Les coefficients A_1, A_2, ... $A_{p'}$ n'ont donc chacun que q valeurs. Appelons $z_1, z_2, \ldots z_q$ les valeurs de l'un d'entre eux; les coefficients de l'équation

$$(5) \quad (z-z_1)(z-z_2)\ldots(z-z_q) = z^q + a_1 z^{q-1} + a_2 z^{q-2} \ldots + a_q = 0$$

seront des fonctions symétriques des racines de l'équation (1), dont on sait par conséquent déterminer les valeurs; ainsi l'un quelconque des coefficients de l'équation (4) dépend lui-même d'une équation (5) du degré q.

A chaque valeur de l'un des coefficients A_1 correspondent des valeurs bien déterminées des autres coefficients A_2, A_3 ..., que l'on obtient sans résoudre de nouvelles équations. Pour fixer les idées, supposons que $z_1, z_2, \ldots z_q$ désignent les valeurs de A_1, et appelons $t_1, t_2 \ldots t_q$ les valeurs de l'un des coefficients A_2, $A_3 \ldots A_{p'}$; chacune des quantités

$$t_1 + t_2 + \ldots + t_q = L,$$
$$t_1 z_1 + t_2 z_2 + \ldots + t_q z_q = L_1,$$
$$t_1 z_1^2 + t_2 z_2^2 + \ldots + t_q z_q^2 = L_2,$$
$$\cdot \quad \cdot \quad \cdot \quad \cdot \quad \cdot$$
$$t_1 z_1^{q-1} + t_2 z_2^{q-1} + \ldots + t_q z_q^{q-1} = L_{q-1}$$

est une fonction symétrique des racines de l'équation (1) dont on peut trouver la valeur. Pour obtenir la valeur t_1 qui correspond à z_1, multiplions les équations précédentes respectivement par $\theta_{q-1}, \theta_{q-2} \ldots \theta_1, 1$, et ajoutons ; il vient

$$t_1 = \frac{L_{q-1} + \theta L_{q-2} + \ldots + \theta_{q-1} L}{z_1^{q-1} + \theta z_1^{q-2} + \ldots + \theta_{q-1}}$$

si l'on choisit les coefficients arbitraires $\theta_1, \theta_2, \ldots \theta_{p-1}$, de manière à satisfaire aux relations

$$z_2^{q-1} + \theta_1 z_2^{q-2} + \ldots + \theta_{q-1} = 0,$$
$$z_3^{q-1} + \theta_1 z_3^{q-2} + \ldots + \theta_{q-1} = 0,$$
$$\ldots$$
$$z_q^{q-1} + \theta_1 z_q^{q-2} + \ldots + \theta_{q-1} = 0.$$

Les relations précédentes expriment que $\theta_1, \theta_2, \ldots \theta_{q-1}$ sont les coefficients de l'équation du degré $q-1$

$$z^{q-1} + \theta_1 z^{q-2} + \ldots + \theta_{q-1} = 0$$

qui a pour racines $z_2, z_3 \ldots z_q$. Or, on obtient le premier membre de cette équation en divisant par $z - z_1$ le polynome

$$z^q + a_1 z^{q-1} + a_2 z^{q-2} + \ldots + a_q.$$

Les coefficients successifs du quotient sont donnés par les formules

$$\theta_1 = z_1 + a_1$$
$$\theta_2 = z_1^2 + a_1 z_1 + a_2,$$
$$\theta_3 = z_1^3 + a_1 z_1^2 + a_2 z_1 + a_3,$$
$$\ldots$$

Ainsi la résolution de l'équation (1) dépend de la résolution des deux équations (4) et (5), dont l'une du degré p' est l'autre du degré q.

Comme les racines de l'équation (4), pour chaque système de valeurs de ses coefficients, jouissent des mêmes propriétés que celles de l'équation (1), si le nombre p' est un nombre composé égal à $p''q'$, on pourra également ramener sa résolution à celle de deux autres des degrés p'' et q' et ainsi de suite.

Si le nombre p est une puissance de 2, on pourra diriger l'opération de manière que l'on n'ait jamais à résoudre que des équations du second degré.

Polygone régulier de 17 côtés.

192. — Il s'agit de résoudre l'équation binome
(1) $$x^{17} - 1 = 0.$$
Si l'on divise par $x - 1$, l'équation est ramenée à celle-ci :
(2) $$x^{16} + x^{15} + x^{14} + \ldots + x + 1 = 0.$$

ÉQUATION BINOME.

Le nombre 3 est une racine primitive du nombre premier 17, et les puissances successives de 3, divisées par 17, donnent pour restes les seize premiers nombres dans l'ordre suivant :

$3^0, 3^1, 3^2, 3^3, 3^4, 3^5, 3^6, 3^7, 3^8, 3^9, 3^{10}, 3^{11}, 3^{12}, 3^{13}, 3^{14}, 3^{15},$
$1, 3, -8, -7, -4, 5, -2, -6, -1, -3, 8, 7, 4, -5, 2, 6.$

La puissance 3^{16} donne le reste 1, et les mêmes restes se reproduisent périodiquement. Appelons r une racine quelconque de l'équation (2), et disposons toutes les racines de cette équation dans l'ordre suivant :

(R) $\qquad r, r^3, r^{3^2}, \ldots, r^{3^{15}}.$

Partageons cette suite en deux autres

(R') $\begin{cases} r, r^{3^2}, r^{3^4}, r^{3^6}, r^{3^8}, r^{3^{10}}, r^{3^{12}}, r^{3^{14}}, \\ r^3, r^{3^3}, r^{3^5}, r^{3^7}, r^{3^9}, r^{3^{11}}, r^{3^{13}}, r^{3^{15}}. \end{cases}$

Considérons l'équation

(3) $\quad (x-r)(x-r^{3^2})(x-r^{3^4}) \ldots (x-r^{3^{14}})$
$= x^8 - A_1 x^7 + A_2 x^6 - \ldots + A_8 = 0,$

qui admet pour racines les quantités comprises dans l'une ou l'autre des suites (R'); les coefficients de cette équation ont deux valeurs distinctes. Appelons z_1 et z_2 les deux valeurs du coefficient A_1; ces deux valeurs seront les racines d'une équation du second degré

$(z-z_1)(z-z_2) = z^2 - a_1 z + a_2 = 0.$

Le coefficient a_1 est égal à $z_1 + z_2$, c'est-à-dire à la somme des racines de l'équation (2), ou à -1. Le coefficient a_2 est égal au produit $z_1 z_2$, c'est-à-dire à la somme des 64 produits que l'on obtient en multipliant chacune des racines de la première suite (R') par chacune de celles de la seconde suite ; chacun de ces produits est une racine de l'équation (1); l'exposant de r étant de la forme $3^{2m} + 3^{2m_1+1}$
$= 3^{2m}(1 + 3^{2(m_1-m)+1})$; le premier facteur 3^{2m} n'est pas divisible par 17; le second facteur $3^{2(m_1-m)+1} + 1$ n'est pas non plus divisible par 17; car ce sont les puissances 3^{8+16k} qui donnent le résidu -1; aucun des exposants n'étant un multiple de 17, aucun des produits partiels ne donnera la racine 1 ; chacun des produits partiels sera donc une racine de l'équation (2); à cause de la symétrie, la somme des 64 produits partiels sera égale à 4 fois la somme des 16 racines de l'équation (2); on aura ainsi $a_2 = -4$, et l'équation en z sera

(4) $\qquad z^2 + z - 4 = 0.$

On peut appliquer la même méthode à l'équation (3). Divisons les huit racines de cette équation en deux suites

(R'') $\begin{cases} r, r^{3^4}, r^{3^8}, r^{3^{12}}, \\ r^{3^2}, r^{3^6}, r^{3^{10}}, r^{3^{14}}, \end{cases}$

et considérons l'équation

(5) $(x - r)(x - r^{3^4})(x - r^{3^8})(x - r^{3^{12}})$
$= x^4 - B_1 x^3 + B_2 x^2 - B_3 x + B_4 = 0.$

Pour chaque valeur de z, les coefficients de cette équation ont deux valeurs distinctes; appelons t_1 et t_2 les deux valeurs du coefficient B_1; ces deux valeurs seront les racines de l'équation

$(t - t_1)(t - t_2) = t^2 - b_1 t + b_2 = 0.$

Le coefficient b_1 est égal à $t_1 + t_2$, c'est-à-dire à la somme des racines de l'équation (3), ou à z. On a

$b_2 = (r + r^{3^4} + r^{3^8} + r^{3^{12}})(r^{3^2} + r^{3^6} + r^{3^{10}} + r^{3^{14}}),$
$b_2 = (r + r^{-1} + r^4 + r^{-4})(r^2 + r^{-2} + r^8 + r^{-8});$

les seize produits partiels étant les racines de l'équation (2), on a $b_2 = -1$, et l'équation en t est

(6) $\qquad t^2 - zt - 1 = 0.$

Décomposons encore l'équation (5); disposons les quatre racines de cette équation en deux groupes

(R''') $\qquad \begin{cases} r, & r^{3^8}, \\ r^{3^4}, & r^{3^{12}}, \end{cases}$

et considérons l'équation

(7) $\qquad (x - r)(x - r^{3^8}) = x^2 - C_1 x + C_2 = 0.$

Pour chaque système de valeurs de z et de t, les coefficients de cette équation ont deux valeurs distinctes; appelons u_1 et u_2 les deux valeurs du coefficient C_1; ces deux valeurs seront données par l'équation

$(u - u_1)(u - u_2) = u^2 - c_1 u + c_2 = 0.$

Le coefficient c_1 est égal à $u_1 + u_2$, c'est-à-dire à la somme des racines de l'équation (5), ou à t. On a

$c_2 = u_1 u_2 = (r + r^{3^8})(r^{3^4} + r^{3^{12}}) = r^3 + r^{-3} + r^5 + r^{-5};$

on a, d'ailleurs,

$t = r + r^{-1} + r^4 + r^{-4};$

on en déduit

$c_2 t = 2(r + r^{-1} + r^4 + r^{-4}) + r^2 + r^{-2}$
$\qquad + r^6 + r^{-6} + r^7 + r^{-7} + r^8 + r^{-8};$

retranchons des deux membres la somme des racines de l'équation (2), ou -1, il viendra

$c_2 t + 1 = (r + r^{-1} + r^4 + r^{-4}) - (r^3 + r^{-3} + r^5 + r^{-5}) = t - c_2,$

d'où l'on conclut $c_2 = \dfrac{t-1}{t+1}$. Ainsi, l'équation en u est

(8) $\qquad u^2 - tu + \dfrac{t-1}{t+1} = 0.$

Remarquons d'ailleurs que le coefficient C_2 de l'équation (7) est égal à $r \times r^{s^0}$, ou à $r \times r^{-1}$, c'est-à-dire à l'unité; l'équation (7) devient ainsi

(9) $\qquad x^2 - ux + 1 = 0.$

La résolution de l'équation (2) est ramenée de la sorte à la résolution des quatre équations successives du second degré

$$z^2 + z - 4 = 0, \qquad t^2 - zt - 1 = 0,$$
$$u^2 - tu + \dfrac{t-1}{t+1} = 0, \qquad x^2 - ux + 1 = 0.$$

Théorème de Côtes.

193. — Les diviseurs du premier degré des polynomes

$$x^m - R(\cos \alpha + i \sin \alpha)$$
et
$$x^m - R(\cos \alpha - i \sin \alpha)$$

sont représentés par les formules

$$x - R^{\frac{1}{m}}\left(\cos \dfrac{\alpha + 2k\pi}{m} + i \sin \dfrac{\alpha + 2k\pi}{m}\right),$$
$$x - R^{\frac{1}{m}}\left(\cos \dfrac{\alpha + 2k\pi}{m} - i \sin \dfrac{\alpha + 2k\pi}{m}\right),$$

dans lesquelles k reçoit les m valeurs

$$0, \quad 1, \quad 2, \quad 3, \ldots, \quad m-1.$$

Le produit des diviseurs qui correspondent à la même valeur de k donne le trinome réel du second degré

$$x^2 - 2x R^{\frac{1}{m}} \cos \dfrac{\alpha + 2k\pi}{m} + R^{\frac{2}{m}}.$$

Le produit de tous les trinomes que l'on obtient en attribuant à k les valeurs $0, 1, 2, \ldots, m-1$, produit que nous désignons par la notation

$$\prod_{k=0}^{k=m-1}\left(x^2 - 2x R^{\frac{1}{m}} \cos \dfrac{\alpha + 2k\pi}{m} + R^{\frac{2}{m}}\right),$$

est égal au produit des polynomes

$$[x^m - R(\cos \alpha + i \sin \alpha)] \times [x^m - R(\cos \alpha - i \sin \alpha)],$$

c'est-à-dire à

$$x^{2m} - 2R\, x^m \cos \alpha + R^2;$$

car on a formé ainsi le produit de tous les diviseurs du premier degré qui composent chacun des deux polynomes proposés.

On a donc l'identité

(1) $\prod_{k=0}^{k=m-1}\left(x^2 - 2R^{\frac{1}{m}} x \cos \frac{\alpha+2k\pi}{m} + R^{\frac{2}{m}}\right) = x^{2m} - 2Rx^m \cos\alpha + R^2.$

Si l'on remplace $R^{\frac{1}{m}}$ par r et $\frac{\alpha}{m}$ par ω, cette identité devient

(2) $\prod_{k=0}^{k=m-1}\left[x^2 - 2rx\cos\left(\omega + \frac{2k\pi}{m}\right) + r^2\right] = x^{2m} - 2r^m x^m \cos m\omega + r^{2m}.$

Cela posé, soit un polygone régulier de m côtés inscrit dans un cercle de rayon r (fig. 62); à partir du sommet A_0 portons l'arc A_0B égal à la valeur absolue de ω, dans le sens A_0A_{m-1} si ω est positif, dans le sens A_0A_1 si ω est négatif; sur le rayon OB portons, à partir du centre, une longueur OM égale à x; et enfin, joignons le point M à tous les sommets du polygone. Le triangle MOA_k donne

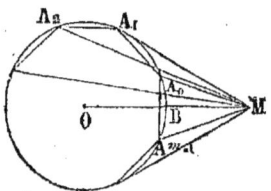

Fig. 62.

$$\overline{MA_k}^2 = x^2 - 2r x \cos\left(\omega + \frac{2k\pi}{m}\right) + r^2;$$

on a donc, en vertu de l'identité (2),

(3) $\overline{MA_0}^2 \cdot \overline{MA_1}^2 \cdot \overline{MA_2}^2 \ldots \overline{MA_{m-1}}^2 = x^{2m} - 2r^m x^m \cos m\omega + r^{2m}.$

COROLLAIRE I. — Lorsque le rayon OM passe par le sommet A_0 du polygone, on a $\omega = 0$ et l'égalité (3), dont le second membre devient un carré, se réduit à

(4) $\quad MA_0 \cdot MA_1 \cdot MA_2 \ldots MA_{m-1} = \pm (x^m - r^m).$

On prendra le signe $+$ si le point M est en dehors du cercle, le signe $-$ s'il est dans l'intérieur.

COROLLAIRE II. — Lorsque le rayon OM partage en deux parties égales l'arc A_0A_{m-1}, on a $\omega = \frac{\pi}{m}$, et l'égalité (3), dont le second membre devient encore un carré, se réduit à

(5) $\quad MA_0 \cdot MA_1 \cdot MA_2 \ldots MA_{m-1} = x^m + r^m.$

CHAPITRE IV

Développement des fonctions circulaires en séries.

DÉRIVÉES DES FONCTIONS CIRCULAIRES.

Dérivées du sinus.

194. — Soit la fonction
$$y = \sin x.$$

On appelle dérivée d'une fonction la limite du rapport de l'accroissement de la fonction à l'accroissement de la variable, quand ces deux accroissements tendent vers zéro.

Lorsqu'on donne à la variable x l'accroissement h, la fonction éprouve l'accroissement
$$k = \sin(x+h) - \sin x.$$

Si l'on prend le rapport des deux accroissements et que l'on transforme la différence des sinus en un produit, on a

$$\frac{k}{h} = \frac{\sin(x+h) - \sin x}{h} = \frac{2 \sin \frac{h}{2} \cos\left(x + \frac{h}{2}\right)}{h}.$$

ou
$$\frac{k}{h} = \frac{\sin \frac{h}{2}}{\frac{h}{2}} \cos\left(x + \frac{h}{2}\right).$$

Quand l'accroissement h de la variable tend vers zéro, le rapport $\dfrac{\sin \frac{h}{2}}{\frac{h}{2}}$ du sinus à l'arc $\dfrac{h}{2}$ tend vers l'unité, tandis que le second facteur se réduit à $\cos x$; le rapport $\dfrac{k}{h}$ tend donc vers une limite égale à $\cos x$, et l'on a
$$y' = \cos x.$$

Ainsi *la dérivée du sinus est le cosinus.*

Dérivée du cosinus.

195. — Soit la fonction
$$y = \cos x.$$

On a de la même manière

$$\frac{k}{h} = \frac{\cos(x+h) - \cos x}{h} = \frac{-2\sin\frac{h}{2}\sin\left(x+\frac{h}{2}\right)}{h} = -\frac{\sin\frac{h}{2}}{\frac{h}{2}}\sin\left(x+\frac{h}{2}\right),$$

et, en prenant la limite du rapport

$$y' = -\sin x.$$

Ainsi *la dérivée du cosinus est le sinus pris en signe contraire.*

Au moyen de ce qui précède, on obtient aisément les dérivées successives du sinus ou du cosinus :

$$\begin{aligned}
y &= \sin x, & y &= \cos x, \\
y' &= \cos x, & y' &= -\sin x, \\
y'' &= -\sin x, & y'' &= -\cos x, \\
y''' &= -\cos x, & y''' &= \sin x, \\
y'''' &= \sin x, & y'''' &= \cos x,
\end{aligned}$$

. . . .

On voit que les dérivées se reproduisent périodiquement de quatre en quatre.

Dérivées de la tangente et de la sécante.

196. — On obtient la dérivée de la fonction

$$y = \tang x,$$

en prenant la dérivée du quotient $\dfrac{\sin x}{\cos x}$, ce qui donne

$$y' = \frac{\cos^2 x + \sin^2 x}{\cos^2 x} = \frac{1}{\cos^2 x}.$$

De même la cotangente

$$y = \cot x = \frac{\cos x}{\sin x},$$

a pour dérivée

$$y' = -\frac{1}{\sin^2 x}.$$

La sécante pouvant se mettre sous la forme

$$y = \séc x = \frac{1}{\cos x} = (\cos x)^{-1},$$

on obtiendra sa dérivée par la règle des puissances

$$y' = \frac{\sin x}{\cos^2 x}.$$

De même la cosécante

$$y = \coséc x = \frac{1}{\sin x} = (\sin x)^{-1}$$

a pour dérivée
$$y' = -\frac{\cos x}{\sin^2 x}.$$

Dérivées des fonctions circulaires inverses.

197. — Nous avons dit (n° 11) comment on définit les fonctions circulaires inverses ; on donne la valeur y_0 de la fonction qui correspond à une valeur x_0 de la variable ; quand x varie d'une manière continue à partir de x_0, l'un des arcs varie d'une manière continue à partir de y_0 ; cet arc variable est la fonction.

Soit la fonction inverse
$$y = \text{arc sin } x.$$
On en déduit
$$\sin y = x.$$
Si l'on appelle Δx et Δy les variations simultanées des variables x et y, nous avons vu que le rapport $\dfrac{\Delta x}{\Delta y}$ tend vers une limite égale à $\cos y$; le rapport inverse $\dfrac{\Delta y}{\Delta x}$ tend donc vers une limite égale à $\dfrac{1}{\cos y}$, et l'on a
$$y' = \frac{1}{\cos y}.$$
Puisque $\sin y = x$, on a $\cos y = \pm\sqrt{1-x^2}$; si l'on remplace $\cos y$ par sa valeur, il vient
$$y' = \pm\frac{1}{\sqrt{1-x^2}}.$$
Il faudra mettre devant le radical le signe de $\cos y$; si l'arc se termine dans le premier ou dans le quatrième quadrant, on prendra le signe $+$; s'il se termine dans le second ou dans le troisième, on prendra le signe $-$.

On obtient de la même manière la dérivée de la fonction inverse
$$y = \text{arc cos } x.$$
On a, en effet,
$$\cos y = x.$$
Nous avons vu que le rapport $\dfrac{\Delta x}{\Delta y}$ tend vers une limite égale à $-\sin y$; on en conclut que le rapport inverse $\dfrac{\Delta y}{\Delta x}$ tend vers une limite égale à $-\dfrac{1}{\sin y}$. On a donc
$$y' = -\frac{1}{\sin y} = \pm\frac{-1}{\sqrt{1-x^2}}.$$
On mettra devant le radical le signe de $\sin y$.

Considérons enfin la fonction inverse
$$y = \text{arc tang } x.$$
On a
$$\text{tang } y = x.$$

Le rapport $\dfrac{\Delta x}{\Delta y}$ ayant pour limite $\dfrac{1}{\cos^2 y}$, le rapport inverse a pour limite $\cos^2 y$; on a donc
$$y' = \cos^2 y.$$
Mais on sait que
$$\cos^2 y = \frac{1}{1 + \tan^2 y} = \frac{1}{1 + x^2};$$
on en conclut
$$y' = \frac{1}{1 + x^2}.$$

DÉVELOPPEMENTS DES FONCTIONS SIN x ET COS x.

198. — *Lemme.* Si l'on désigne par x un nombre fixe que l'on peut supposer aussi grand que l'on voudra, et par n un nombre entier variable, la quantité
$$\frac{x^n}{1.2\ldots n}$$
tend vers zéro, quand n augmente indéfiniment.

En effet, soit p le nombre entier égal à x ou immédiatement inférieur à x, et supposons n plus grand que p, on a
$$\frac{x^n}{1.2\ldots n} = \left(\frac{x}{1} \cdot \frac{x}{2} \cdots \frac{x}{p}\right) \times \frac{x}{p+1} \cdot \frac{x}{p+2} \cdots \frac{x}{n};$$
d'où
$$\frac{x^n}{1.2\ldots n} < \left(\frac{x}{1} \cdot \frac{x}{2} \cdots \frac{x}{p}\right) \times \frac{x}{n}.$$

Or, lorsque n croît indéfiniment, le facteur $\dfrac{x}{n}$ tend vers zéro; le facteur $\left(\dfrac{x}{1} \cdot \dfrac{x}{2} \cdots \dfrac{x}{p}\right)$ restant fixe, le produit de ce facteur par $\dfrac{x}{n}$ tend aussi vers zéro.

199. — Supposons que la variable x croisse à partir de zéro, et considérons l'inégalité
$$1 - \cos x > 0.$$

Le premier membre est la dérivée de la fonction $x - \sin x + C$, dans laquelle C désigne une constante; choisissons cette constante de manière que la fonction primitive s'annule avec x, ce qui exige que l'on ait $C = 0$. La fonction $x - \sin x$, ayant sa dérivée positive, va en croissant;

comme elle s'annule pour $x=0$, elle prend des valeurs positives de plus en plus grandes. On a donc pour toutes les valeurs positives de x,
$$x - \sin x > 0.$$

Le premier membre de cette seconde inégalité est la dérivée de $C + \dfrac{x^2}{1.2} + \cos x$; prenons la constante égale à -1, afin que la fonction primitive devienne nulle pour $x=0$; cette fonction, ayant sa dérivée positive, va en croissant ; comme elle s'annule pour $x=0$, elle prend des valeurs positives, et l'on a encore
$$-1 + \frac{x^2}{1.2} + \cos x > 0.$$

Si l'on répète indéfiniment cette même opération, en déterminant à chaque fois la constante arbitraire, de manière que la fonction primitive s'évanouisse avec la variable x, on obtient la suite des inégalités

$$1 - \cos x > 0,$$
$$\frac{x}{1} - \sin x > 0,$$
$$-1 + \frac{x^2}{1.2} + \cos x > 0,$$
$$-\frac{x}{1} + \frac{x^3}{1.2.3} + \sin x > 0,$$
$$1 - \frac{x^2}{1.2} + \frac{x^4}{1.2.3.4} - \cos x > 0,$$
$$\cdots\cdots\cdots\cdots\cdots\cdots$$

On en déduit
$$\cos x < 1,$$
$$\cos x > 1 - \frac{x^2}{1.2},$$
$$\cos x < 1 - \frac{x^2}{1.2} + \frac{x^4}{1.2.3.4},$$
$$\cdots\cdots\cdots\cdots\cdots\cdots$$

Donc, si l'on considère la série indéfinie
$$1 - \frac{x^2}{1.2} + \frac{x^4}{1.2.3.4} - \frac{x^6}{1.2.3.4.5.6} + \cdots,$$
la fonction $\cos x$ est comprise entre les sommes que l'on obtient en prenant d'abord les n premiers termes, puis un terme de plus ; par suite, la valeur exacte de $\cos x$ est égale à la somme des n premiers termes, augmentée d'une fraction du terme suivant ; on a ainsi

$$(1)\ \cos x = 1 - \frac{x^2}{1.2} + \frac{x^4}{1.2.3.4} - \ldots \pm \frac{x^{2n-2}}{1.2\ldots(2n-2)} \mp \theta \frac{x^{2n}}{1.2\ldots 2n},$$

en désignant par θ un certain nombre moindre que l'unité. Or, lorsque n croît indéfiniment, la quantité

$$\theta \frac{x^{2n}}{1.2\ldots 2n}$$

tend vers zéro, d'après le lemme démontré ; par suite, la somme des n premiers termes de la série

$$1 - \frac{x^2}{1.2} + \frac{x^4}{1.2.3.4} - \ldots$$

tend vers une limite égale à $\cos x$; on a donc

$$(2)\qquad \cos x = 1 - \frac{x^2}{1.2} + \frac{x^4}{1.2.3.4} - \ldots$$

On déduit aussi de la suite des inégalités les deux formules

$$(3)\ \sin x = x - \frac{x^3}{1.2.3} + \frac{x^5}{1.2.3.4.5} - \ldots \pm \frac{x^{2n-1}}{1.2\ldots(2n-1)} \mp \theta \frac{x^{2n+1}}{1.2\ldots(2n+1)},$$

$$(4)\qquad \sin x = x - \frac{x^3}{1.2.3} + \frac{x^5}{1.2.3.4.5} - \ldots$$

Les formules (1), (2), (3), (4), ont été démontrées pour toutes les valeurs positives de la variable x ; mais si l'on observe que $\cos x$ ne change pas quand x change de signe en conservant la même valeur absolue ; que, d'un autre côté, les seconds membres des formules (1) et (2) restent aussi invariables par ce changement, on voit que les formules (1) et (2) sont vraies quand x est négatif. On reconnaît de la même manière que les formules (3) et (4) conviennent aussi aux arcs négatifs.

A l'aide des formules (2) et (4) on calcule aisément le cosinus ou le sinus d'un arc donné quelconque avec tel degré d'approximation qu'on le désire. Lorsqu'on prend pour le sinus d'un arc très-petit x l'arc lui-même, on commet une erreur relative très-petite ; nous avons démontré (n° 47) que l'erreur commise est moindre que $\frac{x^3}{4}$; mais la formule (3) nous montre que, quel que soit l'arc, l'erreur est moindre que $\frac{x^3}{6}$. Nous avons démontré aussi que, si l'on prend pour le cosinus la quantité $1 - \frac{x^2}{2}$, l'erreur commise est moindre que $\frac{x^4}{16}$; la formule (1) montre que cette erreur est moindre que $\frac{x^4}{24}$.

DÉVELOPPEMENT DE LA FONCTION ARC TANG x.

260. — Afin de préciser le sens de la fonction arc tang x, nous supposerons qu'elle s'évanouit avec x et qu'elle varie ensuite d'une manière continue avec la variable.

La fonction arc tang x a pour dérivée $\dfrac{1}{1+x^2}$; par la division, cette dérivée se développe de la manière suivante :

$$\frac{1}{1+x^2} = 1 - x^2 + x^4 - x^6 + \ldots \mp x^{2n-2} \pm \frac{x^{2n}}{1+x^2}.$$

d'où

$$\frac{1}{1+x^2} - (1 - x^2 + x^4 - x^6 + \ldots \mp x^{2n-2}) = \pm \frac{x^{2n}}{1+x^2}.$$

Le premier membre admet pour fonction primitive

$$\text{arc tang } x - \left(\frac{x}{1} - \frac{x^3}{3} + \frac{x^5}{5} - \frac{x^7}{7} + \ldots \mp \frac{x^{2n-1}}{2n-1} \right).$$

En désignant cette fonction par $\pm \varphi(x)$, on a

$$\pm \varphi'(x) = \frac{1}{1+x^2} - (1 - x^2 + x^4 - x^6 + \ldots \mp x^{2n-2}) = \pm \frac{x^{2n}}{1+x^2},$$

ou plus simplement

$$\varphi'(x) = \frac{x^{2n}}{1+x^2}.$$

D'ailleurs, la fonction $\varphi(x)$ s'annule avec la variable x.

La quantité $\dfrac{x^{2n}}{1+x^2}$ étant positive et inférieure à x^{2n}, on a les inégalités

$$\varphi'(x) > 0,$$
$$\varphi'(x) - x^{2n} < 0.$$

La fonction $\varphi(x)$, ayant sa dérivée positive, croît avec x, comme elle s'évanouit pour $x = 0$, elle prend des valeurs positives croissantes, quand x croît à partir de zéro. La fonction $\varphi(x) - \dfrac{x^{2n+1}}{2n+1}$, ayant sa dérivée négative, décroît au contraire quand x croît ; comme elle s'évanouit aussi avec x, elle prend des valeurs négatives quand x croît à partir de zéro. On a donc, pour toutes les valeurs positives de x,

$$\varphi(x) - \frac{x^{2n+1}}{2n+1} < 0,$$

ou

$$\varphi(x) < \frac{x^{2n+1}}{2n+1}.$$

Ainsi la fonction $\varphi(x)$ a une valeur positive inférieure à $\dfrac{x^{2n+1}}{2n+1}$, et l'on pourra écrire

$$\varphi(x) = \frac{\theta x^{2n+1}}{2n+1},$$

en désignant par θ une quantité positive plus petite que l'unité. On en déduit

$$\text{arc tang } x = \frac{x}{1} - \frac{x^3}{3} + \frac{x^5}{5} - \ldots \mp \frac{x^{2n-1}}{2n-1} \pm \frac{\theta x^{2n+1}}{2n+1}.$$

Supposons maintenant que la variable x soit inférieure, ou au plus égale à l'unité ; si l'on fait augmenter n indéfiniment, le terme complémentaire $\dfrac{\theta x^{2n+1}}{2n+1}$ tend vers zéro ; on en conclut que la somme des n premiers termes de la série

$$\frac{x}{1} - \frac{x^3}{3} + \frac{x^5}{5} - \ldots$$

tend vers la limite arc tang x ; on obtient ainsi le développement de arc tang x en série convergente

(5) $$\text{arc tang } x = \frac{x}{1} - \frac{x^3}{3} + \frac{x^5}{5} - \ldots$$

pour toutes les valeurs de x inférieures ou égales à l'unité.

Cette série convient aussi aux valeurs négatives de x comprises entre 0 et -1, puisque les deux membres changent de signe avec x, en conservant la même valeur absolue. Ainsi la série (5) est convergente et représente la fonction arc tang x, quand x varie de -1 à $+1$ inclusivement.

Calcul du rapport de la circonférence au diamètre.

201. — Nous avons obtenu le développement de la fonction arc tang x en série convergente

(5) $$\text{arc tang } x = \frac{x}{1} - \frac{x^3}{3} + \frac{x^3}{5} - \ldots$$

pour toute valeur de x inférieure ou égale à l'unité. Cette série permet de calculer la longueur d'un arc dont on connaît la tangente ; il en résulte plusieurs manières de déterminer le rapport de la circonférence au diamètre.

1° L'arc qui a pour tangente l'unité est la moitié du quadrant ou $\dfrac{\pi}{4}$.

DÉVELOPPEMENT DES FONCTIONS CIRCULAIRES.

En faisant $x = 1$ dans la série, on a donc

(6) $\qquad \dfrac{\pi}{4} = 1 - \dfrac{1}{3} + \dfrac{1}{5} - \dfrac{1}{7} + \ldots$

Mais cette série ne converge pas assez rapidement et il faudrait un trop grand nombre de termes pour obtenir π avec quelque approximation. On a recours à d'autres procédés.

2° L'arc $\dfrac{\pi}{6}$ a pour tangente $\dfrac{1}{\sqrt{3}}$, en faisant $x = \dfrac{1}{\sqrt{3}}$ dans la série, on a

(7) $\qquad \dfrac{\pi}{6} = \dfrac{\sqrt{3}}{3}\left(1 - \dfrac{1}{3.3} + \dfrac{1}{5.3^2} - \dfrac{1}{7.3^3} + \ldots\right).$

3° En appelant a l'arc qui a pour tangente $\dfrac{1}{2}$, on a la série

$$a = \dfrac{1}{2} - \dfrac{1}{3.2^3} + \dfrac{1}{5.2^5} - \ldots,$$

qui converge plus rapidement que la précédente, et qui donne une portion a du demi-quadrant $\dfrac{\pi}{4}$. Pour avoir la partie complémentaire, posons $b = \dfrac{\pi}{4} - a$, d'où

$$\tang b = \dfrac{\tang \dfrac{\pi}{4} - \tang a}{1 + \tang \dfrac{\pi}{4} \tang a} = \dfrac{1 - \dfrac{1}{2}}{1 + \dfrac{1}{2}} = \dfrac{1}{3}.$$

Ainsi l'arc b a pour tangente $\dfrac{1}{3}$, et se développe de la manière suivante

$$b = \dfrac{1}{3} - \dfrac{1}{3.3^3} + \dfrac{1}{5.3^5} - \ldots.$$

En ajoutant les deux arcs a et b, on a $\dfrac{\pi}{4} = a + b$.

De cette manière, l'arc $\dfrac{\pi}{4}$ est donné par la somme de deux séries.

4° Partons maintenant de l'arc qui a pour tangente $\dfrac{1}{3}$, et appelons a cet arc

$$a = \dfrac{1}{3} - \dfrac{1}{3.3^3} + \dfrac{1}{5.3^5} - \ldots.$$

En doublant cet arc, on a

$$\tang 2a = \dfrac{2 \tang a}{1 - \tang^2 a} = \dfrac{3}{4},$$

L'arc $2a$ est encore plus petit que $\frac{\pi}{4}$; appelons b la différence $\frac{\pi}{4} - 2a$, d'où

$$\tang b = \frac{1 - \tang 2a}{1 + \tang 2a} = \frac{1}{7}.$$

L'arc b qui a pour tangente $\frac{1}{7}$ est donné par la série

$$b = \frac{1}{7} - \frac{1}{3 \cdot 7^3} + \frac{1}{5 \cdot 7^5} - \ldots$$

On a donc $\frac{\pi}{4} = 2a + b$.

5° On obtient des séries très-rapidement convergentes en partant de l'arc a qui a pour tangente $\frac{1}{5}$.

$$a = \frac{1}{5} - \frac{1}{3 \cdot 5^3} + \frac{1}{5 \cdot 5^5} - \ldots$$

Si l'on double cet arc, on a $\tang 2a = \frac{5}{12}$. En doublant encore une fois, on a $\tang 4a = \frac{120}{119}$. Cette dernière tangente étant un peu plus grande que l'unité, l'arc $4a$ est un peu plus grand que $\frac{\pi}{4}$; appelons b la différence $4a - \frac{\pi}{4}$, et calculons la tangente de cet arc,

$$\tang b = \frac{\tang 4a - 1}{\tang 4a + 1} = \frac{1}{239}.$$

L'arc très-petit b, dont la tangente est $\frac{1}{239}$, sera donné par la série

$$b = \frac{1}{239} - \frac{1}{3 \cdot 239^3} + \frac{1}{5 \cdot 239^5} - \ldots$$

et l'on aura

$$\frac{\pi}{4} = 4a - b,$$

d'où $\pi = 16a - 4b = \frac{16}{5} - \frac{16}{3 \cdot 5^3} + \frac{16}{5 \cdot 5^5} - \ldots - \left(\frac{4}{239} - \frac{4}{3 \cdot 239^3} + \ldots \right).$

Ces deux séries convergent très-rapidement, surtout la seconde. Aussi cette dernière formule est-elle de beaucoup préférable à celles que nous avons données précédemment.

Voici le calcul de π avec 15 décimales exactes, au moyen de la formule précédente.

DÉVELOPPEMENT DES FONCTIONS CIRCULAIRES.

Calcul de 16a.

$\dfrac{16}{5} = 3,2$ \qquad $\dfrac{16}{5} = 3,2$

$\dfrac{16}{5^3} = 0,128$ \qquad $\dfrac{16}{5.5^5} = 0,00102\ 4$

$\dfrac{16}{5^5} = 0,00512$ \qquad $\dfrac{16}{9.5^9} = 0,00000\ 09102\ 22222\ 22$

$\dfrac{16}{5^7} = 0,00020\ 48$ \qquad $\dfrac{16}{13.5^{13}} = 0,00000\ 00010\ 08246\ 15$

$\dfrac{16}{5^9} = 0,00000\ 8192$ \qquad $\dfrac{16}{17.5^{17}} = 0,00000\ 00000\ 01233\ 61$

$\dfrac{16}{5^{11}} = 0,00000\ 03276\ 8$ \qquad $\dfrac{16}{21.5^{21}} = 0,00000\ 00000\ 00001\ 59$

$\dfrac{16}{5^{13}} = 0,00000\ 00131\ 072$ \qquad $\overline{3,20102\ 49112\ 31703\ 57}$

$\dfrac{16}{5^{15}} = 0,0\ 000\ 00005\ 24288$ \qquad $\dfrac{16}{3.5^3} = 0,04266\ 66666\ 66666\ 66$

$\dfrac{16}{5^{17}} = 0,00000\ 00000\ 20991\ 52$ \qquad $\dfrac{16}{7.5^7} = 0,00002\ 92571\ 42857\ 14$

$\dfrac{16}{5^{19}} = 0,00000\ 00000\ 00838\ 86$ \qquad $\dfrac{16}{11.5^{11}} = 0,00000\ 00297\ 89090\ 90$

$\dfrac{16}{5^{21}} = 0,00000\ 00000\ 00033\ 55$ \qquad $\dfrac{16}{15.5^{15}} = 0,00000\ 00000\ 34952\ 53$

\qquad\qquad $\dfrac{16}{19.5^{19}} = 0,00000\ 00000\ 00044\ 15$

$\overline{0,04269\ 59536\ 33611\ 38}$
$16a = 3,15832\ 89575\ 98092\ 19$

Calcul de 4b.

$\dfrac{4}{239} = 0,01673\ 64016\ 73640\ 16$ \qquad $\dfrac{4}{239} = 0,01673\ 64016\ 73640\ 17$

$\dfrac{4}{239^3} = 0,00000\ 02929\ 79101\ 44$ \qquad $\dfrac{4}{5.239^5} = 0,00000\ 00000\ 01025\ 88$

$\dfrac{4}{239^5} = 0,00000\ 00000\ 05129\ 44$ \qquad $\overline{0,01673\ 64016\ 74666\ 05}$

\qquad\qquad $\dfrac{4}{3.239^3} = 0,00000\ 00976\ 66367\ 14$

\qquad\qquad $4b = 0,01673\ 63040\ 08298\ 91$

Calcul de π.

$16a = 3,15832\ 89575\ 98092\ 19$
$4b = 0,01673\ 63040\ 08298\ 91$
$\overline{\pi = 3,14159\ 26535\ 89793\ 28}$

Il faut prendre onze termes dans la première série, trois dans la seconde, en tout sept termes positifs et sept termes négatifs. On déduit chacun des termes de 16 a du précédent en divisant celui-ci par 25, c'est-à-dire en multipliant par 4 et divisant par 100. On a calculé tous les termes par défaut avec une erreur moindre qu'une unité du 17ᵉ ordre décimal ; l'erreur provenant des termes négligés dans chacune des séries est inférieure au premier des termes omis ou à l'unité du 17ᵉ ordre ; d'ailleurs ces deux dernières erreurs sont de sens contraires ; l'erreur totale est donc inférieure à huit unités du 17ᵉ ordre, et l'on a, par défaut, à une demi-unité près du seizième ordre décimal :

$$\pi = 3{,}14159\ 26535\ 89793.$$

DÉVELOPPEMENT DE LA FONCTION e^x.

202. Nous distinguerons deux cas, suivant que l'exposant est positif ou négatif.

1° Considérons d'abord le cas où l'exposant est négatif. Soit x un nombre réel et positif d'une grandeur quelconque ; de l'inégalité

$$1 - e^{-x} > 0$$

on déduit successivement

$$-1 + \frac{x}{1} + e^{-x} > 0.$$

$$1 - \frac{x}{1} + \frac{x^2}{1.2} - e^{-x} > 0,$$

$$-1 + \frac{x}{1} - \frac{x^2}{1.2} + \frac{x^3}{1.2.3} + e^{-x} > 0 :$$

. . . .

il en résulte

(1) $\quad e^{-x} = 1 - \dfrac{x}{1} + \dfrac{x^2}{1.2} \ldots \pm \dfrac{x^{n-1}}{1.2\ldots(n-1)} \mp \theta\,\dfrac{x^n}{1.2\ldots n},$

θ étant un nombre compris entre 0 et 1. Lorsque n croît indéfiniment, la quantité $\theta\,\dfrac{x^n}{1.2\ldots n}$ tend vers zéro ; donc

(2) $\quad e^{-x} = 1 - \dfrac{x}{1} + \dfrac{x^2}{1.2} - \dfrac{x^3}{1.2.3} + \ldots$

2° Considérons maintenant le cas où l'exposant est positif. Supposons que la variable positive x ne dépasse pas a ; des inégalités

$$1 - e^x < 0, \quad e^a - e^x > 0,$$

DÉVELOPPEMENT DES FONCTIONS CIRCULAIRES.

on déduit, en opérant comme précédemment,

$$1+\frac{x}{1}-e^x<0, \qquad 1+\frac{xe^a}{1}-e^x>0,$$

$$1+\frac{x}{1}+\frac{x^2}{1.2}-e^x<0, \qquad 1+\frac{x}{1}+\frac{x^2 e^a}{1.2}-e^x>0,$$

$$1+\frac{x}{1}+\frac{x^2}{1.2}+\frac{x^3}{1.2.3}-e^x<0, \qquad 1+\frac{x}{1}+\frac{x^2}{1.2}+\frac{x^3 e^a}{1.2.3}-e^x>0,$$

. . . .

d'où

(3) $\quad e^x = 1 + \frac{x}{1} + \frac{x^2}{1.2} + \ldots + \frac{x^{n-1}}{1.2\ldots(n-1)} + \theta_1 e^a \frac{x^n}{1.2\ldots n},$

θ_1 étant un nombre compris entre 0 et 1. Il en résulte

(4) $\qquad e^x = 1 + \frac{x}{1} + \frac{x^2}{1.2} + \frac{x^3}{1.2.3} + \ldots$

On peut remplacer les formules (2) et (4) par une seule d'entre elles en donnant à la variable x toutes les valeurs réelles de $-\infty$ à $+\infty$.

SÉRIES IMAGINAIRES.

203. — Soit

(1) $\qquad u_0 + u_1 + u_2 + u_3 \ldots$

une série dont les termes sont imaginaires et ont respectivement pour valeurs

$$a_0 + b_0 i, \quad a_1 + b_1 i, \quad a_2 + b_2 i \ldots$$

on dit que la série (1) est convergente, lorsque chacune des séries

(2) $\qquad a_0 + a_1 + a_2 + \ldots$
(3) $\qquad b_0 + b_1 + b_2 + \ldots$

est convergente ; en appelant A et B les sommes des séries (2) et (3), A + Bi est la somme de la série (1). Quand l'une des séries (2) ou (3) est divergente, la série (1) est également divergente.

Considérons la série

(4) $\qquad r_0 + r_1 + r_2 + r_3 + \ldots$

dont les termes sont les modules des termes de la série (1); les valeurs absolues des termes des séries (2) et (3) sont moindres que les termes correspondants de la série (4); donc, lorsque la série (4) est convergente, chacune des séries (2) et (3) est aussi convergente. Ainsi, *une série imaginaire est convergente lorsque la série réelle formée avec les modules de ses termes est convergente.*

Une série peut être convergente sans que la condition précédente soit remplie. Considérons, par exemple, la série

$$1 - \frac{1}{2} + \frac{1}{3} - \frac{1}{4} + \frac{1}{5} - \ldots$$

dont les termes, alternativement positifs et négatifs, vont en décroissant et tendent vers zéro; on sait que cette série est convergente, la série

$$1 + \frac{1}{2} + \frac{1}{3} + \frac{1}{4} + \frac{1}{5} + \cdots,$$

formée avec les modules des termes de la précédente, est divergente.

204. — Nous avons démontré que l'on a, pour toutes les valeurs réelles de la variable x,

(5) $\quad \sin x = \dfrac{x}{1} - \dfrac{x^3}{1.2.3} + \dfrac{x^5}{1.2.3.4.5} - \cdots,$

(6) $\quad \cos x = 1 - \dfrac{x^2}{1.2} + \dfrac{x^4}{1.2.3.4} - \cdots,$

(7) $\quad e^x = 1 + \dfrac{x}{1} + \dfrac{x^2}{1.2} + \dfrac{x^3}{1.2.3} + \cdots.$

On voit facilement que si, dans les séries (5), (6), (7), on donne à la variable x une valeur imaginaire quelconque, les séries restent convergentes. Soit, en effet, ρ le module de la variable x, les séries formées avec les modules des termes des séries (5), (6), (7) sont

$$\frac{\rho}{1} + \frac{\rho^3}{1.2.3} + \frac{\rho^5}{1.2.3.4.5} + \cdots,$$

$$1 + \frac{\rho^2}{1.2} + \frac{\rho^4}{1.2.3.4} + \cdots,$$

$$1 + \frac{\rho}{1} + \frac{\rho^2}{1.2} + \frac{\rho^3}{1.2.3} + \cdots.$$

La dernière est convergente et a pour somme e^ρ; chacune des séries imaginaires est aussi convergente.

Puisque les séries (5), (6), (7) ne cessent pas d'être convergentes, lorsqu'on donne à x une valeur imaginaire quelconque, il est naturel de prendre les valeurs de ces séries comme définitions des fonctions $\sin x$, $\cos x$, e^x, quand la variable x devient imaginaire. On définit ensuite les autres fonctions circulaires par les formules

(8) $\quad \tang x = \dfrac{\sin x}{\cos x},\qquad$ (10) $\quad \séc x = \dfrac{1}{\cos x},$

(9) $\quad \cot x = \dfrac{\cos x}{\sin x},\qquad$ (11) $\quad \coséc x = \dfrac{1}{\sin x},$

démontrées dans le cas où la variable est réelle.

Pour que l'on puisse se servir des fonctions que nous venons de définir et dont on fait un grand usage en analyse, il est nécessaire de connaître leurs principales propriétés. Nous considérerons d'abord la fonction exponentielle e^x.

205. — LEMME. *L'expression* $\left(1 + \dfrac{x}{m}\right)^m$, *dans laquelle on donne* à m des valeurs entières et positives qui croissent indéfiniment, a pour limite e^x.

Le nombre m étant entier et positif, on peut développer $\left(1+\dfrac{x}{m}\right)^m$ par la formule du binome, et l'on a

$$\left(1+\frac{x}{m}\right)^m = 1 + \frac{m}{1}\frac{x}{m} + \frac{m(m-1)}{1.2}\frac{x^2}{m^2} + \cdots + \frac{m(m-1)\ldots(m-n+1)}{1.2\ldots n}\frac{x^n}{m^n} + \cdots$$

ou

(12) $$\left(1+\frac{x}{m}\right) = 1 + \frac{x}{1} + \frac{\left(1-\dfrac{1}{m}\right)x^2}{1.2} + \frac{\left(1-\dfrac{1}{m}\right)\left(1-\dfrac{2}{m}\right)x^3}{1.2.3} + \cdots$$

Comparons ce développement à la série qui définit e^x,

(7) $$e^x = 1 + \frac{x}{1} + \frac{x^2}{1.2} + \frac{x^3}{1.2.3} + \cdots + \frac{x^n}{1.2\ldots n} + \cdots$$

Soient S_n la somme des n premiers termes de la série (7), S'_n la somme des n premiers termes du développement de $\left(1+\dfrac{x}{m}\right)^m$, R_n et R'_n les quantités qu'il faut ajouter à S_n et S'_n pour obtenir e^x et $\left(1+\dfrac{x}{m}\right)^m$; on aura

$$\left(1+\frac{x}{m}\right)^m = S'_n + R'_n.$$
$$e^x = S_n + R_n,$$

d'où

$$\left(1+\frac{x}{m}\right)^m - e^x = (S'_n - S_n) + R'_n - R_n.$$

Les valeurs de R_n et de R'_n sont

$$R_n = \frac{x^n}{1.2\ldots n} + \frac{x^{n+1}}{1.2\ldots(n+1)} + \cdots$$

$$R'_n = \frac{\left(1-\dfrac{1}{m}\right)\left(1-\dfrac{2}{m}\right)\cdots\left(1-\dfrac{n-1}{m}\right)x^n}{1.2\ldots n} + \cdots$$

Désignons par ρ le module de x; puisque la série

$$1 + \frac{\rho}{1} + \frac{\rho^2}{1.2} + \frac{\rho^3}{1.2.3} + \cdots$$

est convergente, on peut prendre n assez grand pour que la somme

(13) $$\frac{\rho^n}{1.2\ldots n} + \frac{\rho^{n+1}}{1.2\ldots(n+1)} + \cdots$$

soit moindre qu'un nombre donné δ. Les termes de la série (13) sont les modules des termes correspondants de la série qui définit R_n; on sait d'ailleurs que le module d'une somme est plus petit que la somme des modules de ses termes ; il en résulte que le module de R_n sera moindre que δ. La quantité R'_n a un nombre limité de termes ; le module de chacun d'eux est moindre que le terme correspondant de la série (13) ; donc le module de R'_n sera aussi moindre que δ. Cela posé, laissant le nombre n fixe, on peut trouver un nombre p tel que m étant plus grand que p, le module de la différence entre les deux polynomes S'_n et S_n reste moindre que δ. Il résulte de là que, lorsque m dépassera p, le module de la différence entre $\left(1+\dfrac{x}{m}\right)^m$ et e^x, module inférieur à la somme des modules des trois quantités $S'_n - S_n$, R_n et $-R'_n$, sera plus petit que 3δ ; on en conclut que, lorsque m augmente indéfiniment, la quantité $\left(1+\dfrac{x}{m}\right)^m$ tend vers une limite, et que cette limite est e^x.

206. — Nous avons supposé que x reste constant, quand on fait croître m ; avant d'aller plus loin, il est nécessaire de généraliser le théorème et de supposer x variable en même temps que m.

Si la variable x tend vers une limite x_1, lorsque m augmente indéfiniment, l'expression $\left(1+\dfrac{x}{m}\right)^m$ a pour limite e^{x_1}. Appelons ρ_1 le module de x_1 et r un nombre fixe plus grand que ρ_1. La quantité e^{x_1} est définie par la série

$$(14) \qquad e^{x_1} = 1 + \frac{x_1}{1} + \frac{x_1^2}{1.2} + \frac{x_1^3}{1.2.3} + \ldots ;$$

soit S''_n la somme des n premiers termes de cette série, R''_n le reste. Puisque la variable x tend vers la limite x_1, quand m augmente indéfiniment, on peut trouver un nombre entier p tel que, quand m dépasse p, la différence $x - x_1$ ait un module inférieur à un nombre donné ε plus petit que $r - \rho_1$; alors le module de x restera moindre que r. La série

$$1 + \frac{r}{1} + \frac{r^2}{1.2} + \frac{r^3}{1.2.3} + \ldots,$$

est convergente, et l'on peut prendre n assez grand pour que la somme des termes

$$\frac{r^n}{1.2.3\ldots n} + \frac{r^{n+1}}{1.2.3\ldots(n+1)} + \ldots,$$

pris à la suite des n premiers, soit moindre que δ ; les quantités R''_n et R'_n auront alors des modules inférieurs à δ. On peut supposer en outre ε assez petit pour que le module de $x - x_1$ restant inférieur à ε, celui de la différence des polynomes S''_n et S'_n reste inférieur à δ ; par conséquent, lorsque m dépassera p, la différence entre les modules de

DÉVELOPPEMENT DES FONCTIONS CIRCULAIRES.

$\left(1 + \frac{x_1}{m}\right)^m$ et de e^{x_1} sera inférieure à 3δ. On en conclut que $\left(1 + \frac{x}{m}\right)^m$ tend vers une limite égale à e^{x_1}.

207. — Soient x et y deux quantités imaginaires quelconques; on a
$$e^x = \lim \left(1 + \frac{x}{m}\right)^m, \quad e^y = \lim \left(1 + \frac{y}{m}\right)^m,$$

d'où
$$e^x \cdot e^y = \lim \left(1 + \frac{x}{m}\right)^m \times \lim \left(1 + \frac{y}{m}\right)^m$$
$$= \lim \left[\left(1 + \frac{x}{m}\right)^m \times \left(1 + \frac{y}{m}\right)^m\right]$$
$$= \lim \left(1 + \frac{x + y + \frac{xy}{m}}{m}\right)^m.$$

Les quantités x et y étant constantes, la quantité variable $x + y + \frac{xy}{m}$ a pour limite $x + y$, quand m augmente indéfiniment; par suite, d'après le lemme précédent, l'expression $\left(1 + \frac{x + y + \frac{xy}{m}}{m}\right)^m$ tend vers une limite égale e^{x+y}. On a donc

(15) $$e^x \times e^y = e^{x+y}.$$

Ainsi, *pour faire le produit de deux exponentielles imaginaires, il suffit d'ajouter les exposants.*

La règle est la même que celle qui a été démontrée en algèbre pour les exposants réels.

208. — Si, dans la série par laquelle on définit e^x, on remplace x par xi, x étant une quantité réelle ou imaginaire, on a
$$e^{xi} = 1 + \frac{(xi)}{1} + \frac{(xi)^2}{1 \cdot 2} + \frac{(xi)^3}{1 \cdot 2 \cdot 3} + \frac{(xi)^4}{1 \cdot 2 \cdot 3 \cdot 4} + \cdots,$$

ou
$$e^{xi} = \left(1 - \frac{x^2}{1 \cdot 2} + \frac{x^4}{1 \cdot 2 \cdot 3 \cdot 4} - \cdots\right) + i\left(\frac{x}{1} - \frac{x^3}{1 \cdot 2 \cdot 3} + \cdots\right).$$

On remarque que les deux quantités entre parenthèses sont les séries qui représentent les fonctions $\cos x$ et $\sin x$, quand la variable x est réelle, et qui définissent ces mêmes fonctions, quand la variable est imaginaire. On a donc la relation

(1) $$e^{xi} = \cos x + i \sin x.$$

On obtient de la même manière

(17) $$e^{-xi} = \cos x - i \sin x.$$

En ajoutant ou retranchant membre à membre les deux relations précédentes, on en déduit

(18) $$\cos x = \frac{e^{xi} + e^{-xi}}{2},$$

(19) $$\sin x = \frac{e^{xi} + e^{-xi}}{2i}.$$

À l'aide de ces deux formules, les fonctions circulaires se trouvent ramenées à la fonction exponentielle.

209. — La fonction exponentielle e^x, dans laquelle la variable x est quelconque, est une fonction périodique, ayant pour période $2\pi i$. On a, en effet,
$$e^{2\pi i} = \cos 2\pi + i \sin 2\pi = 1 ;$$
si on ajoute $2\pi i$ à la variable, la fonction devient
$$e^{x+2\pi i} = e^x \times e^{2\pi i} = e^x,$$
et reprend sa valeur primitive. On a aussi
$$e^{\pi i} = \cos \pi + i \sin \pi = -1 ;$$
si à la variable on ajoute la moitié d'une période, savoir πi, la fonction devient
$$e^{x+\pi i} = e^x \times e^{\pi i} = -e^x ;$$
elle reprend la valeur primitive changée de signe.

210. — Il est aisé d'étendre au cas où la variable est imaginaire les propriétés des fonctions circulaires que nous avons démontrées dans le cas où la variable est réelle. Nous remarquons d'abord sur les formules (18) et (19) que, si on ajoute 2π à la variable imaginaire x, les exposants étant augmentés ou diminués de $2\pi i$, les fonctions exponentielles, et par conséquent les fonctions $\cos x$ et $\sin x$ reprennent leurs valeurs primitives ; ces deux fonctions admettent donc la période 2π. Si on ajoute la moitié d'une période, c'est-à-dire π à la variable, les deux exponentielles changeant de signes, les deux fonctions $\cos x$ et $\sin x$ changent de signes. On voit ensuite que $\cos(-x) = \cos x$, $\sin(-x) = -\sin x$, $\cos^2 x + \sin^2 x = 1$. On a aussi, d'après la formule (18),

$$\cos(x+y) = \frac{e^{(x+y)i} + e^{-(x+y)i}}{2} = \frac{e^{xi} e^{yi} + e^{-xi} e^{-yi}}{2}$$
$$= \frac{(\cos x + i \sin x)(\cos y + i \sin y) + (\cos x - i \sin x)(\cos y - i \sin y)}{2}.$$

et, en effectuant les produits,

(20) $$\cos(x+y) = \cos x \cos y - \sin x \sin y.$$

DÉVELOPPEMENT DES FONCTIONS CIRCULAIRES.

On obtient de la même manière

(21) $\quad \sin(x+y) = \sin x \cos y + \sin y \cos x.$

211. — Proposons-nous maintenant de calculer les valeurs des fonctions pour une valeur imaginaire $a+bi$ attribuée à la variable x.
On a d'abord

(22) $\quad e^{a+bi} = e^a \times e^{bi} = e^a(\cos b + i \sin b);$

c'est une quantité imaginaire ayant pour module e^a, pour argument b.
On a ensuite :

$$\cos(a+bi) = \frac{e^{(a+bi)i} + e^{-(a+bi)i}}{2} = \frac{e^{-b}e^{ai} + e^{b}e^{-ai}}{2},$$

(23) $\quad \cos(a+bi) = \dfrac{e^b + e^{-b}}{2} \cos a - i \dfrac{e^b - e^{-b}}{2} \sin a.$

On obtient de la même manière

(24) $\quad \sin(a+bi) = \dfrac{e^b + e^{-b}}{2} \sin a + i \dfrac{e^b - e^{-b}}{2} \cos a.$

212. — Après avoir étudié la fonction exponentielle et les fonctions circulaires directes, nous nous occuperons des fonctions inverses. Nous avons vu qu'on peut toujours mettre une variable imaginaire sous la forme $x = r(\cos \alpha + i \sin \alpha)$, ou plus simplement $x = re^{\alpha i}$.

On appelle logarithme népérien de x toute quantité y de la forme $a + bi$, telle que l'on ait $e^y = x$, ou

$$e^{a+bi} = re^{\alpha i};$$

nous avons vu que e^{a+bi}, ou $e^a \times e^{bi}$, est une quantité imaginaire qui a pour module e^a et pour argument b ; pour que cette quantité soit égale à la quantité $re^{\alpha i}$, dont le module est r et l'argument α, il est nécessaire et il suffit que les modules soient égaux et que les arguments soient égaux ou diffèrent d'un multiple de 2π ; on aura donc

$$e^a = r, \quad b = \alpha + 2k\pi,$$

k étant un nombre entier quelconque. Le nombre réel a est le logarithme népérien réel du nombre positif r; tel qu'on le définit en algèbre; nous le représenterons par lr. On conclut de là que la quantité x admet une infinité de logarithmes; si on appelle Lx l'un quelconque d'entre eux, ces logarithmes sont donnés par la formule

(25) $\quad Lx = lr + (\alpha + 2k\pi)i.$

Lorsque x est un nombre réel positif, on peut prendre $\alpha = 0$, et l'on a

$$Lx = lr + 2k\pi i;$$

un seul des logarithmes est réel. Lorsque x est un nombre réel négatif, on peut prendre $\alpha = \pi$, et l'on a
$$Lx = lr + (2k+1)\pi i;$$
tous les logarithmes sont imaginaires.

A chaque valeur de x correspondent de la sorte une infinité de valeurs de y; si l'on fait partir la variable x d'une valeur particulière x_0 et que l'on considère l'une des valeurs correspondant y_0 de y, quand x variera d'une manière continue, l'une des valeurs de y variera d'une manière continue à partir de y_0; cette suite continue de valeurs constitue une fonction.

213. — On exprime les fonctions circulaires inverses à l'aide de la fonction logarithmique. Le symbole $y = $ arc tang x désigne une quantité y telle que l'on ait tang $y = x$; mais, en vertu des relations (18) et (19), on a
$$x = \tang y = \frac{\sin y}{\cos y} = \frac{e^{yi} - e^{-yi}}{i(e^{yi} + e^{-yi})} = \frac{e^{2yi} - 1}{i(e^{2yi} + 1)};$$
on en déduit
$$e^{2yi} = \frac{1 + xi}{1 - xi},$$
d'où
$$(26) \qquad y = \frac{1}{2i} L \frac{1 + xi}{1 - xi}.$$

Si l'on appelle r' le module du quotient $\frac{1+xi}{1-xi}$ et α' son argument, on sait que
$$L \frac{1+xi}{1-xi} = lr' + (\alpha' + 2k\pi)i;$$
il en résulte
$$y = \left(\frac{\alpha'}{2} + k\pi\right) - \frac{ilr'}{2}.$$

Le coefficient de i est constant, et la partie réelle admet une infinité de valeurs qui forment une progression arithmétique dont la raison est π. Si l'on appelle y_1 l'une des valeurs de y, toutes ces valeurs sont représentées par la formule $y = y_1 + k\pi$.

Considérons maintenant la fonction inverse $y = $ arc cos x. D'après la définition de y on a cos $y = x$; mais on sait que
$$e^{yi} = \cos y + i \sin y = x \pm i\sqrt{1-x^2},$$
on en conclut
$$(27) \qquad y = -iL(x \pm i\sqrt{1-x^2}).$$

Appelons r' et r'' les modules des deux quantités $x \pm i\sqrt{1-x^2}$,

DÉCOMPOSITION DES FONCTIONS CIRCULAIRES.

α' et α'' leurs arguments; ces deux quantités, ayant leur produit égal à l'unité, ont leurs modules réciproques et leurs arguments égaux et de signes contraires; ainsi $r'' = \dfrac{1}{r'}$, $\alpha'' = -\alpha'$, et les diverses valeurs de y sont comprises dans les deux formules

$$y = (\alpha' + 2k\pi) - ilr'$$
$$y = (\alpha'' + 2k\pi) - ilr'' = (-\alpha' + 2k\pi) + ilr'.$$

Si l'on appelle y_1 l'une des valeurs de y, toutes ces valeurs sont représentées par la formule $y = 2k\pi \pm y_1$. Quand la variable x est réelle et plus petite que l'unité en valeur absolue, on a $r' = r'' = 1$, toutes les valeurs de y sont réelles; autrement elles sont toutes imaginaires.

On obtient de la même manière les valeurs de la fonction inverse $y = \arcsin x$. De la relation $\sin y = x$, on déduit

$$e^{yi} = \cos y + i\sin y = ix \pm \sqrt{1 - x^2},$$
(28) $$y = -iL\left(ix \pm \sqrt{1-x^2}\right).$$

Appelons r' et r'' les modules des deux quantités $ix \pm \sqrt{1-x^2}$, α' et α'' leurs arguments; ces deux quantités ayant leur produit égal à -1, on a $r'' = \dfrac{1}{r'}$ et $\alpha'' = \pi - \alpha'$; les diverses valeurs de y sont représentées par les formules

$$y = (\alpha' + 2k\pi) - ilr',$$
$$y = (2k+1)\pi - \alpha' + ilr'.$$

Si l'on désigne par y_1 l'une des valeurs de y, toutes ces valeurs sont comprises dans les formules $y = 2k\pi + y_1$ et $y = (2k+1)\pi - y_1$.

CHAPITRE V.

Décomposition des fonctions circulaires en sommes de fractions.

214. — Nous avons vu, n° 152, comment, lorsque la variable z est réelle, on exprime tang mz par une fraction rationnelle en tang z. D'après les propriétés des fonctions circulaires d'une variable imaginaire démontrées au chapitre précédent, la même formule s'applique lorsque z est imaginaire. Si l'on pose tang $z = y$ et

$$f(y) = my - \frac{m(m-1)(m-2)}{1.2.3} y^3 + \cdots,$$

$$F(y) = 1 - \frac{m(m-1)}{1.2} y^2 + \frac{m(m-1)(m-2)(m-3)}{1.2.3.4} y^4 - \cdots,$$

on a

$$\tang mz = \frac{f(y)}{F(y)}, \quad \cot mz = \frac{F(y)}{f(y)}.$$

Nous nous proposons de décomposer ces deux fractions rationnelles en des sommes de fractions simples.

On sait qu'une fraction rationnelle quelconque $\frac{\varphi(y)}{\psi(y)}$, dont le diviseur $\psi(y)$ est égal à un produit

$$(y-a)(y-b)(y-c)\ldots(y-l)$$

de facteurs binomes tous différents, peut se décomposer en une somme de fractions simples

$$\frac{A}{y-a} + \frac{B}{y-b} + \frac{C}{y-c} + \cdots + \frac{L}{y-l},$$

augmentée d'un polynome entier en y, quand le degré de $\varphi(y)$ surpasse celui de $\psi(y)$; dans tous les cas, le numérateur de l'une des fractions, A par exemple, est donné par la formule

$$A = \frac{\varphi(a)}{\psi'(a)}, \quad \text{ou} \quad A = \frac{1}{\chi'(a)},$$

$\chi(y)$ désignant le quotient $\frac{\psi(y)}{\varphi(y)}$.

Supposons d'abord que le nombre m soit impair. Dans ce cas, le polynome $f(y)$ est du degré m et son dernier terme est $\pm y^m$, le polynome $F(y)$ est du degré $m-1$ et son dernier terme est $\pm my^{m-1}$;

il en résulte que la partie entière du quotient $\dfrac{f(y)}{F(y)}$ est $\dfrac{1}{m} y$. L'équation $f(y) = 0$ a m racines réelles distinctes, la racine 0, et $m-1$ racines données par la formule $y = \pm \tang k \dfrac{\pi}{m}$, dans laquelle k désigne l'un des nombres entiers $1, 2, \ldots \dfrac{m-1}{2}$; l'équation $F(y) = 0$ a $m-1$ racines réelles et différentes données par la formule

$$y = \pm \tang (2k+1) \dfrac{\pi}{2m},$$

dans laquelle on attribue à k les valeurs $0, 1, 2, \ldots \dfrac{m-3}{2}$.

La décomposition en fractions simples donnera donc

$$\tang mz = \dfrac{y}{m} + \sum_{k=0}^{k=\frac{m-3}{2}} \left(\dfrac{A_k}{y - \tang (2k+1) \dfrac{\pi}{2m}} + \dfrac{B_k}{y + \tang (2k+1) \dfrac{\pi}{2m}} \right).$$

$$\cot mz = \dfrac{A}{y} + \sum_{k=1}^{k=\frac{m-1}{2}} \left(\dfrac{C_k}{y - \tang k \dfrac{\pi}{m}} + \dfrac{D_k}{y + \tang k \dfrac{\pi}{m}} \right).$$

Pour avoir la valeur des coefficients A_k ou B_k, il faut prendre l'inverse de la dérivée du quotient $\dfrac{F(y)}{f(y)}$ par rapport à y, et y remplacer y par $\tang (2k+1) \dfrac{\pi}{2m}$; mais la dérivée de ce quotient par rapport à y est égale à la dérivée du même quotient prise par rapport à z multipliée par la dérivée de z par rapport à y, c'est-à-dire à $-\dfrac{m}{\sin^2 mz} \times \cos^2 z$; on en déduit

$$A_k = B_k = -\dfrac{1}{m \cos^2 (2k+1) \dfrac{\pi}{2m}}.$$

On obtient de la même manière

$$C_k = D_k = \dfrac{1}{m \cos^2 k \dfrac{\pi}{m}}.$$

On a donc

$$\operatorname{tang} mz = \frac{y}{m}$$

$$-\frac{1}{m}\sum_{k=0}^{k=\frac{m-3}{2}}\frac{1}{\cos^2(2k+1)\frac{\pi}{2m}}\left(\frac{1}{y-\operatorname{tang}(2k+1)\frac{\pi}{2m}}+\frac{1}{y+\operatorname{tang}(2k+1)\frac{\pi}{2m}}\right)$$

$$=\frac{y}{m}-\frac{1}{m}\sum_{k=0}^{k=\frac{m-3}{2}}\frac{1}{\cos^2(2k+1)\frac{\pi}{2m}}\times\frac{2y}{y^2-\operatorname{tang}^2(2k+1)\frac{\pi}{2m}},$$

$$\cot mz = \frac{1}{my}+\frac{1}{m}\sum_{k=1}^{k=\frac{m-1}{2}}\frac{1}{\cos^2 k\frac{\pi}{m}}\left(\frac{1}{y-\operatorname{tang} k\frac{\pi}{m}}+\frac{1}{y+\operatorname{tang} k\frac{\pi}{m}}\right)$$

$$=\frac{1}{my}+\frac{1}{m}\sum_{k=1}^{k=\frac{m-1}{2}}\frac{1}{\cos^2 k\frac{\pi}{m}}\times\frac{2y}{y^2-\operatorname{tang}^2 k\frac{\pi}{m}}.$$

Remettons à la place de y sa valeur $\operatorname{tang} z$; remplaçons chaque terme de la forme $\dfrac{2\operatorname{tang} a}{\cos^2 b (\operatorname{tang}^2 a - \operatorname{tang}^2 b)}$ par la quantité équivalente $\dfrac{2\sin a \cos a}{\sin^2 a - \sin^2 b}$; enfin, posons $mz = x$; nous aurons finalement

$$(1)\ \operatorname{tang} x = \frac{1}{m}\operatorname{tang}\frac{x}{m}+\frac{2}{m}\sin\frac{x}{m}\cos\frac{x}{m}\sum_{k=0}^{k=\frac{m-3}{2}}\frac{1}{\sin^2(2k+1)\frac{\pi}{2m}-\sin^2\frac{x}{m}},$$

$$(2)\ \cot x = \frac{1}{m\operatorname{tang}\frac{x}{m}}-\frac{2}{m}\sin\frac{x}{m}\cos\frac{x}{m}\sum_{k=1}^{k=\frac{m-1}{2}}\frac{1}{\sin^2 k\frac{\pi}{m}-\sin^2\frac{x}{m}}.$$

On obtient par un calcul analogue, lorsque m est pair, les deux formules

$$(3)\ \operatorname{tang} x = \frac{2}{m}\sin\frac{x}{m}\cos\frac{x}{m}\sum_{k=0}^{k=\frac{m-2}{2}}\frac{1}{\sin^2(2k+1)\frac{\pi}{2m}-\sin^2\frac{x}{m}}$$

$$(4)\ \cot x = -\frac{1}{m}\operatorname{tang}\frac{x}{m}+\frac{1}{m\operatorname{tang}\frac{x}{m}}-\frac{2}{m}\sin\frac{x}{m}\cos\frac{x}{m}\sum_{k=1}^{k=\frac{m-2}{2}}\frac{1}{\sin^2 k\frac{\pi}{m}-\sin^2\frac{x}{m}}.$$

Dans ces formules, la lettre m désigne un nombre entier quelconque. Si l'on fait croître m indéfiniment, les fractions

$$\frac{1}{m}\operatorname{tang}\frac{x}{m},\quad \frac{1}{m\operatorname{tang}\frac{x}{m}},\quad \frac{\frac{2}{m}\sin\frac{x}{m}\cos\frac{x}{m}}{\sin^2 k\frac{\pi}{m}-\sin^2\frac{x}{m}},\quad \frac{\frac{2}{m}\sin\frac{x}{m}\cos\frac{x}{m}}{\sin^2(2k+1)\frac{\pi}{2m}-\sin^2\frac{x}{m}}$$

DÉCOMPOSITION DES FONCTIONS CIRCULAIRES.

ont pour limites

$$0, \quad \frac{1}{x}, \quad \frac{2x}{k^2\pi^2 - x^2}, \quad \frac{2x}{(2k+1)^2 \frac{\pi^2}{4} - x^2},$$

et les formules précédentes donnent naissance aux séries convergentes

(5) $\qquad \cot x = \frac{1}{x} - 2x \sum_{k=1}^{k=\infty} \frac{1}{k^2\pi^2 - x^2},$

(6) $\qquad \tang x = 2x \sum_{k=0}^{k=\infty} \frac{1}{(2k+1)^2 \frac{\pi^2}{4} - x^2}.$

Mais, pour établir cette transformation d'une manière rigoureuse, il est nécessaire de démontrer d'abord quelques propositions préliminaires.

215. — *La série*

$$\frac{1}{1^2 - z^2} + \frac{1}{2^2 - z^2} + \frac{1}{3^2 - z^2} + \ldots + \frac{1}{n^2 - z^2} + \ldots,$$

dans laquelle z *désigne une quantité quelconque réelle ou imaginaire, est convergente.* Quand la quantité z est réelle, on suppose qu'elle n'est pas un nombre entier, afin qu'aucun diviseur ne soit égal à zéro.

Considérons d'abord le cas où z est réelle, et soit p un entier quelconque; quelle que soit z, on peut prendre n assez grand, pour que l'on ait $n^2 - z^2 > p^2$; n étant plus grand que p, il en résultera

$$(n+1)^2 - z^2 > (p+1)^2, \quad (n+2)^2 - z^2 > (p+2)^2 \ldots;$$

donc, à partir du terme $\dfrac{1}{n^2 - z^2}$, les termes de la série proposée seront respectivement moindres que les termes de la série convergente

$$\frac{1}{p^2} + \frac{1}{(p+1)^2} + \ldots$$

et, par conséquent, la série proposée sera aussi convergente.

Supposons maintenant z imaginaire, et désignons par r son module; prenons n supérieur à r, les modules des termes à partir de $\dfrac{1}{n^2 - z^2}$ sont moindres que les termes de la série convergente

$$\frac{1}{n^2 - r^2} + \frac{1}{(n+1)^2 - r^2} + \frac{1}{(n+2)^2 - r^2} + \ldots$$

donc la série proposée est convergente.

216. — Nous avons vu, n° 210, que le cosinus de l'arc imaginaire $\alpha + \beta i$ est donné par la formule

$$\cos(\alpha + \beta i) = \frac{e^\beta + e^{-\beta}}{2} \cos\alpha - i \frac{e^\beta - e^{-\beta}}{2} \sin\alpha;$$

le module M du cosinus est égal à

$$M = \frac{1}{2}\sqrt{e^{2\beta} + e^{-2\beta} + 2\cos 2\alpha};$$

la valeur de $e^{2\beta} + e^{-2\beta}$ étant au moins égale à 2, on a

$$M \geqslant \frac{1}{2}\sqrt{2(1 + \cos 2\alpha)} \geqslant \sqrt{\cos^2\alpha},$$

c'est-à-dire que le module est plus grand que la valeur absolue de $\cos\alpha$.

Soit l'expression

$$\frac{k\dfrac{\pi}{m} - \dfrac{x}{m}}{\sin k\dfrac{\pi}{m} - \sin\dfrac{x}{m}},$$

dans laquelle x est une quantité constante, m et k deux nombres entiers, le dernier ne dépassant pas $\dfrac{m}{2}$, on peut déterminer un nombre p tel que, m étant plus grand que p, le module du quotient reste toujours inférieur au nombre 3. On a, en effet,

$$\frac{k\dfrac{\pi}{m} - \dfrac{x}{m}}{\sin k\dfrac{\pi}{m} - \sin\dfrac{x}{m}} = \frac{k\dfrac{\pi}{m} - \dfrac{x}{m}}{2\sin\left(\dfrac{k\pi}{2m} - \dfrac{x}{2m}\right)\cos\left(\dfrac{k\pi}{2m} + \dfrac{x}{2m}\right)},$$

la partie réelle de l'arc $\dfrac{k\pi}{2m} + \dfrac{x}{2m}$ est moindre que $\dfrac{\pi}{4} + \dfrac{\alpha}{2m}$; si donc on prend m de manière que $\dfrac{\alpha}{2m}$ soit inférieur à $\dfrac{\pi}{12}$, le module de $\cos\left(\dfrac{k\pi}{2m} + \dfrac{x}{2m}\right)$ sera plus grand que $\cos\dfrac{\pi}{3}$ ou $\dfrac{1}{2}$; celui de $\dfrac{1}{\cos\left(\dfrac{k\pi}{2m} + \dfrac{x}{2m}\right)}$ sera plus petit que 2. D'autre part, en appelant x_1 l'arc $\dfrac{k\pi}{2m} - \dfrac{x}{2m}$, on a

$$\sin x_1 = \frac{x_1}{1} - \frac{x_1^3}{1.2.3} + \frac{x_1^5}{1.2.3.4.5} - \dots$$

$$\frac{x_1}{\sin x_1} = \frac{1}{1 - \dfrac{x_1^2}{1.2.3} + \dfrac{x_1^4}{1.2.3.4.5} - \dots}.$$

DÉCOMPOSITION DES FONCTIONS CIRCULAIRES.   229

Supposons que l'on prenne m de telle sorte que le module de x_1 soit moindre que l'unité ; le module du quotient sera plus petit que

$$\frac{1}{1-\left(\frac{1}{2^2}+\frac{1}{2^4}+\frac{1}{2^6}+\cdots\right)} \quad \text{ou} \quad \frac{1}{1-\frac{1}{3}}, \quad \text{ou} \quad \frac{3}{2} ;$$

m remplissant les conditions indiquées antérieurement, on voit que le module de l'expression proposée sera inférieur au produit $2 \times \frac{3}{2}$ ou 3.

Le module du quotient

$$\frac{\dfrac{k\pi}{m}+\dfrac{x}{m}}{\sin\dfrac{k\pi}{m}+\sin\dfrac{x}{m}}$$

qu'on déduit du premier en changeant x en $-x$, sera aussi moindre que le nombre 3. On peut appliquer la même démonstration à chacune des expressions

$$\frac{(2k+1)\dfrac{\pi}{2m} \pm \dfrac{x}{m}}{\sin(2k+1)\dfrac{\pi}{2m} \pm \sin\dfrac{x}{m}},$$

dans lesquelles le nombre entier k reste inférieur à $\dfrac{m-1}{2}$. Ainsi, lorsque m dépasse une certaine limite p, et que k est inférieur à $\dfrac{m}{2}$ ou $\dfrac{m-1}{2}$, le module de chacun des quotients

$$\frac{\dfrac{k^2\pi^2}{m^2}-\dfrac{x^2}{m^2}}{\sin^2 k\dfrac{\pi}{m}-\sin^2\dfrac{x}{m}}, \quad \text{ou} \quad \frac{\dfrac{(2k+1)^2}{4m^2}\pi^2-\dfrac{x^2}{m^2}}{\sin^2(2k+1)\dfrac{\pi}{2m}-\sin^2\dfrac{x}{m}}$$

est moindre que le nombre 9.

217. — Ces préliminaires établis, prenons la formule (2), et comparons l'expression de $\cot x$ à la somme X de la série convergente

$$X = \frac{1}{x} - \frac{2x}{\pi^2-x^2} - \frac{2x}{4\pi^2-x^2} - \frac{2x}{9\pi^2-x^2} + \cdots,$$

$$X = \frac{1}{x} - 2x \sum_{k=1}^{k=\infty} \frac{1}{k^2\pi^2-x^2}.$$

Considérons les deux termes

$$\frac{\dfrac{2}{m}\sin\dfrac{x}{m}\cos\dfrac{x}{m}}{\sin^2 k\dfrac{\pi}{m}-\sin^2\dfrac{x}{m}}, \quad \frac{2x}{k^2\pi^2-x^2},$$

qui correspondent à la même valeur de k. On peut mettre la première quantité sous la forme

$$2 \cos \frac{x}{m} \times \frac{m \sin \frac{x}{m}}{m^2 \sin^2 k \frac{\pi}{m} - m^2 \sin^2 \frac{x}{m}};$$

k restant fixe, si l'on fait croître m indéfiniment, les quantités $m \sin \frac{x}{m}$ et $m \sin k \frac{\pi}{m}$ ont respectivement pour limites x et $k\pi$; d'ailleurs $\cos \frac{x}{m}$ a pour limite l'unité; ainsi, dans l'expression de $\cot x$, un terme de rang déterminé a pour limite le terme correspondant de X.

Le rapport de ces deux termes est

$$\cos \frac{x}{m} \cdot \frac{\sin \frac{x}{m}}{\frac{x}{m}} \cdot \frac{k^2 \pi^2 - x^2}{m^2 \left(\sin^2 k \frac{\pi}{m} - \sin^2 \frac{x}{m} \right)},$$

Quand m augmente indéfiniment, chacun des deux premiers facteurs de ce produit a pour limite l'unité. Nous avons démontré que, si l'on prend m supérieur à un certain nombre p, le module du troisième facteur reste inférieur à 9, quel que soit le nombre k, constant ou variable avec m, pourvu qu'il reste inférieur à $\frac{m}{2}$. On peut donc supposer que, quand m dépasse p, le module du rapport est moindre que $9(1 + \varepsilon)$, ε étant une quantité positive prise à volonté; pour préciser, nous supposerons ce module moindre que 10.

Appelons n un nombre plus petit que $\frac{m-1}{2}$, désignons par S_n la somme des n premiers termes de X, et par R_n le reste; appelons de même S'_n la somme des n premiers termes de $\cot x$, et R'_n le reste. La série formée avec les modules des termes de X étant convergente, on peut prendre n assez grand pour que la somme des modules des termes de R_n soit moindre que la quantité δ, si petite qu'elle soit. Le nombre n étant choisi de cette façon, on peut prendre m assez grand pour que la différence entre S'_n et S_n ait un module moindre que δ, et pour que le module du rapport entre deux termes correspondants de $\cot x$ et de X soit moindre que 10. La somme des modules des termes de R'_n étant moindre que 10δ, la différence entre X et $\cot x$ aura un module moindre que 12δ; les deux quantités $\cot x$ et X sont donc rigoureusement égales, et l'on a le développement de la fonction $\cot x$ en série convergente par la formule (5).

On démontre de la même manière la formule (6).

DÉCOMPOSITION DES FONCTIONS CIRCULAIRES.

218. — Il est bon de remarquer que la formule (6) est une conséquence de la formule (5).

La formule (5) peut s'écrire ainsi :

$$\cot x = \frac{1}{x} - \left(\frac{1}{\pi-x} - \frac{1}{\pi+x}\right) - \left(\frac{1}{2\pi-x} - \frac{1}{2\pi+x}\right) - \left(\frac{1}{3\pi-x} - \frac{1}{3\pi+x}\right)\cdots;$$

si l'on remplace x par $\frac{\pi}{2} - x$, on a

$$\tan x = \frac{1}{\frac{\pi}{2}-x} - \left(\frac{1}{\frac{\pi}{2}+x} - \frac{1}{\frac{3\pi}{2}-x}\right) - \left(\frac{1}{\frac{3\pi}{2}+x} - \frac{1}{\frac{5\pi}{2}-x}\right)\cdots$$

La somme des $n+1$ premiers termes du second membre est égale à

$$\frac{2x}{\frac{\pi^2}{4}-x^2} + \frac{2x}{\frac{9\pi^2}{4}-x^2} + \frac{2x}{\frac{25\pi^2}{4}-x^2} + \cdots + \frac{2x}{\frac{(2n-1)^2\pi^2}{4}-x^2} + \frac{1}{(2n-1)\frac{\pi}{2}-x};$$

mais le terme $\dfrac{1}{(2n+1)\frac{\pi}{2}-x}$ a pour limite 0, quand n augmente indéfiniment ; on en conclut que la somme des n premiers termes de la série

$$\frac{2x}{\frac{\pi^2}{4}-x^2} + \frac{2x}{\frac{9\pi^2}{4}-x^2} + \frac{2x}{\frac{25\pi^2}{4}-x^2} + \cdots$$

a pour limite $\tan x$, quand n augmente indéfiniment.

On peut, par la même méthode, opérer la décomposition de coséc x et de séc x en des sommes de fractions. Lorsque m est impair, on a

$$(7) \quad \sec x = (-1)^{\frac{m-1}{2}} \frac{1}{m \cos \frac{x}{m}} + \frac{2}{m} \cos \frac{x}{m} \sum_{k=0}^{k=\frac{m-3}{2}} \frac{(-1)^k \sin(2k+1)\frac{\pi}{2m}}{\sin^2(2k+1)\frac{\pi}{2m} - \sin^2 \frac{x}{m}},$$

$$(8) \quad \text{coséc } x = \frac{1}{m \sin \frac{x}{m}} - \frac{2}{m} \sin \frac{x}{m} \sum_{k=0}^{k=\frac{m-1}{2}} \frac{(-1)^k \cos k \frac{\pi}{m}}{\sin^2 k \frac{\pi}{m} - \sin^2 \frac{x}{m}};$$

et lorsque m est pair

$$(9) \quad \sec x = \frac{2}{m} \cos \frac{x}{m} \sum_{k=0}^{k=\frac{m-2}{2}} \frac{(-1)^k \sin(2k+1)\frac{\pi}{2m}}{\sin^2(2k+1)\frac{\pi}{2m} - \sin^2 \frac{x}{m}},$$

$$(10)\ \operatorname{coséc} x = \frac{2}{m \sin \frac{2x}{m}} - \frac{2}{m} \tang \frac{x}{m} \sum_{k=1}^{k=\frac{m-2}{2}} \frac{(-1)^k \cos^2 \frac{\pi}{m}}{\sin^2 k \frac{\pi}{m} - \sin^2 \frac{x}{m}}.$$

Si l'on fait croître indéfiniment le nombre entier m, les formules (7) et (9) donnent

$$(11) \quad \operatorname{séc} x = \pi \sum_{k=0}^{k=\infty} \frac{(-1)^k (2k+1)}{(2k+1)^2 \frac{\pi^2}{4} - x^2},$$

et les formules (8) et (10).

$$12) \quad \operatorname{coséc} x = \frac{1}{x} - \frac{2x}{m} \sum_{k=1}^{k=\infty} \frac{(-1)^k}{k^2 \pi^2 - x^2}.$$

On peut déduire directement les formules (11) et (12) des formules (5) et (6). On a, en effet,

$$\operatorname{coséc} x = \frac{1}{\sin x} = \frac{1}{2 \sin \frac{x}{2} \cos \frac{x}{2}} = \frac{1}{2}\left(\cot \frac{x}{2} + \tang \frac{x}{2}\right);$$

si l'on remplace dans les formules (5) et (6) x par $\frac{x}{2}$ et que l'on prenne la demi-somme des résultats, on obtient la formule (12); en changeant ensuite dans celle-ci x en $\frac{\pi}{2} - x$, on a la formule (11).

CHAPITRE VI

Développement des fonctions circulaires en produits.

219. — On dit qu'un produit d'un nombre infini de facteurs
$$u_0\, u_1\, u_2 \ldots$$
est convergent, lorsque le produit des n premiers facteurs, produit que nous désignerons par P_n, tend vers une limite déterminée, quand n augmente indéfiniment.

Nous nous proposons de développer $\sin x$ et $\cos x$ en produits convergents. Nous avons vu (n° 152) que, lorsque le nombre entier m est impair, $\sin mz$ s'exprime par un polynome entier en $\sin z$ de la forme
$$\sin mz = A_1 \sin z + A_3 \sin^3 z + \ldots + A_m \sin^m z.$$
Il est facile d'obtenir la valeur du premier coefficient A_1; on a, en effet,
$$\frac{\sin mz}{\sin z} = A_1 + A_3 \sin^2 z + \ldots + A_m \sin^{m-1} z;$$
si l'on fait tendre z vers zéro, le premier membre a pour limite m, le second membre se réduit à A_1; ainsi $A_1 = m$. Si l'on pose $\sin z = y$, on aura $\sin mz = m \sin z \times f(y)$, $f(y)$ désignant un polynome entier pair du degré $m - 1$ en y et qui se réduit à l'unité pour $y = 0$. L'équation $f(y) = 0$ admettant $m - 1$ racines différentes représentées par la formule $y = \pm \sin \dfrac{k\pi}{m}$ dans laquelle on attribue à k les valeurs $1, 2, 3, \ldots, \dfrac{m-1}{2}$ le polynome $f(y)$ est égal au produit des $m - 1$ facteurs binomes correspondants, et l'on a

$$f(y) = \left(1 - \frac{y}{\sin \frac{\pi}{m}}\right)\left(1 + \frac{y}{\sin \frac{\pi}{m}}\right)\left(1 - \frac{y}{\sin 2\frac{\pi}{m}}\right)\left(1 + \frac{y}{\sin 2\frac{\pi}{m}}\right) \ldots$$
$$\left(1 - \frac{y}{\sin \frac{m-1}{2}\frac{\pi}{m}}\right)\left(1 + \frac{y}{\sin \frac{m-1}{2}\frac{\pi}{m}}\right),$$

ou

$$f(y) = \left(1 - \frac{y^2}{\sin^2 \frac{\pi}{m}}\right)\left(1 - \frac{y^2}{\sin^2 2\frac{\pi}{m}}\right) \ldots \left(1 - \frac{y^2}{\sin^2 \frac{m-1}{2}\frac{\pi}{m}}\right).$$

On en déduit

$$\sin mz = m \sin z \prod_{k=1}^{k=\frac{m-1}{2}} \left(1 - \frac{\sin^2 z}{\sin^2 k\frac{\pi}{m}}\right),$$

et, en remplaçant z par $\frac{x}{m}$,

(1) $$\sin x = m \sin \frac{x}{m} \prod_{k=1}^{k=\frac{m-1}{2}} \left(1 - \frac{\sin^2 \frac{x}{m}}{\sin^2 k\frac{\pi}{m}}\right).$$

Quand m est impair, on a

$$\sin mz = \cos z\, (A_1 \sin z + A_3 \sin^3 z + \ldots + A_{m-1} \sin^{m-1} z),$$

le coefficient A_1 étant encore égal à m, on peut écrire

$$\sin mz = m \sin z \cos z \times f(y),$$

$f(y)$ désignant un polynome pair du degré $m-2$, qui se réduit à l'unité pour $y = 0$. Les $m-2$ racines de l'équation $f(y) = 0$ sont représentées par la formule $y = \pm \sin k\frac{\pi}{m}$, dans laquelle on attribue à k les valeurs $1, 2, 3 \ldots, \frac{m}{2} - 1$. On a ainsi

(2) $$\sin x = m \sin \frac{x}{m} \cos \frac{x}{m} \prod_{k=1}^{k=\frac{m}{2}-1} \left(1 - \frac{\sin^2 \frac{x}{m}}{\sin^2 k\frac{\pi}{m}}\right).$$

220. — Nous avons trouvé de même, quand m est impair,

$$\cos mz = B_1 \cos z + B_3 \cos^3 z + \ldots + B_m \cos^m z$$
$$= \cos z\, (B_1 + B_3 \cos^2 z + \ldots + B_m \cos^{m-1} z)$$
$$= \cos z\, (A_0 + A_2 \sin^2 z + \ldots + A_{m-1} \sin^{m-1} z)$$

Si, dans cette dernière égalité, on fait $z = 0$, on voit que le premier coefficient A_0 est égal à l'unité. La parenthèse est une fonction paire du degré $m-1$ en y, qui se réduit à l'unité pour $y = 0$; les $m-1$ racines de ce polynome étant représentées par la formule $y = \pm \sin \frac{(2k+1)\pi}{2m}$, dans laquelle on attribue à k les valeurs $0, 1, 2, \ldots, \frac{m-3}{2}$, on aura

(3) $$\cos x = \cos \frac{x}{m} \prod_{k=2}^{k=\frac{m-3}{2}} \left(1 - \frac{\sin^2 \frac{x}{m}}{\sin^2 \frac{(2k+1)\pi}{2m}}\right)$$

Lorsque m est pair, on a

DÉVELOPPEMENT DES FONCTIONS CIRCULAIRES.

$$\cos mz = B_0 + B_2 \cos^2 z + \ldots + B_m \cos^m z$$
$$= A_0 + A_2 \sin^2 z + \ldots + A_m \sin^m z,$$

le premier coefficient A_0 ayant encore pour valeur l'unité. Les m racines du polynome entier en y étant représentées par la formule $y = \pm \sin \dfrac{(2k+1)\pi}{2m}$, dans laquelle on attribue à k les valeurs $0, 1, 2, \ldots, \dfrac{m}{2} - 1$, on a

$$(4) \qquad \cos x = \prod_{k=0}^{k=\frac{m}{2}-1} \left(1 - \frac{\sin^2 \dfrac{x}{m}}{\sin^2 \dfrac{(2k+1)\pi}{2m}} \right).$$

Si l'on fait augmenter m indéfiniment, les facteurs

$$1 - \frac{\sin^2 \dfrac{x}{m}}{\sin^2 k \dfrac{\pi}{m}}, \qquad 1 - \frac{\sin^2 \dfrac{x}{m}}{\sin^2 \dfrac{(2k+1)\pi}{2m}},$$

ou

$$1 - \frac{m^2 \sin^2 \dfrac{x}{m}}{m^2 \sin^2 k \dfrac{\pi}{m}}, \qquad 1 - \frac{m^2 \sin^2 \dfrac{x}{m}}{m^2 \sin^2 \dfrac{(2k+1)\pi}{2m}},$$

ont pour limites

$$1 - \frac{x^2}{k^2\pi^2}, \qquad 1 - \frac{4x^2}{(2k+1)^2\pi^2},$$

et les expressions précédentes donnent naissance aux produits convergents d'un nombre infini de facteurs

$$(5) \qquad \sin x = x \prod_{k=1}^{k=\infty} \left(1 - \frac{x^2}{k^2\pi^2} \right),$$

$$(6) \qquad \cos x = \prod_{k=0}^{k=\infty} \left(1 - \frac{4x^2}{(2k+1)^2\pi^2} \right).$$

Mais, pour établir cette transformation d'une manière rigoureuse, il est nécessaire de démontrer d'abord quelques propositions préliminaires.

221. — Le produit

$$(7) \qquad \left(1 + \frac{a^2}{1}\right) \left(1 + \frac{a^2}{2^2}\right) \left(1 + \frac{a^2}{3^2}\right) \ldots,$$

dans lequel a désigne une quantité réelle quelconque, est convergent.
En effet, le produit P_n des n premiers facteurs augmente avec n; un facteur quelconque $1 + \dfrac{a^2}{p^2}$ étant moindre que $e^{\frac{a^2}{p^2}}$, le produit P_n

est plus petit que e^{S_n}, S_n désignant la somme des n premiers termes de la série convergente

$$\frac{a^2}{1} + \frac{a^2}{2^2} + \frac{a^2}{3^2} + \ldots$$

La somme S_n étant moindre que sa limite S, le produit P_n est à plus forte raison plus petit que e^S. Ce produit croissant avec n, et restant constamment plus petit qu'une quantité déterminée e^S, tend évidemment vers une limite.

Le produit

(8) $\qquad \left(1 - \frac{a^2}{1}\right) \left(1 - \frac{a^2}{2^2}\right) \left(1 - \frac{a^2}{3^2}\right) \ldots$

est aussi convergent. On suppose que la quantité réelle a n'est pas un nombre entier afin que tous les facteurs soient différents de zéro. Prenons, en effet, un nombre n tel que la série convergente

$$\frac{a^2}{n^2} + \frac{a^2}{(n+1)^2} + \frac{a^2}{(n+2)^2} + \ldots$$

ait une somme S_1, inférieure à l'unité, et considérons les facteurs à partir de $1 - \frac{a^2}{n^2}$; le produit des deux premiers facteurs est plus grand que $1 - \frac{a^2}{n^2} - \frac{a^2}{(n+1)^2}$, de même le produit des trois premiers est plus grand que $1 - \frac{a^2}{n^2} - \frac{a^2}{(n+1)^2} - \frac{a^2}{(n+2)^2}$, et ainsi de suite. Ces divers facteurs étant moindres que l'unité, le produit diminue, quand le nombre de facteurs augmente; comme il reste toujours plus grand que $1 - S_1$, il tend vers une limite déterminée différente de zéro.

222. — Considérons enfin le produit indéfini

(9) $\qquad \left(1 + \frac{z^2}{1^2}\right) \left(1 + \frac{z^2}{2^2}\right) \left(1 + \frac{z^2}{3^2}\right) \ldots,$

dans lequel z désigne une quantité quelconque, réelle ou imaginaire, dont le module est ρ et l'argument θ. Le facteur $\left(1 + \frac{z^2}{n^2}\right)$ a pour module $\mu_n = \sqrt{1 + \frac{\rho^4}{n^4} + 2\frac{\rho^2}{n^2} \cos 2\theta}$ et son argument est déterminé par la formule

$$\tang \gamma_n = \frac{\frac{\rho^2}{n^2} \sin 2\theta}{1 + \frac{\rho^2}{n^2} \cos 2\theta}.$$

Le produit des modules des facteurs tend vers une limite déterminée.

Car, si $\cos 2\theta$ est positif, le module μ_n est plus grand que l'unité, mais plus petit que $1 + \dfrac{\rho^2}{n^2}$, et nous avons vu que le produit

$$\left(1 + \frac{\rho^2}{1^2}\right)\left(1 + \frac{\rho^2}{2^2}\right)\left(1 + \frac{\rho^2}{3^2}\right)\cdots$$

est convergent. Si $\cos 2\theta$ est négatif, à partir d'une valeur de n suffisamment grande, le module μ_n est plus petit que l'unité, mais plus grand que $\left(1 - \dfrac{\rho^2}{n^2}\right)$, et nous avons vu que le produit

$$\left(1 - \frac{\rho^2}{n^2}\right)\left(1 - \frac{\rho^2}{(n+1)^2}\right)\left(1 - \frac{\rho^2}{(n+2)^2}\right)\cdots$$

est aussi convergent.

Considérons l'argument γ_n; à partir d'une valeur de n suffisamment grande, tang γ_n a le signe de $\sin 2\theta$, et sa valeur numérique est inférieure à $\dfrac{\rho^2}{n^2 - \rho^2}$. On peut alors supposer que l'argument est compris, soit entre 0 et $\dfrac{\pi}{2}$, soit entre 0 et $-\dfrac{\pi}{2}$, suivant que $\sin 2\theta$ est positif ou négatif; d'ailleurs la valeur numérique de l'argument est aussi plus petite que $\dfrac{\rho^2}{n^2 - \rho^2}$. Mais on sait que la série

$$\frac{\rho^2}{n^2-\rho^2} + \frac{\rho^2}{(n+1)^2-\rho^2} + \frac{\rho^2}{(n+2)^2-\rho^2} + \cdots$$

est convergente (n° 215); donc la somme des arguments des facteurs tend vers une limite déterminée, quand le nombre des facteurs croît indéfiniment. Puisque le module et l'argument de P_n tendent vers des limites déterminées, quand n croît indéfiniment, le produit P_n tend lui-même vers une limite.

On conclut de là que le produit

$$P = \prod_{k=1}^{k=\infty}\left(1 - \frac{x^2}{k^2\pi^2}\right)$$

est convergent; car on obtient ce produit en remplaçant z par $\dfrac{xi}{\pi}$ dans le produit (9).

223. — Il est facile de comparer à ce produit convergent le produit

$$P = \prod\left(1 - \frac{\sin^2\dfrac{x}{m}}{\sin^2 k\dfrac{\pi}{m}}\right)$$

qui entre dans l'expression de $\sin x$.

Appelons P_n et P'_n les produits des n premiers facteurs de P et de P', Q_n et Q'_n les produits de tous les autres facteurs. On peut prendre n assez grand pour que le module de $Q_n - 1$ soit moindre que la quantité positive très-petite δ. Ayant choisi n de cette façon, on peut prendre m assez grand pour que le module de la différence $P'_n - P_n$ soit moindre que δ.

Considérons les deux fractions

$$\frac{\sin\frac{x}{m}}{\sin p\frac{\pi}{m}}, \quad \frac{\frac{x}{m}}{p\frac{\pi}{m}},$$

dans lesquelles p désigne un nombre supérieur à n, mais au plus égal à $\frac{m-1}{2}$, ou à $\frac{m}{2} - 1$; quand m augmente indéfiniment, le rapport des numérateurs tend vers une limite égale à l'unité ; on peut donc prendre m assez grand pour que le module de ce rapport soit plus petit que $1 + \delta$. Le rapport des dénominateurs est compris entre 1 et $\frac{\pi}{2}$; il est aisé de voir, en effet, que le rapport $\frac{\sin x}{x}$ a sa dérivée négative, et par conséquent va en diminuant de 1 à $\frac{2}{\pi}$, quand x croît de 0 à $\frac{\pi}{2}$; l'arc $\frac{p\pi}{m}$ étant moindre que $\frac{\pi}{2}$, la valeur du rapport $\frac{\sin\frac{p\pi}{m}}{p\frac{\pi}{m}}$ est plus grande que $\frac{2}{\pi}$. Le rapport de la première fraction à la seconde a donc un module plus petit que $\frac{\pi(1+\delta)}{2}$. Si l'on désigne par λ_p ce rapport, on aura

$$Q''_n = \prod\left(1 + \frac{\lambda_p^2 x^2}{p^2 \pi^2}\right),$$

la lettre p recevant dans le produit toutes les valeurs entières de n à $\frac{m-1}{2}$ ou à $\frac{m}{2} - 1$. Appelons a le nombre positif $\frac{(1+\delta)\rho}{2}$, et considérons le produit

$$Q''_n = \prod\left(1 + \frac{a^2}{p^2}\right),$$

dans lequel on attribue à la lettre p les mêmes valeurs. Imaginons les produits Q'_n et Q''_n effectués, et que de chacun d'eux on retranche l'unité, les modules des termes de $Q'_n - 1$ seront respectivement moindres que les termes correspondants de $Q'' - 1$. Le produit d'un nombre infini de facteurs

DÉVELOPPEMENT DES FONCTIONS CIRCULAIRES.

$$\left(1+\frac{a^2}{1^2}\right)\left(1+\frac{a^2}{2^2}\right)\left(1+\frac{a^2}{3^2}\right)\cdots$$

étant convergent, on peut supposer que l'on prenne n assez grand, pour que $Q''_n - 1$ soit moindre que δ; le module de $Q'_n - 1$ sera alors moindre que δ.

Cela posé, on a

$$P' - P = P'_n Q'_n - P_n Q_n = (P'_n - P_n) Q'_n + P_n [(Q'_n - 1) - (Q_n - 1)];$$

le module de $P' - P$ est plus petit que la somme des modules des deux quantités $(P'_n - P_n) Q'_n$, $P_n[(Q'_n - 1) - (Q_n - 1)]$; le module de la première quantité est plus petit que $\delta(1 + \delta)$; comme on a $P_n = \dfrac{P}{Q_n} = \dfrac{P}{1 + (Q_n - 1)}$, si l'on appelle M le module de P, le module de P_n sera moindre que $\dfrac{M}{1-\delta}$, et par suite, le module de la quantité $P_n[(Q'_n - 1) - (Q_n - 1)]$ sera moindre que $\dfrac{2\delta M}{1-\delta}$; le module de $P' - P$ est donc plus petit que la quantité $\delta(1 + \delta) + \dfrac{2\delta M}{1-\delta}$ ou $\delta\left(1 + \delta + \dfrac{2M}{1-\delta}\right)$, quantité que l'on peut rendre aussi petite qu'on veut. On en conclut que les deux produits P et P' sont égaux entre eux, et l'on obtient ainsi la formule (5).

On démontrerait de la même manière la formule (6) qui donne le développement du cosinus.

224. — Des formules (5) et (6), on déduit, en prenant les logarithmes,

(10) $\qquad \mathrm{L} \sin x = \mathrm{L} x + \displaystyle\sum_{k=1}^{k=\infty} \mathrm{L}\left(1 - \dfrac{x^2}{k^2\pi^2}\right),$

(11) $\qquad \mathrm{L} \cos x = \displaystyle\sum_{k=0}^{k=\infty} \mathrm{L}\left(1 - \dfrac{4x^2}{(2k+1)^2\pi^2}\right).$

Mais on démontre que l'on a, pour toutes les valeurs de x dont le module est moindre que π ou $\dfrac{\pi}{2}$,

$$\mathrm{L}\left(1 - \frac{x^2}{k^2\pi^2}\right) = -\frac{x^2}{k^2\pi^2} - \frac{x^4}{2k^4\pi^4} - \frac{6x}{3k^6\pi^6} - \cdots,$$

$$\mathrm{L}\left(1 - \frac{4x^2}{(2k+1)^2\pi^2}\right) = -\frac{4x^2}{(2k+1)^2\pi^2} - \frac{4^2 x^4}{2(2k+1)^4\pi^4} - \frac{4^3 x^6}{3(2k+1)^6\pi^6} - \cdots$$

Si l'on ordonne par rapport à x, on obtient les séries

(12) $\quad \mathrm{L} \sin x = \mathrm{L} x - \dfrac{x^2}{\pi^2}\displaystyle\sum\dfrac{1}{k^2} - \dfrac{x^4}{2\pi^4}\sum\dfrac{1}{k^4} - \dfrac{x^6}{3\pi^6}\sum\dfrac{1}{k^6} - \cdots$

$$(13)\ \mathrm{L}\cos x = -\frac{4x^2}{\pi^2}\sum\frac{1}{(2k+1)^2} - \frac{4^2 x^4}{2\pi^4}\sum\frac{1}{(2k+1)^4} - \frac{4^3 x^6}{3\pi^6}\sum\frac{1}{(2k+1)^6} - \ldots$$

On peut employer ces formules pour calculer directement le logarithme du sinus ou du cosinus d'un arc, sans calculer préalablement le sinus ou le cosinus lui-même.

FORMULE DE WALLIS.

225. — Si, dans la formule (5) on fait $x = \dfrac{\pi}{2}$, il vient

$$\frac{2}{\pi} = \prod_{k=1}^{k=\infty}\left(1 - \frac{1}{4k^2}\right) = \prod_{k=1}^{k=\infty}\frac{(2k-1)(2k+1)}{2k \cdot 2k},$$

d'où

$$\frac{\pi}{2} = \prod_{k=1}^{k=\infty}\frac{2k \cdot 2k}{(2k-1)(2k+1)},$$

c'est-à-dire

(14) $\quad \dfrac{\pi}{2} = \dfrac{2}{1} \cdot \dfrac{2}{3} \cdot \dfrac{4}{3} \cdot \dfrac{4}{5} \cdot \dfrac{6}{5} \cdot \dfrac{6}{7} \cdots$

FIN.

TABLE DES MATIÈRES

LIVRE I.
Étude des fonctions circulaires.

CHAPITRE I.

	Pages.
Définition des fonctions circulaires	1

CHAPITRE II.

Des projections	16

CHAPITRE III.
Formules fondamentales.

Relations entre les fonctions circulaires d'un même arc	21
Addition des arcs	26
Multiplication des arcs	31
Division des arcs	32
Formules servant à la transformation des sommes ou des différences en produits	37
Valeurs numériques d'un certain nombre de sinus et de cosinus	40

CHAPITRE IV.
Tables des fonctions circulaires.

Principes servant à la construction des tables	45
Construction des tables	49
Tables de Lalande	54
Tables de Callet	62

LIVRE II.

Trigonométrie rectiligne.

CHAPITRE I.
Propriétés des triangles.

	Pages.
Triangles rectangles.	69
Triangles quelconques.	71
Expression des angles en fonction des côtés.	76
Aire d'un triangle.	77
Rayons des cercles tangents aux côtés d'un triangle.	79
Rayon du cercle circonscrit.	81

CHAPITRE II.
Résolution des triangles.

Résolution des triangles rectangles.	82
Résolution des triangles quelconques.	84
Rendre une formule calculable par logarithmes.	91

CHAPITRE III.
Applications.

Applications numériques.	98
Opérations sur le terrain.	102
Triangulation.	106

LIVRE III.

Trigonométrie sphérique.

CHAPITRE I.
Propriétés des triangles sphériques.

Relations entre les éléments d'un triangle sphérique.	117
Propriétés des triangles rectangles.	123

	Pages
Expression des angles en fonction des côtés	124
Expression des côtés en fonction des angles	125
Formules de Delambre	126
Analogies de Neper	126
Excès sphérique	127
Cercle inscrit	128
Cercle circonscrit	129

CHAPITRE II.

Résolution des triangles sphériques.

Résolution des triangles rectangles	133
Résolution des triangles quelconques	138
Expression des côtés en mètres	146
Expression de la surface en mètres carrés	147
Des formules de la trigonométrie sphérique déduire celles de la trigonométrie rectiligne	148

CHAPITRE III.

Applications	149

LIVRE IV.

Complément de la théorie des fonctions circulaires.

CHAPITRE I.

Multiplication et division.

Formule de Moivre	157
Multiplication des arcs	160
Division des arcs	161
Sommation des sinus ou des cosinus d'arcs en progression arithmétique	171
Expression de $\sin^m a$ et de $\cos^m a$ en fonction des sinus et des cosinus des multiples de l'angle a	172

CHAPITRE.

Résolution des équations du troisième degré.

Équation binôme	174
Équation du troisième degré	175

CHAPITRE III.

Propriétés des racines de l'équation binôme.

	Pages.
Propriétés des racines de l'équation $x^m - 1 = 0$	182
Polygones réguliers	189
Triangle équilatéral et hexagone régulier	190
Pentagone et décagone réguliers	191
Pentédécagone régulier	192
Réduction de l'équation quand m est premier	194
Polygone régulier de 17 côtés	198
Théorème de Côtes	201

CHAPITRE IV.

Développement des fonctions circulaires en séries.

Dérivées des fonctions circulaires	203
Développements des fonctions $\sin x$ et $\cos x$	206
Développement de la fonction $\text{arc tang } x$	209
Calcul de π	210
Développement de la fonction e^x	214
Séries imaginaires	215
Définitions et propriétés de la fonction exponentielle et des fonctions circulaires, quand la variable est imaginaire	216
Définition de la fonction logarithme et des fonctions circulaires inverses, quand la variable est imaginaire	221

CHAPITRE V.

Décomposition des fonctions circulaires en sommes de fractions	224

CHAPITRE VI.

Développement des fonctions circulaires en produits	233
Formule de Wallis	240

FIN DE LA TABLE DES MATIÈRES.

Abbeville. — Typ. et stér. Gustave Retaux.

www.ingramcontent.com/pod-product-compliance
Lightning Source LLC
Chambersburg PA
CBHW070629170426
43200CB00010B/1956